Faszination Statistik

Walter Krämer · Claus Weihs
(Hrsg.)

Faszination Statistik

Einblicke in aktuelle
Forschungsfragen und Erkenntnisse

 Springer Spektrum

Hrsg.
Walter Krämer
Fakultät Statistik
Technische Universität Dortmund
Dortmund, Deutschland

Claus Weihs
Fakultät Statistik
Technische Universität Dortmund
Dortmund, Deutschland

ISBN 978-3-662-60561-5   ISBN 978-3-662-60562-2   (eBook)
https://doi.org/10.1007/978-3-662-60562-2

Die Deutsche Nationalbibliothek verzeichnet diese Publikation in der Deutschen Nationalbibliografie; detaillierte bibliografische Daten sind im Internet über http://dnb.d-nb.de abrufbar.

Springer Spektrum

Planung/Lektorat: Iris Ruhmann

Springer Spektrum ist ein Imprint der eingetragenen Gesellschaft Springer-Verlag GmbH, DE und ist ein Teil von Springer Nature.
Die Anschrift der Gesellschaft ist: Heidelberger Platz 3, 14197 Berlin, Germany

Vorwort

"I keep saying the sexy job in the next ten years will be statisticians
... The ability to take data - to be able to understand it, to process
it, to extract value from it, to visualize it, to communicate it is going
to be a hugely important skill in the next decades."
(Hal Varian, Chefökonom von Google; das Zitat ist von 2009[1], die
zehn Jahre sind um. Aber wir glauben, jetzt geht es erst richtig los.)

Auch Wissenschaften kennen Konjunktur. Einige, wie die Medizin, erfreuen sich
aus offensichtlichen Gründen eines konstant stabilen Interesses. Auch die Philoso-
phie sonnt sich seit Plato und Aristoteles in einem durch weitgehendes Unverständ-
nis befeuerten Wohlwollen der Zeitgenossen gleich welchen Jahrhunderts. Andere
Wissenschaften dagegen rücken eher sporadisch in den Fokus der allgemeinen Auf-
merksamkeit. So war etwa die erste Hälfte des 20. Jahrhunderts die hohe Zeit der
Chemie, der Technik und der Physik: Kunstdünger, Flugzeuge, Farbstoffe, Elektri-
fizierung, Raketen oder die Kernspaltung wurden auch von Nicht-Experten heftig
diskutiert, mit Konrad Röntgen gab es den ersten wissenschaftlichen Pop-Star der
Geschichte überhaupt. Nach Siegmund Freud war eine gewisse Zeit sogar die Psychologie in gewissen Kreisen das Partythema Nummer 1. Wer nicht von seinem
letzten Besuch bei einem Psychoanalytiker erzählen konnte, war sozusagen sozial
deklassiert. Und im Kielwasser der Studentenrevolte Ende der 1960er Jahre galt eine kurze Zeit die Soziologie als die Schlüsselwissenschaft, an welcher die Zukunft
der Menschheit abzulesen sei.

Und im Moment ist die Statistik angesagt. Angefeuert durch eine gewaltige Dop-
pelrevolution bei der Datenverarbeitung und der Datengewinnung gleichermaßen
eröffnen sich hier neue Chancen und Herausforderungen fast jeden Tag, kommt auch
der oberflächlichste Zeitungsleser nicht um die Erkenntnis herum, dass Datenwissenschaft im Allgemeinen und Statistik im Besonderen zu den zentralen Ingredienzien einer erfolgreichen Fortführung der Menschheitsgeschichte zählt. Deswegen
reden heute alle von „Big Data", und die einschlägigen Studiengänge sprießen wie

---

[1] s.   https://flowingdata.com/2009/02/25/googles-chief-economist-hal-varian-on-statistics-and-
data/, besucht 11.9.2019

Pilze aus dem Boden. Vergessen wird dabei gerne, dass der korrekte Umgang mit Daten, das Ziehen von Stichproben, das Entscheiden unter Unsicherheit, das Trennen von Zufall und System und das Hochrechnen vom Kleinen auf das Große keine neuen Erfindungen sind; seit Jahrzehnten befassen sich damit Tausende von Forscherinnen und Forschern auf der ganzen Welt. Die aktuelle und diesen Forschern und Forscherinnen durchaus nicht unangenehme Aufregung entspringt vor allem der schieren Masse an neuen Daten und Informationen, die nach einer statistischen Auswertung verlangen.

Diese Daten und Informationen gab es aber schon immer und nicht viel weniger als heute. Die Temperatur auf der Nordseite des Matterhorns am Weihnachtsabend existierte solange das Matterhorn existiert. Und dass Frau X am 10. Januar 1998 bei Aldi Süd in Mainz-Bretzenheim zwei Flaschen Rotwein Chateau St. Chinian gekauft hat, war schon seinerzeit ein Fakt. Aber die Verbreitung dieser Information beschränkte sich auf Frau X und möglicherweise die junge Dame an der Kasse. Heute weiß es, sollte Frau X mit Kreditkarte bezahlt haben, im Prinzip die ganze Welt - das heute weltweit diskutierte Phänomen „Big Data" betrifft nicht die Existenz, sondern die Verfügbarkeit von Daten. Und diese Verfügbarkeit nimmt durch das Zusammenwirken von immer effizienterer Rechner- und Speichertechnik auf der einen und immer ertragreicherer Datenfischerei auf der anderen Seite geradezu gigantische Ausmaße an. Über den größten Teil der Menschheitsgeschichte wussten wenige wenig, heute wissen viele viel und der Zug geht mit Volldampf in Richtung alle wissen - prinzipiell - alles.

Umso wichtiger wird es, mit diesen Daten vernünftig umzugehen. Dazu ist die Statistik heute genauso unverzichtbar wie sie es schon immer war. Natürlich bringt die aktuelle Mengenexplosion auch früher unbekannte logistische Probleme mit, aber die Statistik als Wissenschaft wird dadurch nicht umgewälzt. Die Grundprinzipien des Schätzens und Testens, der Modellwahl oder der Stichprobenerhebung gelten für die Daten von Google genauso wie für die vom Statistischen Bundesamt. Auch wenn die Informatik in den letzten Jahrzehnten neu dazugekommen ist, und ihre Rolle stetig wächst, bleibt die Statistik weiter die zentrale Anlaufstelle.

Der vorliegende Sammelband stellt ausgewählte Ergebnisse vor, die in den letzten Jahren an der Fakultät Statistik der TU Dortmund, der einzigen eigenständigen Statistik-Fakultät im ganzen deutschen Sprachgebiet, sowie darüber hinaus im Rahmen von an diese Fakultät angedockten DFG-Sonderforschungsbereichen entstanden sind, aktuell insbesondere im Sonderforschungsbereich „Statistik nichtlinearer dynamischer Systeme". Dazu kommen einige zeitlose und unabhängige Einsichten, die uns helfen, mit Daten verschiedenster Art im Alltag besser zurechtzukommen. Die folgenden Seiten zeigen etwa, wie die Statistik bei klinischen Studien die Spreu vom Weizen trennt, wie man mit Statistik auch hörgeschädigten Menschen einen guten Musikgenuss verschafft, wie man Überschwemmungskatastrophen oder Risiken an der Börse statistisch modelliert und damit besser in den Griff bekommt, oder wie man aus qualitativen Information wie zum Beispiel Texten sinnvolle quantitative Daten extrahiert. Andere hier vorgestellte Anwendungen betreffen die Qualitätskontrolle in der Industrie, die statistische Problematik von Mietspiegeln, die Prognosefähigkeiten von Ratingagenturen oder die Vermeidung von Fehlalarmen in

der Intensivmedizin. Und wenn Sie wissen wollen, warum Lotto kein reines Glücks-
spiel ist, oder warum bei Pferdewetten die Favoriten systematisch zu hoch bewertet
werden, sind Sie hier ebenfalls an der richtigen Stelle.

Viele dieser Erkenntnisse sind noch nicht in Lehrbüchern nachzulesen, wir berichten hier sozusagen von der Forschungsfront. Dennoch haben sich die Heraus-
geber mit ihren mitmachenden Kolleginnen und Kollegen geeinigt, auf Fachjargon
möglichst zu verzichten und für ein Publikum zu schreiben, das zwar selbstständig
denken, aber nicht die letzten Feinheiten einer formalstatistischen Analyse nachvoll-
ziehen will. Wir hoffen deshalb, dass auch diejenigen an diesem Buch Gefallen finden, deren Enthusiasmus für die Statistik im Rahmen eines Studiums der Betriebs-
oder Volkswirtschaftslehre, der Psychologie oder Soziologie oder anderer Fächer,
wo traditionsgemäß Statistikscheine zu erwerben sind, etwas gelitten hat. Leider
wird in der akademischen Ausbildung die intrinsische Schönheit der Statistik durch
einen gewissen Formalismus oft verdeckt. Mit diesem Sammelband blasen wir diese formalen Rauchschwaden sozusagen weg, und laden ein zu einem unverdeckten
Blick auf eine durch und durch faszinierende Wissenschaft.

Dortmund,   *Walter Krämer*
im August 2019   *Claus Weihs*

Danksagung

Diese Arbeit wurde unterstützt durch die Sonderforschungsbereiche „Komplexitäts-reduktion in Multivariaten Datenstrukturen" (SFB 475), „Statistik nichtlinearer dynamischer Systeme" (SFB 823) sowie „Verfügbarkeit von Information durch Analyse unter Ressourcenbeschränkung" (SFB 876) der Deutschen Forschungsgemeinschaft (DFG). Das gilt insbesondere für die Kapitel 3, 4, 10, 13, 14, 15, 16, 18, 19, 20, 21 und 26.

Danken möchten wir außerdem Robert Löser, Lilia Michailov, Jennifer Neuhaus-Stern und Simon Neumärker für ihre Unterstützung beim Korrekturlesen und Editieren der Texte.

Inhaltsverzeichnis

Vorwort v

Danksagung ix

Inhaltsverzeichnis xi

Autoren xvii

Notation xxi

Teil I Leben und Sterben   1

1 Warum leben Novemberkinder länger?
Walter Krämer, Katharina Schüller 3
   1.1   Was sagt uns das Datum der Geburt? 3
   1.2   Daten und Fakten 4
   1.3   Auf der Suche nach den Gründen 5
   1.4   Die Bedeutung der Daten 8
   1.5   Literatur 10

2 Wo wirken Medikamente im Körper? Eine systematische statistische Datenanalyse
Claus Weihs 11
   2.1   Pharmakokinetik und Vorklinik 11
   2.2   Standardvorgehen bei der statistischen Datenanalyse 12
   2.3   Die Verteilung von Medikamenten im Körper 13
   2.4   Literatur 18

3 Medikamentenstudien: Mit Statistik zur optimalen Dosis
Holger Dette, Kirsten Schorning 19
   3.1   Die drei klinischen Testphasen 19
   3.2   Die Optimierung von Phase 2 20
   3.3   Auf den Versuchsplan kommt es an 22
   3.4   Auf dem Weg zur praktischen Anwendung 23
   3.5   Literatur 24

4 Statistische Alarmsysteme in der Intensivmedizin
Roland Fried, Ursula Gather, Michael Imhoff 25
4.1 Alarme in der medizinischen Akutversorgung 25
4.2 Glättung als Teil der Datenvorverarbeitung 27
4.3 Gemeinsame Analyse der Merkmale.......................... 30
4.4 Validierung der Ergebnisse................................. 32
4.5 Literatur 33

5 Personalisierte Medizin: Wie Statistik hilft, nicht in der Datenflut zu ertrinken
Jörg Rahnenführer 34
5.1 Genetik 34
5.2 Wirksamkeit und Nebenwirkungen 35
5.3 Genetische Muster.. 36
5.4 Statistische Kniffe 36
5.5 Medizinische Anwendung 38
5.6 Krankheitsfortschritt 38
5.7 Zusammenfassung.. 40
5.8 Literatur 40

6 Mit Statistik dem Wirken der Gene auf der Spur
Silvia Selinski, Katja Ickstadt, Klaus Golka 41
6.1 Umwelt, Krankheiten und Gene 41
6.2 Epidemiologie und Genetik 42
6.3 Wechselwirkungen zwischen Umwelt und Genetik............. 46
6.4 Fazit 48
6.5 Literatur 49

7 Statistik und die maximale Dauer eines Menschenlebens
Jan Feifel, Markus Pauly 50
7.1 Hintergrund 50
7.2 Über den Durchschnitt zur Extremwerttheorie.................. 51
7.3 Herausforderungen in demographischen Daten 54
7.4 Ergebnisse 55
7.5 Fazit 56
7.6 Literatur 56

Teil II Sport, Spiel und Freizeit 57

8 Statistik und Fußball
Andreas Groll, Gunther Schauberger 59
8.1 Mehr Tore mit Statistik.................................... 59
8.2 Ein statistisches Modell für die Tore 59
8.3 Einflussgrößen 62
8.4 Fazit 66
8.5 Literatur 66

9 Die Angst der Spieler beim Elfmeter: Welcher Schütze und welcher Torwart sind die Besten?
Peter Gnändinger, Leo N. Geppert, Katja Ickstadt 67
9.1 Elfmeter im Fußball 67
9.2 Einflussgrößen auf den Erfolg bei einem Elfmeter 69
9.3 Wer ist der Beste? 71
9.4 Fazit und Ausblick 74
9.5 Literatur 74

10 Musikdatenanalyse
Claus Weihs 75
10.1 Was ist das, Musik? 75
10.2 Musikdaten 77
10.3 Erkenntnisse 79
   - Tonhöhen 79
   - Instrumente 81
   - Einsatzzeiten 82
   - Automatische Vernotung 83
   - Genres 83
10.4 Literatur 84

11 Statistik und Pferdewetten – Favoriten vs. Außenseiter
Martin Kukuk 85
11.1 Pferdewetten 85
11.2 Wettauszahlungen 86
11.3 Erklärungen für den Außenseitereffekt 87
11.4 Außenseitereffekt durch subjektive Schätzungen 88
11.5 Fazit 90
11.6 Literatur 90

12 Die Statistik des Lottospiels
Walter Krämer 91
12.1 Lotto als Anlagestrategie 91
12.2 Die Optimierung der Quoten 93
12.3 Literatur 94

Teil III Geld und Wirtschaft 95

13 Mit Statistik an die Börse
Walter Krämer, Tileman Conring 97
13.1 Achtung Abhängigkeiten 97
13.2 Investieren in Aktien 98
13.3 Zeitvariable Abhängigkeiten 99
13.4 Pro und Kontra Normalverteilung 100
13.5 Kointegration 103
13.6 Literatur 104

14   Statistik bei der Risikobewertung von Bankenportfolios
Dominik Wied, Robert Löser 105
14.1 Das Problem... 105
14.2 Expected Shortfall im Vergleich zu Value-at-Risk................ 105
14.3 Schätzung... 107
14.4 Validierung.. 108
14.5 Literatur 111

15   Statistik in der Ratingindustrie
Walter Krämer, Simon Neumärker 112
15.1 Schulden und Schuldner 112
15.2 Wie beurteilt man die Qualität von Wahrscheinlichkeitsprognosen?. 114
15.3 Ein Zahlenbeispiel.. 116
15.4 Halbordnungen von Wahrscheinlichkeitsprognosen 117
15.5 Skalarwertige Qualitätskriterien 118
15.6 Literatur 119

16   Bruttoinlandsprodukt, Treibhausgase und globale Erderwärmung
Martin Wagner, Fabian Knorre 120
16.1 Wirtschaftliche Aktivität und Emissionen 120
16.2 Statistische Analyse des Zusammenhangs 122
16.3 Parameterschätzung bei nichtlinearer Kointegration 125
16.4 Interpretation 127
16.5 Literatur 127

**17   Ein wahres Minenfeld: Die statistische Problematik von
      Mietpreisspiegeln**
Walter Krämer 128
17.1 Zwei statistische Probleme 128
17.2 Die Datenerfassung 129
17.3 Die Berechnung der Nettomieten 130
17.4 Die Bestimmung der Mietspiegelzellen 130
17.5 Tabellen- versus Regressionsmietspiegel 131
17.6 Die Problematik der Mietpreisspannen 133
17.7 Literatur 135

Teil IV Natur und Technik   **137**

18   Hochwasserstatistik: Nahe am Wasser gebaut?
Svenja Fischer, Roland Fried, Andreas Schumann 139
18.1 Fluten in den Griff bekommen 139
18.2 Was ist ein Hochwasser? 140
18.3 Hochwasserrisiko und -wahrscheinlichkeiten 141
18.4 Robuste Schätzungen 144
18.5 Hochwassertypen und Änderungen im Zeitverlauf 146
18.6 Regionalisierung 147
18.7 Literatur 148

19 Mit Statistik weniger Ausschuss
Claus Weihs, Nadja Bauer 149
19.1 Ausschuss beim Tiefbohren 149
19.2 Qualitätsverbesserung: Six Sigma 149
  - Problemdefinition (Define) 151
  - Gemessener Ausschuss (Measure) 151
  - Datenanalyse (Analyze) 153
  - Prozessverbesserung (Improve)............................ 155
  - Prozesskontrolle (Control) 155
19.3 Literatur 156

20 Statistik und die Zuverlässigkeit von technischen Produkten
Christine H. Müller 157
20.1 Zuverlässigkeit und Zufall 157
20.2 Einfache Lebensdauer-Analysen 158
20.3 Lebensdauer-Analyse bei verschiedenen Belastungen 159
20.4 Lebensdaueranalyse bei Produkten mit mehreren Komponenten.... 160
20.5 Prognoseintervalle.. 161
20.6 Ausblick 162
20.7 Literatur 163

**21 Langlebige Maschinenteile: Wie statistische Versuchsplanung
Verschleißschutz optimiert**
Sonja Kuhnt, Wolfgang Tillmann, Alexander Brinkhoff,
Eva-Christina Becker-Emden 164
21.1 Beschichtungsprozesse 164
21.2 Optimierung mit statistischer Versuchsplanung 165
21.3 Herausforderungen im realen Spritzprozess 168
21.4 Literatur 171

Teil V Messen und Vergleichen   173

22 Das Unmessbare messen: Statistik, Intelligenz und Bildung
Philipp Doebler, Gesa Brunn, Fritjof Freise 175
22.1 Bildungstests und Bildung 175
22.2 Latente Variablen und ihre Indikatoren...................... 176
22.3 Ein statistisches Modell für Lernverlaufsdiagnostik 177
22.4 Von den Daten zu den latenten Variablen 178
22.5 Literatur 181

23 Peinliche Wahrheiten zutage fördern mit Statistik
Andreas Quatember 182
23.1 Die Methode der indirekten Befragung....................... 182
23.2 Eine Erweiterung... 183
23.3 Aufgaben für die Forschung................................ 185
23.4 Literatur 186

24   Stichproben und fehlende Daten
Andreas Quatember 187
24.1 Stichproben in Theorie und Praxis 187
24.2 Statistische Reparaturmethoden 188
24.3 Literatur 190

25   Wer soll das alles lesen? Automatische Analyse von Textdaten
Jörg Rahnenführer, Carsten Jentsch 191
25.1 Große Textsammlungen 191
25.2 Textanalysen in den Sozialwissenschaften 192
25.3 Vorverarbeitung von Textdaten 193
25.4 Thematische Einteilung 194
25.5 Unterschiede finden 195
25.6 Textanalyse von Wahlprogrammen 196
25.7 Zusammenfassung und Ausblick 198
25.8 Literatur 199

Teil VI Wo die Reise hingeht   201

26   Ist Data Science mehr als Statistik? Ein Blick über den Tellerrand
Claus Weihs, Katja Ickstadt 203
26.1 Data Science: Was ist das überhaupt? 203
26.2 Data Science: Schritte 204
  - Datenerhebung und -anreicherung 205
  - Datenexploration 207
  - Statistische Datenanalyse 207
  - Modellvalidierung und Modellauswahl 209
  - Darstellung und Bericht 209
26.3 Schlussfolgerung 209
26.4 Literatur 210

Sachverzeichnis 211

Autoren

Nadja Bauer [Kapitel 19]
Fachhochschule Dortmund, Fachbereich Informatik,
nadja.bauer@fh-dortmund.de

Eva-Christina Becker-Emden [Kapitel 21]
FH Dortmund, Arbeitsgebiet Mathematische Statistik,
eva-christina.becker-emden@fh-dortmund.de

Alexander Brinkhoff [Kapitel 21]
TU Dortmund, Fakultät Maschinenbau,
alexander.brinkhoff@tu-dortmund.de

Gesa Brunn [Kapitel 22]
TU Dortmund, Statistik in den Sozialwissenschaften,
gesa.brunn@tu-dortmund.de

Tileman Conring [Kapitel 13]
tileman.conring@tu-dortmund.de

Holger Dette [Kapitel 3]
RUB, Lehrstuhl für Stochastik,
holger.dette@ruhr-uni-bochum.de

Philipp Doebler [Kapitel 22]
TU Dortmund, Statistik in den Sozialwissenschaften,
doebler@statistik.tu-dortmund.de

Jan Feifel [Kapitel 7]
Universität Ulm, Institut für Statistik,
jan.feifel@uni-ulm.de

Svenja Fischer [Kapitel 18]
RUB, Ingenieurhydrologie und Wasserwirtschaft,
svenja.fischer@ruhr-uni-bochum.de

Fritjof Freise [Kapitel 22]
TU Dortmund, Statistik in den Sozialwissenschaften,
freise@statistik.uni-dortmund.de

Roland Fried [Kapitel 4, 18]
TU Dortmund, Lehrstuhl Statistik in den Biowissenschaften,
fried@statistik.tu-dortmund.de

Ursula Gather [Kapitel 4]
TU Dortmund, Fakultät Statistik,
gather@statistik.tu-dortmund.de

Leo N. Geppert [Kapitel 9]
TU Dortmund, Lehrstuhl Mathematische Statistik und biometrische Anwendungen,
geppert@statistik.tu-dortmund.de

Peter Gnändinger [Kapitel 9]
peter.gnaendinger@tu-dortmund.de

Klaus Golka [Kapitel 6]
IfADo, Klinische Arbeitsmedizin,
golka@ifado.de

Andreas Groll [Kapitel 8]
TU Dortmund, Datenanalyse und Statistische Algorithmen,
groll@statistik.tu-dortmund.de

Katja Ickstadt [Kapitel 6, 9, 26]
TU Dortmund, Lehrstuhl Mathematische Statistik und biometrische Anwendungen,
ickstadt@statistik.tu-dortmund.de

Michael Imhoff [Kapitel 4]
RUB, Medizinische Fakultät,
mike@imhoff.de

Carsten Jentsch [Kapitel 25]
TU Dortmund, Lehrstuhl für Wirtschafts- und Sozialstatistik,
jentsch@statistik.tu-dortmund.de

Fabian Knorre [Kapitel 16]
TU Dortmund, Lehrstuhl Ökonometrie und Statistik,
knorre@statistik.tu-dortmund.de

Walter Krämer [Herausgeber, Kapitel 1, 12, 13, 15, 17]
TU Dortmund, Lehrstuhl für Wirtschafts- und Sozialstatistik,
walterk@statistik.tu-dortmund.de

Sonja Kuhnt [Kapitel 21]
FH Dortmund, Arbeitsgebiet Mathematische Statistik,
sonja.kuhnt@fh-dortmund.de

Martin Kukuk [Kapitel 11]
Universität Würzburg, Lehrstuhl für Ökonometrie,
martin.kukuk@uni-wuerzburg.de

Robert Löser [Kapitel 14]
TU Dortmund, Lehrstuhl für Wirtschafts- und Sozialstatistik,
robert.loeser@tu-dortmund.de

Chistine H. Müller [Kapitel 20]
TU Dortmund, Lehrstuhl Statistik mit Anwendungen im Bereich der Ingenieurwissenschaften,
cmueller@statistik.tu-dortmund.de

Simon Neumärker [Kapitel 15]
TU Dortmund, Lehrstuhl für Wirtschafts- und Sozialstatistik,
simon.neumaerker@tu-dortmund.de

Markus Pauly [Kapitel 7]
TU Dortmund, Lehrstuhl Mathematische Statistik und industrielle Anwendungen,
markus.pauly@tu-dortmund.de

Andreas Quatember [Kapitel 23, 24]
Johannes Kepler Universität Linz, Institut für Angewandte Statistik,
andreas.quatember@jku.at

Jörg Rahnenfüher [Kapitel 5, 25]
TU Dortmund, Statistische Methoden in der Genetik und Chemometrie,
rahnenfuehrer@statistik.tu-dortmund.de

Gunther Schauberger [Kapitel 8]
TU München, Fakultät für Sport- und Gesundheitswissenschaften,
gunther.schauberger@tum.de

Kirsten Schorning [Kapitel 3]
RUB, Lehrstuhl für Stochastik,
kirsten.schorning@rub.de

Katharina Schüller [Kapitel 1]
Stat-Up Statistical Consulting & Data Science GmbH,
katharina.schueller@stat-up.com

Andreas Schumann [Kapitel 18]
RUB, Ingenieurhydrologie und Wasserwirtschaft,
andreas.schumann@ruhr-uni-bochum.de

Silvia Selinski [Kapitel 6]
IfADo, Toxikologie/Systemtoxikologie,
selinski@ifado.de

Wolfgang Tillmann [Kapitel 21]
TU Dortmund, Fakultät Maschinenbau,
wolfgang.tillmann@udo.edu

Martin Wagner [Kapitel 16]
TU Dortmund, Lehrstuhl Ökonometrie und Statistik,
mwagner@statistik.tu-dortmund.de

Claus Weihs [Herausgeber, Kapitel 2, 10, 19, 26]
TU Dortmund, Lehrstuhl Computergestützte Statistik,
weihs@statistik.tu-dortmund.de

Dominik Wied [Kapitel 14]
Universität zu Köln, Wirtschafts- und Sozialwissenschaftliche Fakultät,
dwied@uni-koeln.de

Notation

Abweichend von Standardrechtschreibregeln haben wir im gesamten Buch

- einen Dezimalpunkt verwendet und kein Dezimalkomma (also z. B. 1.23 statt 1,23) und
- die deutschen Anführungsstriche auch bei englischen Ausdrücken (also z. B. „english" und nicht 'english').

Teil I
Leben und Sterben

Kapitel 1
Warum leben Novemberkinder länger?

Walter Krämer, Katharina Schüller

Wer im November geboren ist, lebt im Durchschnitt ein halbes Jahr länger als jemand mit Geburtstag im Mai. Die letztendliche Ursache muss das Klima sein, denn auf der Südhalbkugel der Erde ist das umgekehrt. Aber über welche konkreten Kanäle das Klima die weitere Lebenserwartung beeinflusst, war lange ungeklärt. Wir bieten eine Erklärung an.

1.1 Was sagt uns das Datum der Geburt?

Seit alters her versuchen Astrologen, aus dem Datum der Geburt auf das weitere Schicksal eines Menschen zurückzuschließen. Dabei hilft ihnen die Tatsache, dass es tatsächlich solche Einflüsse gibt. Die haben allerdings mit Planeten und Sternen nichts zu tun. So hat etwa der Psychologe Peter Jensen einmal die Geburtstage aller kanadischen Eishockeynationalspieler notiert. Kein einziger davon hatte seinen Geburtstag im Mai, Juni, Juli, August, September, Oktober, November oder Dezember. Und in Australien hat man herausgefunden, dass es bei fast allen Profisportarten erheblich mehr erfolgreiche Aktive mit Geburtstag im Januar als mit Geburtstag im Dezember gibt. Das kommt aber nicht von den Sternen, sondern daher, dass Januarkinder in ihren nach Altersjahrgängen gruppierten Trainingsgruppen die ältesten und oft allein schon deshalb auch die Besten sind. Damit erfahren sie aber auch die intensivste Förderung. Das Ganze vom Alter sechs bis achtzehn zwölfmal wiederholt führt dann fast schon automatisch dazu, dass sie auch beim Eintritt in die Profikarriere die besten sind.

Hier beeinflusst der Zeitpunkt der Geburt den späteren Erfolg im Beruf. Seit zwei Jahrzehnten häufen sich Indizien, dass der Geburtszeitpunkt auch einen Einfluss auf die durchschnittliche Länge des nachfolgenden Lebens hat. Abbildung 1.1 zeigt einmal für jeden Monat getrennt das durchschnittliche Sterbealter aller Schweizer Frauen und Männer, die zwischen 1969 und 2010 gestorben sind. Und wie man sieht, leben im Oktober / November geborene Schweizer und Schweizerinnen im Durchschnitt sechs Monate länger als im Mai geborene. (Wir sprechen hier von Novemberkindern wie in der ursprünglichen Literatur.)

© Springer-Verlag GmbH Deutschland, ein Teil von Springer Nature 2019
W. Krämer und C. Weihs (Hrsg.), *Faszination Statistik*,
https://doi.org/10.1007/978-3-662-60562-2_1

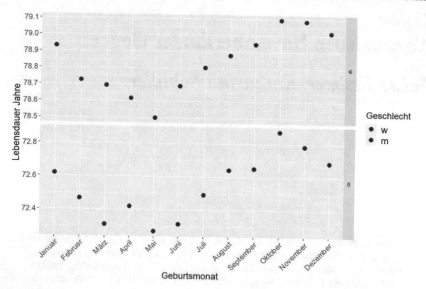

Abb. 1.1: Durchschnittliche Lebensdauer aller Schweizerinnen (oben) und Schweizer (unten), die zwischen 1969 und 2010 gestorben sind. Die Mittelwerte basieren auf tagesgenauen Lebensdauern, die in Jahre umgerechnet wurden.

Dieser Effekt ist kein Produkt des Zufalles. Ähnliche Ergebnisse zeigen andere Untersuchungen auch für Dänemark, Schweden oder Deutschland, wenn auch basierend auf weniger großen Datensätzen als dem, den wir für unsere Analysen zur Verfügung haben. Auf der Südhalbkugel der Erde ist das Ganze umgekehrt: Hier leben Novemberkinder rund sechs Monate kürzer als Kinder, die im Mai geboren sind. Damit ist klar: Das Klima zum Zeitpunkt der Geburt muss die letztendliche Ursache dieser Differenzen sein. So folgt etwa die Lebenserwartung von Australiern, die aus Europa eingewandert sind, dem Muster der Nordhalbkugel dieser Erde. Offen ist allein, durch welche Kanäle das Klima um unsere Geburt herum die Länge unseres Lebens mitbestimmt.

1.2 Daten und Fakten

Basis alles Weiteren ist ein einzigartiger Datensatz, den uns freundlicherweise das Schweizer Bundesamt für Statistik zur Verfügung gestellt hat: alle 2 531 335 Todesfälle von 1969 bis 2010 in der Schweiz mit detailliertem Todesdatum und -ort. Dazu kommt in den meisten Fällen auch das Geburtsdatum inklusive Geburtsort und sozioökonomische und soziale Angaben über Ehepartner, Eltern, Religion, Sprachregion, Beruf und wirtschaftliche Stellung, plus oft auch die Art des Todes: Hier haben wir alle möglichen Ursachen von Unfällen, über Selbstmord, Tötung durch andere, Vergiftung, bis zu verschiedenen Krankheiten, die weiter in Haupterkrankung, Folgeerkrankungen, Begleiterkrankungen und Nebenerkrankungen unterteilt sind, unter verschiedenen Gesichtspunkten analysiert.

Abbildung 1.2 etwa zeigt die monatsspezifische Lebenserwartung von Schweizerinnen und Schweizern, die an Krebs gestorben sind, und Abbildung 1.3 das gleiche für Herzkreislaufkrankheiten.

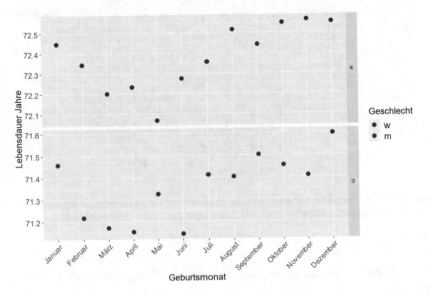

Abb. 1.2: Durchschnittliche Lebensdauer aller an Krebs gestorbenen Schweizerinnen (oben) und Schweizer (unten) in Abhängigkeit des Geburtsmonats.

Abbildung 1.4 dagegen zeigt die monatsspezifische Lebenserwartung aller Schweizer, die durch einen Unfall gestorben sind. Zunächst ist sie erheblich kürzer, kein Wunder, und auch eine Abhängigkeit der Lebenserwartung vom Geburtsmonat ist hier nicht zu sehen.

1.3 Auf der Suche nach den Gründen

Lange Zeit hat man die Sonneneinstrahlung für einen wichtigen Faktor gehalten, der unsere Lebensspanne beeinflusst. So haben etwa amerikanische Forscher einmal die Lebensspanne von rund 7000 Abgeordneten des amerikanischen Kongresses ermittelt, die zwischen den Jahren 1750 und 1900 geboren worden waren. Dabei zeigte sich, dass das erreichte mittlere Alter keineswegs monoton im Zeitverlauf gestiegen ist, sondern in einem Zyklus von neun bis zwölf Jahren schwankt. So stieg etwa die Lebenserwartung von Abgeordneten, die im Jahr 1752 und danach geboren worden waren, bis zum Geburtsjahrgang 1763 stetig an und nahm dann ebenso stetig wieder ab. Diese Zyklen entsprechen fast exakt denen von Sonnenflecken und damit

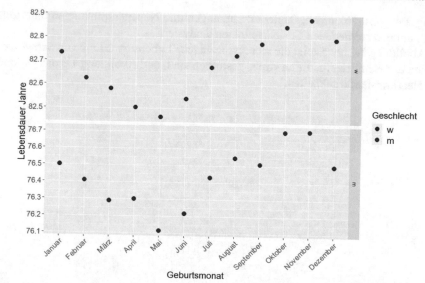

Abb. 1.3: Durchschnittliche Lebensdauer aller an Herz- und Kreislauf-Erkrankungen gestorbenen Schweizerinnen (oben) und Schweizer (unten) in Abhängigkeit des Geburtsmonats.

der Intensität der Sonneneinstrahlung. Der genaue Mechanismus dahinter ist noch ungeklärt.

Hier konzentrieren wir uns auf den Geburtsmonat und die monatsspezifischen Differenzen. Diese werden zuweilen auf eine unterschiedliche – durch unterschiedliche Sonnenstrahlenexposition der Mutter in verschiedenen Jahreszeiten verursachte – Ausstattung des Babys mit Vitamin D zurückgeführt. Andere verweisen darauf, dass die Eltern im Winter oft mehr Stress haben und häufiger an Infektionskrankheiten erkranken, während sich im Sommer die meisten gerne Zeit für Urlaub nehmen. Weitere interessante Ansätze gehen der Hypothese nach, dass auch das Ausmaß und die Art körperlicher Bewegung und somit auch die Menge frischer Luft einen Unterschied zwischen im Sommer und im Winter geborenen Kindern bewirken können.

Wir gehen hier einer Erklärung nach, die durch einen neueren Artikel in der Zeitschrift Nature Medicine ins Rampenlicht gerückt worden ist: Nicht die Mutter, sondern der Vater könnte die treibende Kraft hinter den Saisoneffekten bei der Lebenserwartung des Kindes sein. Und indirekt, per Umweg über die Außentemperatur zum Zeitpunkt der Zeugung, ist auch wieder die Sonne beteiligt. Der Wirkungskanal sind aber weder Vitamine noch die frische Luft, sondern eine ganz spezielle Art von Körpersubstanz, das sogenannte braune Fettgewebe. Dieser wenig sympathische Name bezeichnet eine spezielle und extrem nützliche Form unseres Körpergewebes, dessen Zellen durch Oxidation in der Lage sind, Wärme zu erzeugen. Besonders bei Neugeborenen, die aufgrund ihrer geringen Größe und damit im Vergleich zum Volumen größeren Körperoberfläche viel Wärme verlieren, kommt dieses braune Fettgewebe vor, speziell am Hals und an der Brust.

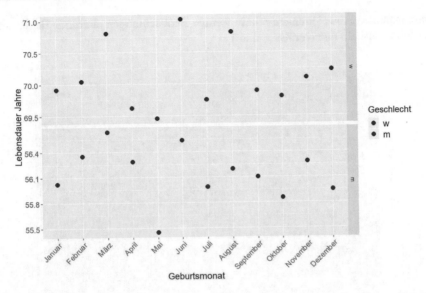

Abb. 1.4: Durchschnittliche Lebensdauer aller durch einen Unfall gestorbenen Schweizerinnen (oben) und Schweizer (unten) in Abhängigkeit des Geburtsmonats.

Lange Zeit glaubte man, dass dieses braune Fettgewebe mit dem Alter verschwände. Inzwischen weiß man aber, dass auch bei Erwachsenen dieses äußerst gesundheitsfördernde Regulativ, wenn auch nur in geringeren Mengen, im Körper vorkommt, und zwar umso häufiger, und das ist die sensationelle Entdeckung des Aufsatzes in Nature Medicine, je kälter es zum Zeitpunkt der Zeugung gewesen ist. Konkret sind es die Spermien des Mannes, die offensichtlich den Embryonalzellen die Botschaft überbringen: „Produziere viel braunes Fettgewebe, das ist gut für dich."

Könnte das nicht auch die Ursache für das längere Leben von Novemberkindern sein? Die werden in den kältesten Monaten des Jahres, im Januar und im Februar gezeugt und verbringen somit ihr Leben mit mehr braunem Fettgewebe als im Sommer gezeugte Frühlingskinder.

Mit Hilfe der verstorbenen Schweizerinnen und Schweizer sind wir dieser These weiter auf den Grund gegangen. Die Schweiz liegt in einer Übergangszone zwischen drei Klimazonen: dem atlantischen Seeklima, dem Kontinentalklima und dem Mittelmeerklima; im Hochgebirge herrschen sogar polare Verhältnisse. Dabei dominiert südlich der Alpen das Mittelmeerklima mit deutlich milderen Wintern. Diese klimatischen Unterschiede machen wir uns zunutze.

Natürlich wissen wir dabei nur das Datum der Geburt, nicht das der Zeugung, bei dessen Schätzung ist eine gewisse Unschärfe unvermeidbar. Für alle Schwangerschaften setzen wir ein durchschnittliche Dauer voraus. Die Klimadaten der jeweiligen Kantone haben wir mit dem Geburts- und Todesdatensatz verknüpft. Wie in Abbildung 1.5 zu sehen, scheint ein kälterer Monat als der Durchschnitt auch eine erhöhte Lebenserwartung mit sich zu bringen. (Man beachte, dass den beiden ganz extremen Abweichungen relativ wenige Beobachtungen zugrunde liegen und die Werte deshalb unzuverlässig sind.)

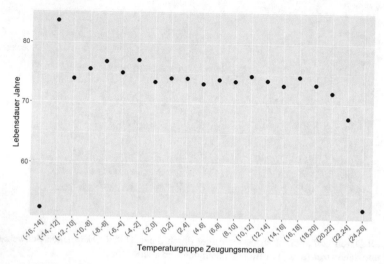

Abb. 1.5: Zusammenhang zwischen der Temperatur des Zeugungsmonats und der Lebenserwartung. Als Referenzkanton wurde je nach Verfügbarkeit das Herkunftskarton bzw. der Staat des Verstorbenen verwendet.

Diese Betrachtungsweise unterscheidet nicht mehr, ob ein Kind im Januar oder Juli gezeugt wurde, sondern lediglich, ob im Zeugungsmonat positive oder negative Temperaturen herrschten und wie extrem sie waren. Zur Veranschaulichung ist in Abbildung 1.6 die auf 1594 ü. M. gelegene und somit erheblich kältere Klimastation Davos in den Schweizer Alpen (Kanton Graubünden) mit der auf 553 ü. M. gelegenen Station in Bern im Zentralen Mittelland (Kanton Bern, siehe Abbildung 1.7) verglichen und stellen dabei fest, dass in beiden Fällen die Hypothese bestätigt wird.

In beiden Abbildungen sind im Gegensatz zu den vorherigen Abbildungen nicht die Mittelwerte der jeweiligen Gruppen, sondern die tatsächlichen Werte der jeweiligen Gruppe zu sehen. Dabei fällt weiterhin auf, dass sich innerhalb der Gruppen zum Teil Häufungen an mehreren Stellen herausbilden.

1.4 Die Bedeutung der Daten

Wir sind auf ein Muster gestoßen, das eine medizinische Vermutung anhand harter Fakten zunächst klar bestätigt. Mehr noch: Die Effekte scheinen viel größer zu sein als diejenigen des Geburtsmonats allein. Fünf bis sechs Grad Temperaturdifferenz im Zeugungsmonat scheinen ein ganzes Lebensjahr Unterschied auszumachen. Aber konnten wir wirklich alle anderen Ursachen ausschließen?

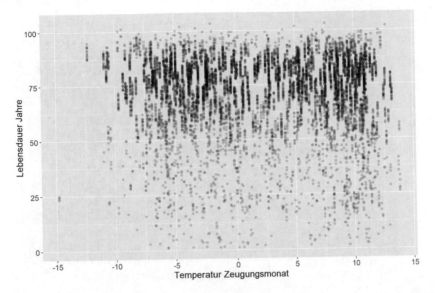

Abb. 1.6: Zusammenhang zwischen der Temperatur des Zeugungsmonats und der Lebenserwartung für das Kanton Graubünden: Tatsächliche Lebensjahre der sich in den Gruppen befindenden Personen.

Da wir nur für acht Jahre die Herkunftskantone kennen, sind unsere Daten womöglich von Trends überlagert und die lassen sich nicht ohne Weiteres herausrechnen. Das größte Hindernis dabei ist, dass wir nur einen Querschnitt der Verstorbenen kennen, nicht aber die Daten der jeweiligen Geburtskohorte. Wir wissen nicht, welche Geburtsgenossen der im Betrachtungszeitraum Verstorbenen schon viel früher verstorben sind, bei welchen Temperaturen sie gezeugt wurden und welche externen Ereignisse ihr Leben bestimmt haben. Damit bleiben viele Fragen offen.

Abgesehen von positiven Ereignissen wie der Entdeckung von Penicillin, verschiedener Antibiotika oder auch der ersten Defibrillation haben viele der Verstorbenen mindestens einen der beiden Weltkriege miterlebt und durch den Umstieg auf den Verbrennungsmotor den zunehmenden individuellen Straßenverkehr wie auch den kommerziellen Luftverkehr. Während die erstgenannten Ereignisse den Menschen wohl dabei geholfen haben, länger zu leben, so lässt sich doch für die überlebenden der Weltkriege spekulieren, dass ihnen durch die Kriege Lebensjahre geraubt wurden und auch die fortlaufende Urbanisierung nicht unbedingt positiven Einfluss auf die Lebensdauer hatte. Spätestens hier stoßen wir an die Grenze dessen, was die Daten aussagen können. Erst mit einem Kohorten-Datensatz, in dem Geburts- und Todestage miteinander verknüpft sind, lässt sich der Frage nach dem längeren Leben der Novemberkinder endgültig auf den Grund gehen.

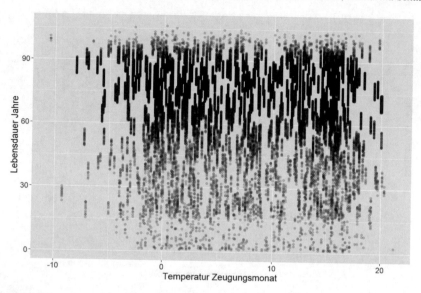

Abb. 1.7: Zusammenhang zwischen der Temperatur des Zeugungsmonats und der Lebenserwartung für das Kanton Bern: Tatsächliche Lebensjahre der sich in den Gruppen befindenden Personen.

1.5 Literatur

Der Zusammenhang zwischen Temperatur bei der Zeugung und Häufigkeit von braunem Fettgewebe wurde nachgewiesen von W. Sun et al. (2018), „Cold-induced epigenetic progamming of the sperm enhances brown adipose tissue activity in the offspring", Nature Medicine 24, S. 1372-1383. Zum Zusammenhang zwischen Sonnenzyklen und Lebenserwartung siehe David A. Juckett and Barnett Rosenberg (1993), „Correlation of Human Longevity Oscillations with Sunspot Cycles", Radiation Research 133(3), S. 312-320. Und die bislang beste Analyse des Zusammenhangs von Geburtsmonat und Lebensdauer liefern Gabriele Doblhammer und James W. Vaupel (2001), „Lifespan depends on the month of birth", Proceedings of the National Academy of Scienes 98, S. 2934-2939. In dieser Veröffentlichung ist von Novemberkindern die Rede.

Kapitel 2
Wo wirken Medikamente im Körper?
Eine systematische statistische Datenanalyse

Claus Weihs

Die Verteilung von Medikamenten im menschlichen Körper ist mitentscheidend
für den Therapieerfolg. Mit Statistik zeigen wir, dass die Medikamente bei wichtigen Therapiezielen tatsächlich vorwiegend in den gewünschten Körperorganen
ankommen.

2.1 Pharmakokinetik und Vorklinik

Die Pharmakokinetik beschäftigt sich mit der Gesamtheit aller Prozesse, denen ein
Arzneistoff im Körper unterliegt, von der Aufnahme über die Verteilung und den
biochemischen Um- und Abbau im Körper bis zur Ausscheidung. Wir interessieren
uns hier besonders für die Verteilung im Körper. Diese beginnt direkt, nachdem das
Medikament vom Körper aufgenommen wurde, und hängt unter anderem von der
Löslichkeit der Substanz, ihrer chemischen Struktur und ihrem Bindungsvermögen
an Proteine ab. Fettlösliche Substanzen neigen z. B. zu einer Anreicherung im Fettgewebe. Außerdem spielen die Organ- bzw. Gewebedurchblutung, der pH-Wert im
Gewebe bzw. in der Körperflüssigkeit und die Durchlässigkeit beteiligter Membrane
eine wichtige Rolle.

Bevor ein Medikament an Menschen getestet wird, durchläuft es verschiedene
vorklinische Tests. Dabei wird ein potenzieller Wirkstoff an Bakterien-, Zell- und
Gewebekulturen, in Tierversuchen oder an isolierten Organen getestet. Verteilungs-
tests von Medikamentkandidaten sind ein wesentlicher Teil solcher Tests. Im Allgemeinen dauern vorklinische Tests zwei Jahre. Medikamentenkandidaten, die nicht
den Anforderungen entsprechen, werden verworfen. Nur Wirkstoffe, die alle Tests
erfolgreich bestanden haben, dürfen an klinischen Tests am Menschen teilnehmen.

Wir interessieren uns hier dafür, wie sich die Verteilung von Medikamenten im
Körper bei unterschiedlichen Therapiezielen unterscheidet. Das ist ein idealer Gegenstand für eine systematische statistische Datenanalyse.

© Springer-Verlag GmbH Deutschland, ein Teil von Springer Nature 2019
W. Krämer und C. Weihs (Hrsg.), *Faszination Statistik*,
https://doi.org/10.1007/978-3-662-60562-2_2

2.2 Standardvorgehen bei der statistischen Datenanalyse

Das Standardvorgehen bei der systematischen statistischen Datenanalyse ist der CRISP-DM (Cross Industry Standard Process for Data Mining), der in sechs Hauptschritten organisiert ist:

Problem verstehen, Daten verstehen, Datenaufbereitung, Modellierung, Evaluierung und Nachbereitung (vgl. Abbildung 2.1).

CRISP-DM wurde ab 1996 von den Firmen NCR (National Cash Register), SPSS (Statistical Package for the Social Sciences) und DaimlerChrysler entwickelt und wird heute intensiv genutzt. Die Motive für die Entwicklung waren unterschiedlich: Für NCR stand der Mehrwert für Data Warehouse Kunden im Mittelpunkt, für SPSS ein Konzept für das Data Mining Produkt *Clementine* und für DaimlerChrysler das Zusammenbringen von praktischer Erfahrung und Konzeptüberlegungen.

CRISP-DM ist keine theoretische, akademische Entwicklung aus technischen Prinzipien, keine Erfindung von Gurus hinter geschlossenen Türen, sondern entstand aus praktischer Erfahrung an realen Problemen. Tatsächlich gehen angewandte Statistiker heutzutage (fast) automatisch wie in CRISP-DM vor.

Abb. 2.1: CRISP-DM Ablauf.

2.3 Die Verteilung von Medikamenten im Körper

Im Folgenden wenden wir CRISP-DM auf die Analyse von Verteilungsdaten bei neuen Medikamenten an. Dabei gehen wir in Schema 2.1 vor.

1. Problem verstehen: Der erste Schritt von CRISP-DM ist das Problemverständnis. Dabei übersetzen wir zunächst die inhaltlichen Analyseziele in realisierbare Datenanalyseziele. Wir beschränken uns hier auf die Vorhersage der Therapieklasse wie z. B. Bludrucksenker oder Antidepressivum/Neuroleptikum, gegeben ein Verteilungsmuster im Körper, d. h. auf die Frage:

Wie gut können wir Therapieklassen aus den Unterschieden in der Verteilung des Medikaments im Körper vorhersagen?

Unser Datenanalyseziel ist dann: Finde einen Zusammenhang zwischen Verteilungsmustern und Therapieklassen. Der Projektplan besteht aus der Datenaufbereitung, z. B. zur Ersetzung fehlender Werte sowie zur Verwendung von Ausreißern und von substanzwissenschaftlichem Wissen, und der Datenanalyse zur Bestimmung eines Modellzusammenhangs. Zur Bestimmung des Zusammenhangs der Therapieklassen mit den gefundenen Konzentrationen in den Organen verwenden wir einen Entscheidungsbaum. Das vereinfacht die inhaltliche Interpretation der Klassenzuordnung (vgl. Abschnitt 2.3: 4. Modellierung).

2. Daten verstehen: Der nächste Schritt von CRISP-DM ist das Datenverständnis, d. h. das Sammeln und Verstehen der Rohdaten inkl. Identifikation von Datenproblemen und ersten Erkenntnissen über die Datenstruktur.

In unserem Beispiel bestehen die Daten aus Messungen der Menge radioaktiv markierter Substanzen in den verschiedenen Organen von Ratten 5-6 Minuten nach intravenöser Injektion. Der Untersuchungszeitpunkt stellt sicher, dass die Substanzverteilung abgeschlossen ist und die Metabolisierung, d. h. der biochemische Um- und Abbau eines Medikaments im Körper, eine untergeordnete Rolle spielt. Damit besteht die Hoffnung eines direkten Zusammenhangs zwischen Therapieklasse und Verteilungsmuster.

Tab. 2.1: Zuordnung der Einzeltests S1, ..., S20 zu Therapieklassen

Klasse T	Bezeichnung	Tests
1	Entzündungshemmer	S1, S3, S7, S9
2	Antidepressiva und Neuroleptika	S4, S5, S10, S11, S18
3	Betablocker und Ca-Antagonisten	S6, S8, S16
4	Zytostatika / Antitumor	S2, S14, S15, S20
5	Biopolymere	S12, S13, S17, S19
7	alle außer Klassen 2 und 3	$T = 1, 4, 5$

Die gewünschte Therapieklasse der injizierten Medikamente ist aus Substanzwissen bekannt. Rohdaten liegen für 20 Einzeltests S1, ..., S20 mit verschiedenen Substanzen aus verschiedenen Therapieklassen (T) vor (s. Tabelle 2.1), meist mit 3-4 Ratten pro Test und mit 85 Ratten insgesamt. Radioaktive Konzentrationen wurden in mindestens 24 Organen gemessen, aufgeteilt in 4 Gruppen à 5 Organe und eine Gruppe mit 4 Organen:

Blutzirkulation: Blut, Plasma, Herz, Aorta, Lunge
Sonstige Organe: Milz, Muskeln, Haut, Ischiasnerv, Auge
Fettgewebe: Gehirn, Knochenmark, Hoden/Eierstöcke, weißes-, braunes Fett
Drüsen: Nebennieren, Schild-, Thymus-, Speichel-, Bauchspeicheldrüse
Verdauungsorgane: Leber, Magen, Dünndarm, Niere.

Im Folgenden sind die Organe in der Reihenfolge dieser Liste durchnummeriert, z. B. ist Blut Organ 1 (O1), Herz Organ 3 (O3) und Gehirn Organ 11 (O11). Das Ziel ist, den Zusammenhang der Therapieklasse mit den Konzentrationen der Medikamente in diesen Organen zu bestimmen.

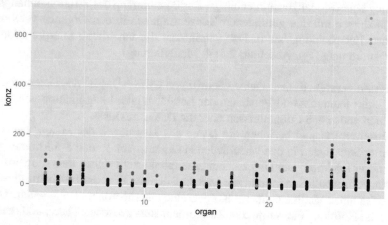

Abb. 2.2: Organnummer (organ) gegen Konzentration der Medikamente (konz) (in totaler Radioaktivität). Die Organe sind von 1 = Blut bis 24 = Niere durchnummeriert, Zähllücken nach jedem 5. Organ sollen die Lesbarkeit erhöhen. Damit hat z. B. Organ 24 die Zählnummer 28. Test S19 wurde in blau, Test S2 in orange markiert.

Eine erste deskriptive Analyse gilt der gefundenen Konzentration in den verschiedenen Organen (s. Abbildung 2.2). Demnach treten die größten Konzentrationen in Test S19 auf, wenn auch nur für die Niere. In Test S2 sind die Konzentrationen insgesamt besonders hoch. Das führte zu der Vermutung, dass das Gesamtniveau der Konzentrationen je nach Test unterschiedlich ist, z. B. abhängig von der verabreichten Dosis des Medikaments? Wir testen diese Vermutung, indem wir das Streudiagramm der Dosis gegen die gefundene Konzentration betrachten (s. Abbildung 2.3). Dabei sieht man, dass der Test S2 (orange markiert) die deutlich größte

Dosis (100 mg) hat und der Test S19 die zweitgrößte (30 mg)! Für die Vergleichbarkeit der Tests benötigen wir deshalb eine Datennormalisierung. Das ist Thema des nächsten Analyseschrittes.

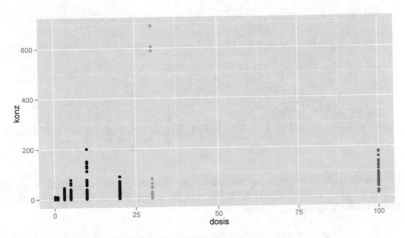

Abb. 2.3: Dosis (dosis) (in mg) gegen Konzentration (konz) (in totaler Radioaktivität); Test S19 wurde in blau, Test S2 in orange markiert.

3. Datenaufbereitung: Nur selten lassen sich die Rohdaten direkt in der erhobenen Form verwenden. Deshalb umfasst die Datenaufbereitung Aktivitäten wie Datenbereinigung, erste Variablenauswahl und -transformation.

Aus der deskriptiven Analyse haben wir geschlossen, dass eine Normalisierung der Daten fehlt. Diese könnten wir z. B. dadurch erreichen, dass wir die gefundenen Konzentration in % der verabreichten Dosis des Medikaments ausdrücken. Wir wählen aber einen anderen Weg. Wir teilen alle Konzentrationen durch die Konzentration im Blut. Nach dieser Datentransformation sieht die Verteilung der relativen Konzentrationen ganz anders aus (vgl. Abbildungen 2.2 und 2.4). Die Lunge (Organ 5) weist jetzt die größten Substanzkonzentrationen in den Tests S4 und S10 auf.

Wir interessieren uns für den Zusammenhang zwischen der Therapieklasse T (s. Tabelle 2.1), die sich aus Substanzwissen ergibt, und den Verteilungsdaten, die sich auf ein Versuchstier in einem Test beziehen. Als Merkmale verwenden wir die 19 normalisierten Konzentrationswerte in den Organen O2 (Plasma) bis O20 (Bauchspeicheldrüse) (vgl. Tabelle 2.2). Die Werte von O1 (Blut) sind konstant = 1 und die Verdauungsorgane entfallen, weil die Wirkung an den anderen Organen durch frühzeitiges Ausscheiden beeinträchtigt wird und die Wirkung an Verdauungsorganen hier nicht interessiert. Wir entfernen auch gleich noch einige unbrauchbare Beobachtungen, z. B. für die keine 20 Konzentrationswerte vorliegen. Damit verbleiben 79 Beobachtungen (Versuchstiere) in der Auswertung.

4. Modellierung: Die Modellierung bildet den nächsten Schritt von CRISP-DM und den Kern der statistischen Analyse. Sie besteht aus der Anwendung verschiede-

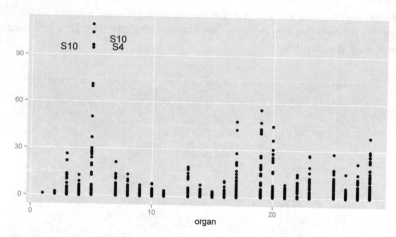

Abb. 2.4: Daten nach Normalisierung: Organnummer (organ) gegen normierte Konzentration (konzn) (relative totale Radioaktivität); hohe Werte in der Lunge (Organ 5) wurden mit den Testbezeichnungen (S4, S10) gekennzeichnet.

Tab. 2.2: Ausschnitt aus Datensatz nach Vorverarbeitung

Test	Versuchstier	O2	O3 ...	O20	T
1	1	20 1.8713968	0.4354763 ...	0.2342368	7
2	1	21 1.8691248	0.5065995 ...	0.2586495	7
3	1	22 1.9026714	0.5452909 ...	0.2648775	7
⋮	⋮	⋮	⋮ ⋮	⋮	⋮
12	4	29 0.8369208	13.7023740 ...	10.3868690	2
13	4	30 0.7531093	13.0646621 ...	2.2341045	2
14	4	31 0.7399002	11.1835831 ...	3.0313822	2
15	4	32 0.8423113	10.8064324 ...	8.5449429	2
⋮	⋮	⋮	⋮ ⋮	⋮	⋮

ner Modellierungstechniken inkl. optimaler Schätzung ihrer Parameter. Für einige Methoden ist u. U. eine weitere Datenaufbereitung notwendig.

Im Folgenden lernen wir Regeln für den Zusammenhang der Therapieklassen 2, 3 und 7 mit den Merkmalen O2, ..., O20. Wir beschränken uns also auf die Abgrenzung der Klassen 2 (Antidepressiva und Neuroleptika) und 3 (Betablocker und Ca-Antagonisten) von den restlichen Medikamentenklassen. Der Grund ist die relativ klare Zuordnung von Zielorganen zu den Klassen 2 (Gehirn) und 3 (Herz). Klasse 2 umfasst dabei 17 Beobachtungen (Versuchstiere), Klasse 3 hat 11 Beobachtungen und die „Restklasse" 7 ist die größte Klasse mit 51 Beobachtungen. Die Merkmale „Test" und „Versuchstier" entfallen natürlich bei der Klassifikation.

Zur Klassifikation verwenden wir ein Verfahren, bei dem die Originalmerkmale direkt zur Bestimmung der Klassen verwendet werden, den so genannten Entschei-

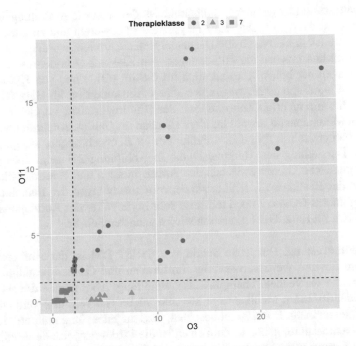

Abb. 2.5: Einteilung des relevanten Merkmalsraums durch den Entscheidungsbaum.

dungsbaum. Dieses Verfahren identifiziert in unserem Beispiel tatsächlich nur die Merkmale Herz (O3) und Gehirn (O11) als wichtig für die Klassenvorhersage und findet die folgenden Zuordnungsregeln:

Regel 1: Wenn $O3 < 2.1$, dann wähle Klasse 7.
Regel 2: Wenn $O3 \geq 2.1$ und $O11 < 1.4$, dann wähle Klasse 3.
Regel 3: Wenn $O3 \geq 2.1$ und $O11 \geq 1.4$, dann wähle Klasse 2.

Dabei ist nur Regel 1 nicht zu 100% richtig, weil die Bedingung $O3 < 2.1$ auch für 4 Beobachtungen (Versuchstiere) der Klasse 3 richtig ist.

Damit lassen sich die Ergebnisse anhand eines Streudiagramms in den Variablen O3 und O11 darstellen (s. Abbildung 2.5). Man sieht, dass sich die drei durch die Trennlinien gekennzeichneten Gebiete, die durch das Klassifikationsverfahren gefunden wurden, tatsächlich relativ eindeutig den Klassen zuordnen lassen: das Gebiet rechts oben den Antidepressiva und Neuroleptika (Klasse 2, rote Punkte), das Gebiet rechts unten den Betablockern und Ca-Antagonisten (Klasse 3, grüne Dreiecke) und das Gebiet links unten der Restklasse 7 (blaue Vierecke). Die falsch klassifizierten Beobachtungen der Klasse 3 (Betablocker und Ca-Antagonisten) sind links unten teilweise verdeckt (grüne Dreiecke von blauen Vierecken).

5. Evaluation: Das gefundene statistische Modell, hier die Aufteilung des Merkmalsraums, ist dann im Lichte des Analyseziels zu bewerten und zu interpretieren. Insbesondere ist zu klären, ob alle Datenanalyseziele erreicht wurden.

Offensichtlich machen die Zuordnungen von Klasse 2 (Antidepressiva, Neuroleptika) wegen der hohen Konzentration im Gehirn (O11) und von Klasse 3 (Betablocker, Ca-Antagonisten) wegen der hohen Konzentration im Herz (O3) Sinn! Man beachte die niedrige Konzentration der Blutdrucksenker im Gehirn und der restlichen Medikamente sowohl im Herz als auch im Gehirn. Außerdem ist die gefundene Fehlerrate mit 5%, d. h. 4 Fehler bei 79 Beobachtungen, akzeptabel. Die grafische Darstellung des Merkmalsraums in Abbildung 2.5 zeigt aber auch eine problematische Grenze zwischen den Antidepressiva und Neutroleptika (Klasse 2) und der Restklasse 7, fehlklassifizierte Beobachtungen der Betablocker und Ca-Antagonisten (Klasse 3) und teilweise sehr hohe Werte der Antidepressiva und Neuroleptika im Herz. Das diskutieren wir im nächsten Schritt.

6. Nachbereitung: Der letzte Schritt von CRISP-DM ist das Aufbereiten der Ergebnisse für ihre Weiterverwendung. Im Großen und Ganzen bestätigt die Datenanalyse die verwendete Therapieklasseneinteilung. Aber gerade die als problematisch identifizierten Medikamente könnten interessant sein und verdienen eine nähere Untersuchung. Dabei ist zu beachten, dass zu jedem Test mehrere Beobachtungen (Versuchstiere) gehören. Zum einen ist die Wirkungsweise der Medikamente auf der Grenze zwischen den Klassen 2 und 7 zu klären. Eine Überprüfung der Datenpunkte ergab, dass es sich bei den Beobachtungen auf dieser Grenze um Versuchstiere aus den Tests S18 (Therapieklasse 2: Antidepressiva oder Neuroleptika) (vgl. Tabelle 2.1) und S20 (Rest-Therapieklasse 7) handelt. Sind diese Medikamente z. B. als Antidepressiva oder Neuroleptika (Klasse 2) einsetzbar, auch dasjenige aus Test S20, das gar nicht so eingeordnet wurde? Zum anderen sollte die Wirkung des in allen 4 verwendeten Beobachtungen falsch klassifizierten Medikaments des Tests S6 aus der Klasse 3 (Betablocker und Ca-Antagonisten) noch einmal gesondert untersucht werden. Schließlich ist zu klären, ob die hohen Werte der Antidepressiva und Neuroleptika im Herz einen Sinn ergeben.

2.4 Literatur

Die Bemerkungen zur Präklinik sind der Internetveröffentlichung https://www.celgene.de/wie-entsteht-ein-medikament-entwicklung-und-studien/ entlehnt.
Zu CRISP-DM ist das Buch „Data Mining for Dummies" von M.S. Brown (2014) zu empfehlen. Dass CRISP-DM auch heute noch intensiv angewendet wird, kann man z. B. der Internetplattform KD-Nuggets: https://www.kdnuggets.com/2014/10/crisp-dm-top-methodology-analytics-data-mining-data-science-projects.html entnehmen.
Die hier verwendeten Daten stammen aus der Arbeit des Autors bei CIBA-Geigy (Schweiz) und wurden für dieses Kapitel anonymisiert und neu ausgewertet. Näheres zu Entscheidungsbäumen findet sich z. B. in dem Buch „An Introduction to Statistical Learning" von G. James et al. (2017).

Kapitel 3
Medikamentenstudien: Mit Statistik zur optimalen Dosis

Holger Dette, Kirsten Schorning

Nur wenige potenzielle Arzneistoffe bestehen die klinischen Tests und werden zugelassen. Mit besseren statistischen Verfahren für die Dosisfindung könnte sich die Zahl der erfolgreichen Substanzen erhöhen.

3.1 Die drei klinischen Testphasen

Potenzielle neue Arzneimittel durchlaufen strenge Tests, bevor sie zugelassen werden. Die meisten fallen dabei durch, nur 0.01 bis 0.02 Prozent schaffen es bis zur Marktreife. Einige Kandidaten werden jedoch zu Unrecht verworfen, weil die Pharmakonzerne die finalen Tests an Menschen nicht mit der optimalen Dosis durchführen. Gemeinsam mit der Biostatistikabteilung von „Novartis" haben wir ein neues statistisches Verfahren entwickelt, mit dem sich Dosisfindungsstudien effizienter planen lassen.

Bei der Zulassung von Arzneistoffen unterscheidet man drei klinische Testphasen. In Phase 1 wird die Substanz zum ersten Mal an Menschen erprobt. Ziel ist es herauszufinden, wie verträglich sie ist, wie sie sich im Körper verteilt und wie dieser sie weiterverarbeitet und ausscheidet. In Phase 2 geht es darum, anhand von Versuchen mit ein paar Hundert Patientinnen und Patienten die Wirkung zu erforschen und die optimale Dosierung zu bestimmen. In der dritten Phase wird das potenzielle Medikament schließlich mit der in Phase 2 bestimmten optimalen Dosis mit mehreren Tausend Patienten über längere Zeit getestet.

Was aber, wenn in Phase 3 nicht wirklich die optimale Dosis zum Einsatz kommt, sondern das Medikament zu stark oder zu schwach dosiert ist? Im ersten Fall besteht die neue Substanz die Tests vermutlich nicht, weil sie zu starke Nebenwirkungen auslöst. Bei zu schwacher Dosierung hingegen bleibt die erhoffte Wirkung unter Umständen vollständig aus.

© Springer-Verlag GmbH Deutschland, ein Teil von Springer Nature 2019
W. Krämer und C. Weihs (Hrsg.), *Faszination Statistik*,
https://doi.org/10.1007/978-3-662-60562-2_3

3.2 Die Optimierung von Phase 2

Ein Ziel von Phase 2 ist es zunächst, die minimale wirksame Dosis zu finden, also die Wirkstoffmenge, die den notwendigen Effekt erzielt, zum Beispiel den Blutdruck um einen bestimmten Betrag senkt, ohne dabei zu starke Nebenwirkungen zu verursachen. Aber die minimale ist natürlich nicht die optimale Dosis. Wie findet man diese optimale Dosis? Bislang werden die Teilnehmer in Phase 2 in mehrere gleich große Gruppen eingeteilt. Der mögliche Dosisbereich, etwa 0 bis 150 Milligramm, wird ebenfalls gleichmäßig (auf einer linearen oder einer logarithmierten Skala) aufgeteilt, so dass jede Gruppe eine bestimmte Dosis verabreicht bekommt. Die erste Gruppe erhält zum Beispiel 0 Milligramm Wirkstoff, also ein Placebo, die zweite Gruppe 30 Milligramm, die dritte 60 Milligramm, die vierte 90 Milligramm, und so weiter.

Aus unserer Sicht ist dieses Vorgehen suboptimal. Mit mehr Statistik bei der Studienplanung könnte man die optimale Dosis wesentlich genauer bestimmen. Aber wie? Dazu muss man sich zunächst vergegenwärtigen, wie Dosis und Wirkung im mathematischen Modell zusammenhängen. Abbildung 3.1 zeigt zwei Beispiele für unterschiedliche mathematische Modelle, die den Zusammenhang zwischen Dosis und Wirkung eines Arzneimittels bestimmen. Würde man das Modell für eine Substanz mit allen Parametern (a, b, c) kennen, könnte man ablesen, welche Dosis (MED, minimal effective dose) man einsetzen muss, um eine ganz bestimmte erwünschte Wirkung zu erzielen (in diesem Beispiel einen Effekt von 0.6).

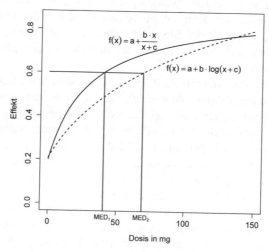

Abb. 3.1: Zwei mathematische Modelle für den Zusammenhang zwischen Dosis x und Wirkung f(x) eines Arzneimittels.

Die pharmakokinetische Forschung hat gezeigt, dass es im Prinzip nur wenige Funktionen gibt, mit denen sich alle Dosis-Wirkungs-Beziehungen von Arzneistoffen beschreiben lassen. Die verschiedenen Funktionstypen lassen sich aus chemischen Reaktionsgleichungen mithilfe der Theorie der Differentialgleichungen bestimmen, einem klassischen Teilgebiet der Mathematik.

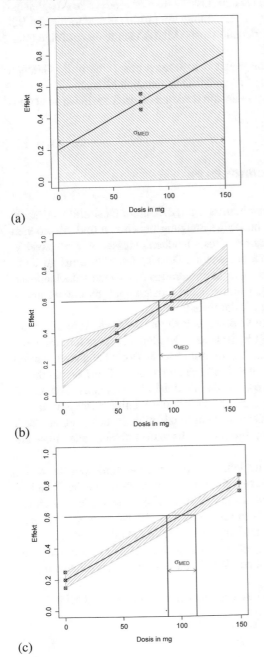

(a)

(b)

(c)

Ein Beispiel ist das EMAX-Modell (MAXimum Effect Model):

$$f(x) = a + \frac{bx}{c+x}.$$

Die Funktion $f(x)$ ordnet dabei jedem Dosiswert x eine bestimmte Wirkung zu; a, b und c sind wirkstoffspezifische Parameter. Würde man die Dosis-Wirkungs-Funktion und die Parameter a, b und c für das neue Medikament kennen, könnte man die minimale wirksame Dosis leicht anhand des Grafen ablesen oder anhand der Formel ausrechnen (Abbildung 3.1). Das Problem: Bei der Entwicklung eines neuen Arzneimittels kennt man weder das Modell noch die Parameter. Also müssen die Pharmafirmen durch die Tests in Phase 2 gute Modelle für die Beschreibung der Dosis-Wirkungsbeziehung entwickeln, um sich möglichst nahe an die optimale Dosis heranzutasten. Alle Probanden gleichmäßig auf sechs Dosisstufen aufzuteilen, ist nach unserer Erkenntnis aber nicht der beste Weg dafür.

Nehmen wir vereinfacht an, die Wirkung unseres Medikaments hängt linear von der Dosis ab, d. h. wir können die Abhängigkeit durch eine Gerade beschreiben. Wir erheben eine Reihe von Messwerten, durch die wir eine Ausgleichsgerade legen, um das zugrundeliegende Modell zu bestimmen, siehe Abbildung 3.2. Die Teile (a)–(c) der Abbildung zeigen, dass es wichtig ist,

Abb. 3.2: Ausgleichsgerade bei verschiedenen Datensituationen mit Beobachtungen x. Der schraffierte Bereich zeigt die mögliche Variation der Ausgleichsgerade, σ_{MED} die Variation der minimal wirksamen Dosis.

die Messpunkte geschickt zu wählen, um ein Modell anhand von Messwerten zu bestimmen:

(a) Erhebt man nur bei einem x-Wert Daten, lässt sich keine eindeutige Ausgleichsgerade durch die Messwerte legen. Sie könnte überall in dem schraffierten Bereich verlaufen. Die minimal wirksame Dosis (MED) könnte demzufolge überall in dem roten Bereich liegen.

(b) Die Messung bei zwei x-Werten grenzt den Bereich ein, in dem die Geraden liegen können. Die Streuung (σ) für die MED ist deutlich kleiner.

(c) Die Streuung wird noch kleiner, wenn die beiden x-Werte möglichst weit "außen" liegen.

3.3 Auf den Versuchsplan kommt es an

Wenn wir also alle Messwerte bei nur einem x-Wert, d. h. einer Dosisstufe, erheben, kann unsere Ausgleichsgerade jede beliebige Steigung annehmen und wir können keine Aussage zur minimalen wirksamen Dosis machen. Messen wir bei zwei x-Werten, sieht die Lage besser aus. Wenn wir die Dosisstufen allerdings zu dicht beieinander wählen, sind immer noch Ausgleichsgeraden mit vielen verschiedenen Steigungen denkbar. Besser wird es, wenn wir die Dosierungen möglichst unterschiedlich wählen, wie in Abbildung 3.2 dargestellt.

Der Zusammenhang von Dosis und Wirkung von Arzneistoffen ist aber im Allgemeinen gar nicht linear, sondern folgt komplexeren Modellen. Außerdem möchten wir bestimmen, wie viele Patienten am besten mit welcher Dosis behandelt werden sollten, ohne die zugrunde liegende Funktion genau zu kennen. Zur Lösung dieser Aufgaben reichen gewisse Kenntnisse über die möglichen Modelle aus: Zum einen hat die jahrelange Pharmaforschung ergeben, dass es nur wenige prinzipiell unterschiedliche Modelle gibt, um die Dosis-Wirkungsbeziehung zu beschreiben; zum anderen liefert Phase 1 der klinischen Studien bereits erste Informationen über die wirkstoffspezifischen Parameter.

Für unsere Methode müssen wir im Prinzip ein Extremwertproblem lösen. Im Grunde machen wir das Gleiche wie bei einer Kurvendiskussion in der Schule - nur mit anderen Funktionen. Die Funktionen haben dabei eine weitere wichtige Eigenschaft: Sie sind konkav (vgl. Abbildung 3.3). Um die Maximalstellen einer konkaven Funktion zu finden, bildet man ihre erste Ableitung und setzt diese gleich Null. Wir hantieren allerdings mit abstrakteren Funktionen als die Schulmathematik, aber das Prinzip ist ähnlich. Konkret: Wir lösen ein unendlich dimensionales Extremwertproblem.

Eine spezielle Versuchsanordnung beschreiben wir mithilfe einer Matrix:

$$\xi = \begin{pmatrix} d_1\ d_2\ \ldots\ d_n \\ P_1\ P_2\ \ldots\ P_n \end{pmatrix}$$

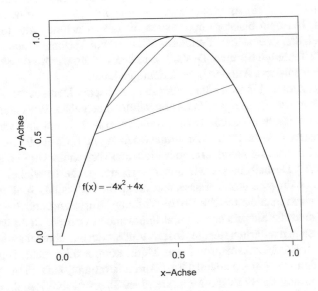

Abb. 3.3: Eine konkave Funktion. Eingezeichnet sind außerdem zwei Sekanten, die unterhalb des Grafen liegen (rot), und die Tangente an ihr Maximum bei $x = 0.5$ (blau).

Die Variable n gibt an, wie viele verschiedene Dosierungen getestet werden sollen. $d_1, d_2, \ldots, d_n$ bezeichnen die zu berechnenden Dosierungen und $P_1, P_2, \ldots, P_n$ die zu bestimmenden relativen Anteile der Patienten, die die jeweilige Dosierung erhalten sollen. Um die Genauigkeit der Schätzung für die minimale effektive Dosis in Abhängigkeit des Versuchsplans zu ermitteln, bestimmen wir eine Funktion $f(\xi)$, die die Genauigkeit der Schätzung in Abhängigkeit von der Versuchsanordnung beschreibt. Setzt man Zahlenwerte für die Variablen ein - zum Beispiel 0 Milligramm Wirkstoff für ein Achtel der Patienten, 80 Milligramm Wirkstoff für ein Viertel, und so weiter - erhält man einen Wert, der angibt, wie genau man mit dieser Versuchsanordnung die optimale Dosis schätzen könnte. Durch die Maximierung dieser Funktion bestimmen wir dann den bestmöglichen Versuchsplan. Die statistische Herausforderung besteht darin, dass man keine obere Schranke für die Anzahl der verschiedenen Dosierungen angeben kann. Dadurch wird das Extremwertproblem unendlichdimensional.

3.4 Auf dem Weg zur praktischen Anwendung

Mit der neuen Methode könnte man in Phase 2 von klinischen Studien eine genauere Schätzung der minimalen wirksamen Dosis erzielen als mit dem bislang eingesetzten Verfahren. Das klingt einfach, aber noch ist diese Botschaft nicht in der Praxis angekommen. Für das Zögern gibt es zwei Gründe. Das sind zum einen logistische Restriktionen. Bei dem bislang eingesetzten Verfahren nehmen die Testpersonen vielleicht zwei, drei oder sieben Tabletten. Mit unserem Verfahren rechnen wir aus, sie sollen 3.78 Tabletten nehmen. Deshalb mussten wir unserer Methode erweitern, so dass sie Mengen-Restriktionen berücksichtigen kann.

Es dauert trotzdem, bis sich eine Neuerung durchsetzt. Denn es ist nicht leicht, die Kliniker davon zu überzeugen, das Altbewährte aufzugeben. Wir sagen zum Beispiel: Um die minimale wirksame Dosis zu finden, sollen sie nur drei verschiedene Dosisstufen testen, falls die Dosis-Wirkungsbeziehung mithilfe des EMAX-Modells beschrieben wird. Und sie sagen: „Ja, aber vielleicht verwenden wir ja gar nicht das richtige Modell." Deshalb haben wir unser Verfahren weiterentwickelt und es so angelegt, dass es für eine große Klasse von möglichen Modellen funktioniert und nicht versagt, wenn man die falsche Dosis-Wirkungs-Kurve zugrundelegt.

Trotzdem muss die Skepsis erst einmal überwunden werden. Denn wenn etwas schiefgeht, entstehen natürlich riesige Kosten. Außerdem entscheidet am Ende nicht der Kliniker, ob das Medikament auf den Markt kommt oder nicht, sondern eine Behörde - in den USA die „Federal Drug Administration", kurz FDA. Wenn wir Glück haben, nimmt die FDA die Methode eines Tages in ihre Regeln auf. Dann könnten Ärzte sie einsetzen, ohne Sorge zu haben, dass die Behörde ihre klinischen Tests nicht akzeptiert.

3.5 Literatur

Die optimale Versuchsplanung ist seit Jahrzehnten ein intensiv beforschtes Teilgebiet der mathematischen Statistik, siehe zum Beispiel die von Friedrich Pukelsheim verfasste Monographie „Optimal Design of Experiments", 2006, SIAM, für einen Überblick. Unsere eigenen Ergebnisse sind unter anderem nachzulesen in „Optimal designs for comparing curves", Annals of Statistics 44(3), 2016, S. 1103–1130, und in dem gemeinsam mit Katrin Kettelhake, Weng Kee Wong und Frank Bretz verfassten Artikel „Optimal designs for active controlled dose-finding trials with efficacy-toxicity outcomes", Biometrika 104(4), 2017, S. 1003-1010.

Kapitel 4
Statistische Alarmsysteme in der Intensivmedizin

Roland Fried, Ursula Gather, Michael Imhoff

Bei der Überwachung kritisch kranker Patienten mittels moderner Computer- und Messtechnologien fallen immense Datenmengen an. Die intelligente statistische Analyse dieser Daten in Echtzeit liefert wichtige Informationen über den Gesundheitszustand und notwendige medizinische Maßnahmen, um Leben zu retten und falsche Alarme zu vermeiden.

4.1 Alarme in der medizinischen Akutversorgung

Das schnelle Erkennen eines kritischen Zustands kann Patienten auf Intensivstationen, in Operationssälen, in Notaufnahmen und anderen Bereichen der Akutversorgung das Leben retten. Das Krankenhauspersonal kann aber kaum alle potentiell akut gefährdeten Patienten gleichzeitig voll im Blick behalten. Deshalb werden deren Vitalfunktionen elektronisch gemessen und automatisch überwacht (Abbildung 4.1). Wenn sich Werte bedenklich verändern, schlägt das System Alarm. Unter der Vielzahl erhobener Merkmale sind Herzkreislaufvariablen wie Herzfrequenz, Sauerstoffsättigung des Blutes, Temperatur, zentralvenöser sowie oberer (systolischer), unterer (diastolischer) sowie mittlerer arterieller und pulmonalarterieller Blutdruck besonders wichtig (Abbildung 4.2). Zwischen diesen Merkmalen gibt es vielfältige Beziehungen und Wechselwirkungen. So können hohe Werte der einen bei gleichzeitig normalen oder gar niedrigen Werten der anderen Blutdrücke auf verschiedene Formen des Kreislaufversagens hindeuten, die Merkmale sind also gemeinsam zu bewerten.

Herkömmliche Alarmsysteme beruhen auf einfachen oberen und unteren Schwellwerten für jedes einzelne Merkmal. Über- bzw. Unterschreiten löst einen Alarm aus. Die Schwellwerte werden manuell für jeden Patienten bzw. Patientin angepasst, unter Berücksichtigung von Alter, Geschlecht, sowie allgemeiner und akuter körperlicher Verfassung. So ist eine Herzfrequenz von unter 50 für viele Menschen bedenklich, bei sportlich sehr aktiven Menschen aber oft normal.

© Springer-Verlag GmbH Deutschland, ein Teil von Springer Nature 2019
W. Krämer und C. Weihs (Hrsg.), *Faszination Statistik*,
https://doi.org/10.1007/978-3-662-60562-2_4

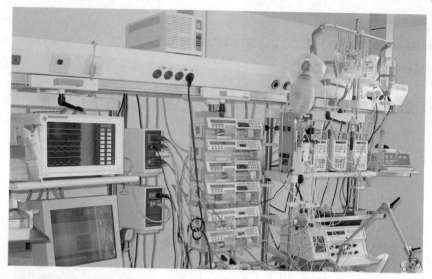

Abb. 4.1: Messgeräte zur Überwachung eines Patienten auf einer Intensivstation, wie sie zum Standard großer deutscher Krankenhäuser gehören[1].

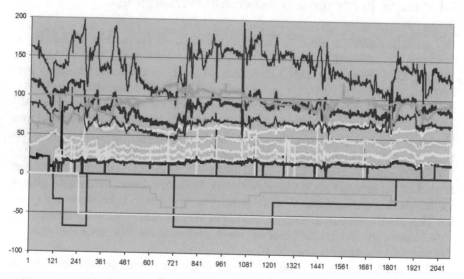

Abb. 4.2: Drücke und Sauerstoffsättigungen in verschiedenen Gefäßregionen sowie Medikamentendosierungen als kontinuierliche Infusionsraten starker Herzkreislaufmedikamente (gespiegelt unterhalb der Nulllinie) für einen Intensivpatienten, Beobachtungsdauer 35 Stunden (2100 Minuten).

Manche Merkmale werden im Sekundentakt gemessen, wobei sich eine Vielzahl von Störeinflüssen als Rauschen auf die Messwerte auswirkt. Bewegungen der Patienten führen häufig zu klinisch irrelevanten Messartefakten, die sich teilweise über einige Beobachtungen hinziehen und zusammen mit weiteren Ursachen zahlreiche Fehlalarme auslösen. Bestehende Alarmsysteme weisen zwar hohe Sensitivitäten für die Erkennung kritischer Zustände auf, erzeugen jedoch eine hohe Anzahl von Alarmen ohne klinische Konsequenz. Mehrere Studien bewerten bis zu 90% oder gar mehr der mit herkömmlichen Systemen registrierten Alarme als klinisch nicht relevant. Dies führt zu einer hohen Stressbelastung und einer Desensibilisierung des Krankenhauspersonals. Herkömmliche Systeme erlauben daher zumindest, die Alarme so einzustellen, dass erst nach mehrmaliger oder länger anhaltender Schwellwertüberschreitung alarmiert wird. Dies beseitigt die Fehlalarme aber nur teilweise. Wird bei mehreren Patienten Alarm ausgelöst, geben einfache Systeme wenig Aufschluss darüber, welcher Alarm dringender ist. Die hohe Zahl der fehlerhaften Meldungen ist also nicht nur ein Stressfaktor für alle Beteiligten, sondern auch ein Risikofaktor für die Patienten. Wenn durch die vielen Alarme ein wirklich ernsthafter Zustand zu spät erkannt und behandelt wird, kann dies dramatische Folgen haben.

Neben der Alarmierung kann auch die Diagnose in zeitkritischen Situationen Probleme bereiten. Die menschliche Gabe der Informationsaufnahme und -verarbeitung ist begrenzt. Psychologische Studien belegen, dass Menschen kaum mehr als sieben Informationen gleichzeitig aufnehmen können und Probleme haben, die Zusammenhänge zwischen mehr als zwei davon zu überblicken. In der Intensivmedizin strömen aber hochfrequente Messungen von ca. einem Dutzend Herzkreislaufvariablen sowie weiterer Merkmale für mehrere kritisch kranke Patienten auf die Mediziner ein. Dies erklärt den dringenden Bedarf nach intelligenten Alarm- und Analysesystemen, um auch unter Stress zuverlässige Entscheidungen zu ermöglichen.

Nachfolgend skizzieren wir einige statistische Methoden, die wir im Rahmen eines interdisziplinären Forschungsprojektes für die Entwicklung intelligenter Alarm- und Analysesysteme erforscht haben. Die dabei entstandenen Kooperationen werden aktuell im Rahmen des Fachausschusses Methodik der Patientenüberwachung der Deutschen Gesellschaft für Biomedizinische Technik mit Angehörigen der Disziplinen Medizin, Statistik, Medizintechnik und Informatik weitergeführt. Bei der Entwicklung solcher Systeme ist neben der Echtzeitfähigkeit und der Zuverlässigkeit auch die Verständlichkeit für die Mediziner wichtig, die letztlich die Entscheidung fällen und somit die Alarme und Empfehlungen des Systems verstehen müssen.

4.2 Glättung als Teil der Datenvorverarbeitung

Um die simple Schwarz-Weiß-Unterscheidung in der Patientenüberwachung zu verfeinern, die Zahl der Fehlalarme zu reduzieren und verlässlichere Informationen über den Zustand der Patienten zu gewinnen, sind zum einen die einfachen Schwellwertsysteme zu verbessern. Eine Möglichkeit hierfür ist, die Daten vorzuverarbeiten, um Bewegungsartefakte und andere kurzzeitige Schwankungen auszublenden. Dazu haben wir robuste Glättungsverfahren entwickelt, die ein „Entrauschen" der Daten ermöglichen und sie auf das relevante zugrundeliegende Signal reduzieren. Dabei galt es auch, die unterschiedlichen Eigenschaften, Stärken und Schwächen der vielen in der Literatur vorgeschlagenen Glättungsverfahren in unserem intensivmedizinischen Kontext gründlich zu untersuchen.

Letztlich fiel die Entscheidung auf Filterverfahren auf Basis gleitender Zeitfenster. Sie sind sehr flexibel einsetzbar und benötigen nur schwache Annahmen an das zugrundeliegende Signal und das Rauschen. In die Bewertung des momentanen Patientenzustands gehen dabei zum Beispiel die Messungen aus dem aktuellen Zeitfenster der letzten halben Stunde ein. Das bekannteste Verfahren dieser Art ist ein „gleitender Durchschnitt", also das arithmetische Mittel der Beobachtungen im aktuellen Zeitfenster. Dieser würde aber von Messartefakten stark beeinflusst. In dieser Hinsicht besser ist ein gleitender Median, der die Daten des Zeitfensters der Größe nach sortiert und den dann in der Mitte stehenden Wert verwendet.

Haben die Daten jedoch eine Tendenz in eine bestimmte Richtung, sei es nach oben oder nach unten, wie zum Beispiel in der Aufwach- und Stabilisierungsphase unmittelbar nach einer OP, so hängt ein gleitender Median genau wie ein gleitender Durchschnitt dem tatsächlichen Patientenzustand um eine halbe Fensterbreite hinterher, also zum Beispiel eine Viertelstunde. Diese beiden Ansätze unterstellen nämlich, dass das Niveau der Messwerte im Zeitfenster nahezu konstant ist. Um diesen Zeitverzug abzuschwächen, kann man das Niveau lokal im Zeitfenster durch eine Gerade beschreiben und ein Regressionsverfahren zur Anpassung der Geraden an die Daten im Zeitfenster anwenden. Messartefakte sollten dabei wenig Einfluss auf diese Anpassung haben. Daher wenden wir hierfür Regressionsverfahren mit guten Robustheitseigenschaften an, ähnlich wie sie der Median besitzt, nicht aber die klassische Methode der kleinsten Quadrate. Zur Auswahl und Weiterentwicklung eines geeigneten Verfahrens haben wir umfangreiche Vergleichsstudien mit echten und simulierten Daten durchgeführt, um ein besonders gut geeignetes Verfahren zu finden.

Benötigt werden auch Regeln zur Wahl der Fensterbreite: Geben die Daten der letzten halben Stunde den besten Aufschluss auf den aktuellen Patientenzustand, oder sollte man besser nur die Daten der letzten 15 Minuten verwenden, oder doch die der letzten vollen Stunde? Die Annahme eines linearen Verlaufs, welche eine Geradenanpassung rechtfertigt, ist nur lokal gültig. Wählt man das Zeitfenster zu lang, so begeht man einen systematischen Fehler. Die Schätzungen werden dann in eine Richtung verfälscht. Bei sehr kurzen Zeitfenstern verschenkt man hingegen möglicherweise nützliche Information und die Schätzungen sind wegen einer hohen verbleibenden Variabilität wenig präzise. Bei einem längeren Krankenhausaufenthalt gibt es sowohl ruhige Zeiten als auch Zeiten mit größeren Schwankungen des Patientenzustands. Daher sind adaptive Verfahren besonders vielversprechend, die die Fensterbreite immer wieder neu an den Verlauf anpassen. Dies muss natürlich automatisiert erfolgen, ohne ständige manuelle Nachjustierung. Daher haben wir

Algorithmen zur Schätzung der Signalwerte entwickelt, bestehend aus genau beschriebenen Abfolgen von Rechen- und Überprüfungsschritten.

Die Alarmierung kann sodann auf den mittels robuster Glättungstechniken entrauschten Daten erfolgen. Hierbei können engere Schwellwerte eingesetzt werden als bei den viel stärker verrauschten Originaldaten. In Abbildung 4.3 führen die gestrichelt eingezeichneten Schwellwerte z. B. zu Alarmen nach 955, 1271 und 1555 Minuten, wenn das geglättete Signal verwendet wird. Ein herkömmliches Alarmsystem überwacht hingegen die ungeglätteten Messungen. Bei den gleichen Schwellwerten würden hier 33 Alarme auftreten, selbst wenn man erst bei zwei- oder mehrmalig aufeinanderfolgendem Überschreiten alarmiert. Somit liefert das System genauere Informationen und die Anzahl der Fehlalarme sinkt. Schwellwertalarme können zudem ergänzt werden durch Informationen über den Verlauf der Merkmale, die man im Zuge der Berechnungen gewinnt. So wird bei der Geradenanpassung nicht nur das zugrunde liegende Signal geschätzt, sondern auch dessen Steigung. Dadurch wird die jüngste Entwicklung sichtbar und zum Zwecke der Prognose in die nahe Zukunft nutzbar, um potentiell gefährliche Entwicklungen frühzeitig zu erkennen.

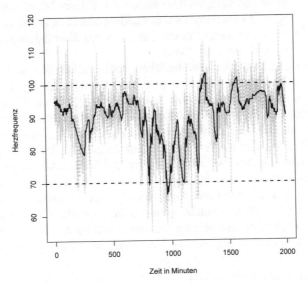

Abb. 4.3: Herzfrequenzmessungen eines Intensivpatienten (grau) während 2000 Minuten und ein in Echtzeit mit einem adaptivem robusten Regressionsfilter extrahiertes Signal (schwarz); Schwellwerte gestrichelt.

4.3 Gemeinsame Analyse der Merkmale

Die obigen Glättungsmethoden analysieren den Zeitverlauf eines einzelnen Merkmals. Nun besteht zwischen den erhobenen Merkmalen eine Vielzahl von Wechselwirkungen, so dass ein Merkmal auch Informationen über andere enthält. Daher lohnt eine gemeinsame Analyse mit multivariaten Methoden. Dabei sind auch die zuvor genannten Grenzen der menschlichen Informationsverarbeitung zu beachten. Es bietet sich somit an, die vielen beobachteten Merkmalswerte in eine überschaubare Anzahl möglichst aussagekräftiger Werte zu komprimieren.

Eine solche Komprimierung kann durch eine geschickte Auswahl komplementärer Merkmale mit möglichst wenig Redundanz erfolgen. Hierfür ist ein Überblick über die Zusammenhänge zwischen den Merkmalen nützlich. Einen ersten Eindruck hierüber liefert eine Korrelationsanalyse. Die gewöhnliche Korrelation zwischen zwei Merkmalen misst die Stärke eines linearen Zusammenhangs auf einer Skala von -1 bis 1. Ein Wert von 0 bedeutet Unkorreliertheit, es besteht also zumindest kein linearer Zusammenhang, während ein Wert von 1 bzw. -1 bedeutet, dass ein exakter, linear steigender bzw. fallender Zusammenhang vorliegt. Man muss sich aber selbst bei einer betragsmäßigen Korrelation von 1 davor hüten, diese als einen direkten Einfluss des einen Merkmals auf das andere Merkmal zu interpretieren, etwa gar im Sinne eines kausalen Effektes. Oft entstehen Korrelationen auch durch Zusammenhänge mit anderen Merkmalen.

Daher lohnt es, nicht nur die gewöhnlichen, sondern auch die partiellen Korrelationen zwischen den Merkmalen zu betrachten. Dies sind die Korrelationen, die bestehen bleiben, nachdem man mittels Regression die linearen Effekte weiterer Merkmale beseitigt hat. Partielle Korrelationen hängen offensichtlich davon ab, welche weiteren Merkmale berücksichtigt werden, und sind somit ebenfalls mit Vorsicht zu interpretieren. Zur Analyse der Zusammenhangsstruktur zwischen vielen Merkmalen wurden seit den 70er Jahren des vorigen Jahrhunderts sogenannte graphische Modelle entwickelt, die die Zusammenhänge basierend auf einer fundierten mathematischen Theorie in Form eines Abhängigkeitsgraphen sichtbar machen. Unsere Arbeit zeigt, dass sich solche graphischen Modelle selbst unter Berücksichtigung von möglicherweise zeitlich versetzten Abhängigkeiten auch im intensivmedizinischen Kontext erfolgreich zur Informationsgewinnung einsetzen lassen. In Abbildung 4.4 bestehen z. B. starke Zusammenhänge vor allem zwischen der Herzfrequenz HF, dem arteriellen und dem pulmonalarteriellen Blutdruck ABD und PABD sowie PABD und dem zentralvenösen Druck ZVBD. Der beobachtete Zusammenhang zwischen der Sauerstoffsättigung SpO2 und der Temperatur Temp ist ein Messartefakt, da das Messinstrument für SpO2 temperaturabhängig reagiert.

Die Auswahl besonders informativer Merkmale ist nicht die einzige Möglichkeit der Informationskomprimierung. Ein weiterer Ansatz ist die Hauptkomponentenanalyse. Gemeinsame Beobachtungen von p verschiedenen Merkmalen sind abstrakt gesehen Punkte in einem p-dimensionalen Raum. Die Hauptkomponentenanalyse sucht Richtungen in diesem Raum, welche die Variabilität der p-dimensionalen Beobachtungen möglichst gut beschreiben, so dass bei einer Reduktion auf die neuen Richtungen möglichst wenig Information (gemessen über die Variabi-

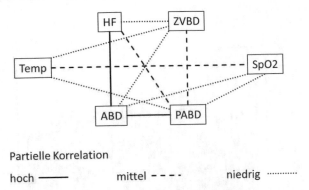

Abb. 4.4: Graphisches Modell basierend auf partiellen Korrelationen für die Herzkreislaufvariablen Herzfrequenz HF, arterieller und pulmonalarterieller Blutdruck ABD und PABD sowie zentralvenöser Druck ZVBD, der Sauerstoffsättigung SpO2 und der Temperatur Temp.

lität) verloren geht. Mathematisch wird dies über eine Spektralzerlegung der Matrix der Varianzen und Kovarianzen der Merkmale gelöst, man bestimmt die sogenannten Eigenwerte und Eigenvektoren dieser Matrix. Die gesuchten Richtungen werden durch die Eigenvektoren zu den größten Eigenwerten bestimmt. Man kann dann die p-dimensionalen Beobachtungspunkte auf diese Richtungsvektoren projizieren und dadurch neue Beobachtungswerte erzeugen. Übliche Regeln zur Wahl der Anzahl der Hauptkomponenten beruhen meist auf den durch die Hauptkomponenten erklärten und den verbleibenden restlichen Variabilitäten. Die Interpretation kann durch eine Rotation verbessert werden. Unsere Analysen ergaben, dass man auf diese Weise bei einer gleich starken Reduktion der Anzahl an Herzkreislaufvariablen in ebenfalls interpretierbare (künstliche) neue Merkmale mehr relevante Information über die ursprünglichen Merkmale behalten kann als durch eine Merkmalsauswahl. Zudem sind die durch eine Hauptkomponentenanalyse bestimmten künstlichen Merkmale unkorreliert, so dass man sie besser als die ursprünglichen Merkmale getrennt analysieren kann. Abbildung 4.5 zeigt z. B., dass eine Hauptkomponente die wesentliche Information komprimiert und weniger verrauscht zeigt und dank einer Zentrierung um 0 schwankt. Außerdem können positive Werte unabhängig vom Patienten als hoch, negative hingegen als niedrig interpretiert werden.

Neben den hier beschriebenen Methoden gibt es weitere dimensionsreduzierende Verfahren. Liefert die Hauptkomponentenanalyse unkorrelierte Merkmale ohne lineare Abhängigkeiten, so zielt die Unabhängigkeitsanalyse (im Englischen Independent Component Analysis) gar auf unabhängige Merkmale ab, zwischen denen auch keine nichtlinearen Abhängigkeiten bestehen. Hierfür benötigt man jedoch stärkere Annahmen, insbesondere darf höchstens eines der zu extrahierenden künstlichen Merkmale Gauß-verteilt sein. Ein anderer Ansatz der Dimensionsreduktion, der oft komplett unter der Gauß-Annahme angewendet wird, ist die Faktorenanalyse. Sie wird besonders von Psychologen und zunehmend auch von Ökonomen eingesetzt, um viele messbare Merkmale durch wenige interpretierbare latente Fak-

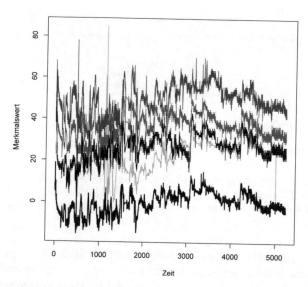

Abb. 4.5: Zentralvenöser (grün) und pulmonalarterielle Blutdrücke (systolisch rot, diastolisch blau, mittlerer Druck magenta) eines Patienten sowie aus diesen vier Merkmalen extrahierte Hauptkomponente (schwarz).

toren zu erklären. In unserem intensivmedizinischen Kontext ist beim Einsatz solcher Verfahren zu beachten, dass robuste Schätzmethoden eingesetzt werden, die von den zahlreichen Messartefakten wenig gestört werden und dennoch in Echtzeit berechenbar sind.

4.4 Validierung der Ergebnisse

Die gefundenen statistischen Lösungsansätze sind vor einem klinischen Einsatz zu erproben und zu bewerten. Für die Validierung muss sich ein Mediziner eine Weile an ein Krankenbett setzen und parallel zum System den Patienten überwachen. Die Alarme und Hinweise des automatischen Systems sind sodann mit der Expertenmeinung zu vergleichen.

Verschiedene Fachleute können allerdings zu unterschiedlichen Einschätzungen kommen, und Experimente belegen, dass selbst ein- und derselbe Experte die gleiche Datensituation verschieden bewerten kann, wenn sie mehrfach auftritt. Menschen interpretieren Sachverhalte nicht nur im Kontext der allgemeinen Erfahrung, sondern auch des jüngst Erlebten. Auch das validierte System kann also immer nur einen Kompromiss zwischen verschiedenen Experten abbilden. Zudem ist die Validierung extrem zeitaufwändig und nicht ständig durchführbar. Methoden des statistischen Lernens helfen, um letztlich ein computerbasiertes Regelwerk für die Expertenbewertung der Alarmsituationen zu erschaffen.

4.5 Literatur

Statistische Alarmsysteme haben ihren Ursprung in der industriellen Prozesskontrolle. Pionier hierbei war Walter A. Shewhart mit seinem 1931 veröffentlichten Buch „Economic Control of Quality of Manufactured Product". Seither wurden angesichts vieler neuer und zunehmend komplexerer Anwendungsproblematiken Alarmsysteme für immer komplexer werdende Situationen entwickelt.

Eine umfassende Bewertung der Alarmgebung in der Intensivmedizin gibt das VDE-Positionspapier „Alarmgebung medizintechnischer Geräte" von 2010. Die Filterverfahren zur robusten Signalextraktion aus Abschnitt 4.2 finden sich in Schettlinger, Fried und Gather (2010), „Real Time Signal Processing by Adaptive Repeated Median Filters", International Journal of Adaptive Control and Signal Processing 24, S. 346-362. Die in Abschnitt 4.3 beschriebenen multivariaten Analyseansätze werden ausführlich besprochen in Gather, Imhoff und Fried (2002), „Graphical Models for Multivariate Time Series from Intensive Care Monitoring", Statistics in Medicine 21, S. 2685-2701, und Gather, Fried, Lanius und Imhoff (2001), „Online Monitoring of High Dimensional Physiological Time Series - A Case-Study", Estadística 53, S. 259-298. Mehr über die Validierung der Ergebnisse aus Abschnitt 4.4 gibt es in Siebig, Kuhls, Imhoff, Langgartner, Reng, Schölmerich, Gather und Wrede (2010), „The Collection of Annotated Data in a Clinical Validation Study for Alarm Algorithms in Intensive Care - a Methodologic Framework", Journal of Critical Care 25, S. 128-135.

Kapitel 5

Personalisierte Medizin: Wie Statistik hilft, nicht in der Datenflut zu ertrinken

Jörg Rahnenführer

Die Zahl neuer Krebsdiagnosen und die Zahl von Menschen, die an Krebs sterben, steigt in den meisten Ländern der Erde kontinuierlich an. Es ist dabei sehr schwer, für einen bestimmten Krebsfall die bestmögliche Behandlung zu finden, da es sich bei Krebs nicht um eine einzelne Krankheit handelt, sondern um sehr viele verschiedene Krankheiten, die alle unter dem Überbegriff Krebs zusammengefasst werden. Aber statistischen Methoden können dabei helfen, Klassen von Patienten zu finden, die sich anhand genetischer Merkmale ähnlich sind. Für manche solcher Unterklassen gibt es dann eine zielgerichtete Therapie, welche die Genetik der Patienten berücksichtigt, so dass die Krankheit erfolgversprechender behandelt werden kann.

5.1 Genetische Entscheidungshilfen in der Medizin

Krebs ist oft als Geißel der Menschheit bezeichnet worden. In vielen Ländern der Erde ist er eine der häufigsten Todesursachen, wobei besonders häufig Prostatakrebs bei Männern, Brustkrebs bei Frauen und Lungenkrebs und Darmkrebs bei beiden Geschlechtern diagnostiziert werden sowie zum Tod führen. Für viele dieser Krebsarten gibt es zudem noch zahlreiche Subtypen, zum Beispiel ist die Ursache von Lungenkrebs meistens das Rauchen, aber er kann auch bei Nichtrauchern spontan auftreten. Weiterhin ist für die Behandlung von Bedeutung, welches Gewebe betroffen ist, z. B. Drüsengewebe bei Adenokarzinomen oder die Bronchien beim Bronchialkrebs.

Und selbst für solche vom Krankheitsbild homogenen Patientengruppen spielt der genetische Subtyp der Krankheit eine große Rolle. Bei Patienten mit einem sogenannten nichtkleinzelligen Bronchialkrebs (NSCLC) wird üblicherweise getestet, ob im Tumorgewebe eine bestimmte Mutation eines Gens vorliegt, welches das Protein EGFR (Epidermal-growth-Faktor-Rezeptor) erzeugt. Die Mutation bedeutet, dass eine bestimmte genetische Veränderung im Vergleich zur Normalsituation vorliegt. Es kann auch sein, dass zu viel von dem Protein EGFR erzeugt wird. In beiden Fällen wachsen die Tumorzellen unkontrolliert und vermehren sich. Hierfür gibt es nun zielgerichtete Krebstherapien (targeted therapies), die das Signal von

© Springer-Verlag GmbH Deutschland, ein Teil von Springer Nature 2019
W. Krämer und C. Weihs (Hrsg.), *Faszination Statistik*,
https://doi.org/10.1007/978-3-662-60562-2_5

EGFR blockieren und damit das Tumorwachstum stoppen können. Für Patienten ohne EGFR-Veränderung hat hingegen eine konventionelle Chemotherapie bessere Erfolgsaussichten. Der genetische Status bestimmt also die am besten geeignete Therapie mit.

5.2 Wirksamkeit und Nebenwirkungen von Therapien

Dieses Beispiel zeigt, worauf es bei personalisierten Therapien ankommt. Patienten müssen in Bezug auf die Wirksamkeit und Nebenwirkungen von Therapien in Untergruppen eingeteilt werden. Abbildung 5.1 zeigt die Situation für eine Patientengruppe mit der gleichen Krankheitsdiagnose, aber unterschiedlichen Reaktionen auf die Therapie. Während die grüne Gruppe ohne Nebenwirkungen von der Behandlung profitiert, liegt in der gelben Gruppe keine Wirksamkeit vor, aber auch keine (schlimmen) Nebenwirkungen, während in der roten Gruppe die Nebenwirkungen zu stark sind, unabhängig von der Wirksamkeit der Therapie.

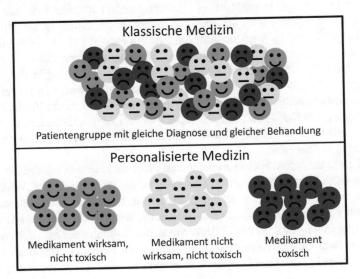

Abb. 5.1: Unterscheidung von Patienten nach Wirksamkeit und Nebenwirkungen einer medizinischen Therapie.

Es werden daher Methoden benötigt, die für Therapien jeweils Untergruppen von Patienten identifizieren, die zu der in der Abbildung grünen Gruppe gehören. Eine große Hoffnung besteht darin, wie beim EGFR-Beispiel die individuellen genetischen Merkmale des Patienten oder eines Tumors miteinzubeziehen und damit die wahren molekularen Ursachen für bessere medizinische Entscheidungen zu nutzen.

5.3 Suche nach genetischen Mustern

In den letzten Jahrzehnten hat es parallel enorme Fortschritte in drei verschiedenen Bereichen gegeben, (i) in der Molekularbiologie, insbesondere im Verständnis der Rolle von Genen und Proteinen in vielen wichtigen Prozessen, die im menschlichen Körper ablaufen, (ii) in der Entwicklung von technischen Verfahren zur gleichzeitigen Messung von Zehntausenden bis Millionen von genetischen Werten, und (iii) in der Entwicklung von hochleistungsfähigen Rechnern, die aufwändige computergestützte Auswertungen und Modellierungen solcher großen Datenmengen in einem begrenzten Zeitraum ermöglichen.

Mit den technischen Verfahren kann die Genaktivität (Genexpression) von Zehntausenden von Genen, die Proteinaktivität von Zehntausenden von Proteinen oder der Mutationsstatus von Millionen von Stellen im menschlichen Genom gemessen werden. Für jeden einzelnen Patienten steht damit eine Flut von Messungen zur Verfügung, die für die Diagnose und die Therapiewahl bei Krankheiten genutzt werden können.

Hieraus ergibt sich aber gleichzeitig das große Problem, dass unter dem Namen „Fluch der Dimension" bekannt ist. Wir betrachten den einfachen Fall, dass aus den genetischen Messungen nur eine einfache ja/nein-Entscheidung getroffen werden soll, indem vorhergesagt wird, ob zum Beispiel ein Patient auf eine bestimmte Therapie anspricht. Selbst wenn jede genetische Messung nur eine binäre Größe wäre (also 0 oder 1, ja oder nein, Gen ist mutiert oder nicht mutiert), gibt es bei 10 000 Messungen 2^{10000} mögliche genetische Kombinationen für einen einzelnen Patienten. Das ist eine unfassbar große Zahl mit mehr als 3000 Stellen, ein Vielfaches mehr als die Anzahl der Sandkörner auf der Erde. Das Ziel ist nun, für einen bestimmten Patienten mit einer bestimmten individuellen Kombination vorherzusagen, ob die Therapie wirkt oder nicht.

Bei diesem zunächst scheinbar unlösbaren Problem kommen uns jedoch ein paar faktische Einschränkungen zugute. Erstens gibt es natürlich in der Wirklichkeit nicht alle möglichen Varianten, viele sind medizinisch unsinnig. Zweitens sind nicht alle Messungen gleich wichtig, es müssen nur die wichtigsten identifiziert werden. Und drittens gibt es unter den wichtigen wiederum Zusammenhänge, d. h. zum Beispiel, dass zwei Genaktivitäts-Messungen bei einem Patienten immer gleichzeitig hoch oder niedrig sind, man also für Vorhersagen nur eine davon verwenden muss.

5.4 Statistische Kniffe

Dass man überhaupt Statistik braucht, um die medizinische Entscheidungsfindung aus genetischen Daten zu bewältigen, liegt auch an dem unvermeidlichen Rauschen in den Messungen. Die meisten Werte liegen nicht präzise vor, sondern sind mit einer Varianz behaftet, eine Eigenschaft, die in der zugrunde liegenden Biologie begründet ist. So hat zum Beispiel jeder Mensch in seinem genetischen Erbgut einzigartige Kombinationen, die aber für die Auswahl der medizinischen Behandlung nicht wichtig sind. Und Messungen der Genaktivität beispielsweise unterliegen neben der biologischen Unsicherheit auch experimentellen Abweichungen. Die Messung einer einzelnen genetischen Größe, z. B. die Expression eines Gens, nennen wir im Folgenden deshalb auch Variable, wie in der Statistik üblich.

Der erste statistische Kniff ist es, die Variablen aus genetischen Messungen einzeln zu betrachten und dann zu analysieren, ob mit ihnen die Einteilung mit der Zielgröße, etwa dem Ansprechen auf eine Therapie, zusammenhängt. Dadurch fällt fast immer schon ein Großteil der Variablen weg. Andererseits findet man mit diesem Vorgehen aufgrund der riesigen Anzahl an Kandidaten-Variablen auch viele solche, die nur zufällig mit der Zielgröße zusammenhängen. Vorhersagen beruhend auf solchen Variablen wären für Prognosen für zukünftige Patienten irreführend. Deshalb berücksichtigt man nur diejenigen Variablen, die besonders stark mit der Zielgröße zusammenhängen. Mit Statistik wird berechnet, wie stark der Zusammenhang sein muss, damit man relativ sicher sein kann, dass es sich nicht nur um einen Zufallsfund aufgrund der großen Anzahl an Untersuchungen handelt.

Der zweite statistische Kniff ist es, Zusammenhänge zwischen den Variablen zu analysieren. Sind zwei Variablen sehr ähnlich, so kann die für die Vorhersage bessere beibehalten und die andere vernachlässigt werden. Ist von einer Gruppe von Variablen bekannt, dass sie in einem biologischen Sinne zusammenwirken, zum Beispiel weil sie eine gemeinsame Rolle bei der für die Krebsforschung immer wichtiger werdenden Immunabwehr spielen, dann können die Werte der Variablen zu einer neuen Variablen zusammengefasst werden. Der Vorteil ist, dass man weiß, dass das Rauschen dieser neuen Variablen dann kleiner ist als das Rauschen der ursprünglichen Variablen, eine in der Statistik unter dem Namen „Gesetz der großen Zahlen" oft genutzte Eigenschaft.

Der dritte statistische Kniff ist es schließlich, bei der Konstruktion eines Vorhersagemodells nicht nur die Vorhersagegenauigkeit auf den vorhandenen Patientendaten, sondern auch die Größe des Modells, also die Anzahl der verwendeten Variablen, zu bewerten. Von zwei Modellen, die gleich gute Vorhersagen treffen, ist das einfachere, also das mit weniger Variablen zu wählen. Dies geschieht mathematisch oft durch eine sogenannte Bestrafung in folgender Weise. Ein Modell wird bewertet, indem die Vorhersagen und die wahren Werte der Zielgröße miteinander verglichen werden. Dies wird in einer einzigen Maßzahl M zusammengefasst, wobei kleinere Werte von M für eine bessere Vorhersage sprechen. Um nun bei Modellen mit ähnlicher Qualität diejenigen mit weniger Variablen zu bevorzugen, wird auf M noch die Anzahl der verwendeten Variablen addiert (oder eine Funktion davon), größere Modelle werden also bestraft. Der Kompromiss zwischen Qualität und Größe des Modells ist in der Statistik ein beliebtes Prinzip. Für die großen Anzahlen an Messungen in der genetischen Medizin hat es sich als extrem hilfreich herausgestellt.

Die Reihenfolge und das Ausmaß, in dem diese statistischen Kniffe eingesetzt werden, um ein Vorhersagemodell zu erhalten, ist die statistische Kunst. Ein erfolgreiches Vorgehen erfordert neben dem statistischen Basiswissen Erfahrung im Umgang mit derartigen Daten und ein ausreichendes biologisch-medizinisches Wissen, das oft auf einer intensiven Zusammenarbeit zwischen Statistikern, Biologen und Medizinern gründet.

5.5 Medizinische Anwendung

Die Nutzung genetischer Messungen spielt in der Medizin bereits heute eine wichtige Rolle, wie das EGFR-Beispiel beim Bronchialkarzinom zeigt. Für viele Krankheiten beruhen aber heutzutage die Therapieentscheidungen noch rein auf einer überschaubaren Anzahl an demographischen und klinischen Variablen, bei Krebs zum Beispiel auf dem Alter des Patienten, der Tumorgröße, der Tumorart und dem Status von Hormonrezeptoren. Für die personalisierte Medizin kommen nun die vielen genetischen Messungen hinzu, die jedoch deutlich umfangreicher sind.

Aufgrund der übermäßig vielen Möglichkeiten, die genetischen Messungen zu einer Vorhersage zu kombinieren, ist das Risiko größer als bei den klinischen Variablen, irrelevante Variablen für die Vorhersage auszuwählen. Deshalb ist es wichtig, das genetische Modell mit einem rein klinischen Modell zu vergleichen um festzustellen, ob die Vorhersage tatsächlich statistisch zuverlässig besser wird. Schließlich kann man Modelle konstruieren, die sowohl genetische als auch klinische Variablen verwenden. Auch hier muss mit statistischen Methoden gezeigt werden, dass die genetischen Variablen einen zusätzlichen Nutzen generieren, dass die Vorhersage also auch für neue Patienten zuverlässiger ist als bei dem rein klinischen Modell.

Ein wichtiger Vorteil eines genetischen Modells ist zudem, dass es wiederum zum Erkenntnisgewinn auf medizinischer Seite beitragen kann, indem die für die Vorhersage wichtigsten zentralen Variablen aus biologischer Sicht interpretiert werden. Heutzutage untersucht man dann, auf welche biologischen Prozesse und welche molekularen Funktionen die wichtigen identifizierten Gene oder Proteine einen Einfluss haben. Dies kann dann wieder zu biologisch motivierten zielgerichteten Therapien führen. Ähnliche Vorgehensweisen werden in der Entwicklungsbiologie und in der Toxikologie verwendet.

5.6 Modelle für den Krankheitsfortschritt

Statistische Modelle können in vielfältiger Weise die Entwicklung personalisierter Therapien unterstützen. Bisher haben wir im Wesentlichen Vorhersagemodelle betrachtet. Aber auch für präzise und frühzeitige Diagnosen können genetische Muster sehr hilfreich sein. Ein Beispiel sind Modelle für den Krankheitsfortschritt (die Progression), bei denen die Reihenfolge der genetisch relevanten Schritte in einem typischen Krankheitsverlauf mit statistischen Methoden aus Daten geschätzt wird. Man geht dabei davon aus, dass genetische Veränderungen immer in einer bestimmten Reihenfolge auftreten und man anhand der schon aufgetretenen Veränderungen beurteilen kann, wie weit die Krankheit schon fortgeschritten ist.

So sind zum Beispiel menschliche Tumore oft mit typischen genetischen Ereignissen verknüpft, zum Beispiel Veränderungen in den entsprechenden Tumorzellen. Die Identifikation von charakteristischen Krankheitsverläufen in solchen Tumoren kann dann wiederum die Vorhersage der Überlebenszeit von Patienten und damit die Auswahl der optimalen Therapie erleichtern.

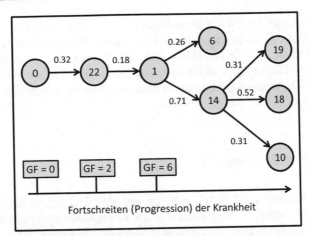

Abb. 5.2: Genetische Krebsentwicklung in Hirntumoren vom Typ Meningiom: Ausbruch der Krankheit = Startereignis 0, genetischer Fortschritt (GF) = 0; Wahrscheinlichkeit 32%, dass in Tumorzellen ein Verlust von Chromosom 22 auftritt (GF = 2); Wahrscheinlichkeit 18% für einen zusätzlichen Verlust von Teilen des Chromosoms 1 (GF = 6); usw.

In den entsprechenden Modellen wird der Fortschritt der Krankheit durch die meist schrittweise Anhäufung von Änderungen in Krebszellen beschrieben. Für einen einzelnen Patienten wird dann geprüft, in welchem Stadium er sich genetisch befindet. Zum Beispiel ist für verschiedene Arten von Hirntumoren ein höherer Wert für den genetischen Fortschritt (GF) mit einer verkürzten Zeit bis zum Rückfall nach einer Behandlung oder bis zum Tod assoziiert.

Das Modell in Abbildung 5.2 zeigt genetische Schritte bei Meningiomen, einem Subtyp von Hirntumoren, der mit einer vergleichsweise guten Prognose für die Patienten einhergeht. Der Verlauf startet für alle Patienten mit dem Startereignis 0, das den Ausbruch der Krankheit repräsentiert. Der genetische Fortschritt wird auf GF = 0 gesetzt. Für einen zufällig ausgewählten Patienten mit diesem Krebstyp ist die Wahrscheinlichkeit 32%, dass in den Zellen des Tumorgewebes ein Verlust von Chromosom 22 beobachtet wird. Hierfür gilt bereits GF = 2. Unter diesen Patienten beträgt die Wahrscheinlichkeit für einen zusätzlichen Verlust von Teilen des Chromosoms 1 etwa 18%, dieses Ereignis ist also seltener und kann in einem statistischen Modell in den Fortschritt GF = 6 umgerechnet werden. Danach können weitere chromosomale Veränderungen mit den angegebenen Wahrscheinlichkeiten teilweise auch unabhängig voneinander auftreten (6 und 14 sowie 19, 18 und 10), was zu noch höheren Werten von GF führt.

Interessanterweise kann dieses Fortschrittsmodell aus sogenannten Querschnittsdaten erzeugt werden, bei denen für jeden Patienten nur die Daten zum Zeitpunkt der Diagnose vor der Operation vorliegen. Der zeitliche Ablauf der Krankheitsschritte kann durch ein statistisches Modell geschätzt werden, das denselben Verlauf für alle Patienten unterstellt und das seltener beobachteten Ereignisse mit fortgeschritteneren Stadien assoziiert.

Die medizinische Bedeutung diese Modells zeigt sich, wenn man die Patienten nach dem Fortschrittsstatus gruppiert und dann deren Rückfallraten betrachtet. Für Patienten mit GF = 6 ist die Anzahl an Patienten, die nach der Operation innerhalb einer bestimmten Zeit wieder an einem Meningiom erkranken, deutlich erhöht. Als medizinische Konsequenz müssen diese dann mindestens regelmäßiger nachbeobachtet werden.

5.7 Zusammenfassung

Die Lebenserwartung der Menschen steigt seit über 100 Jahren weltweit an und damit auch der Anteil an Menschen, die an Krankheiten mit genetischen Ursachen erkranken und sterben, unter anderem besonders häufig an Krebs. Heutzutage können Millionen genetischer Variablen im Tumorgewebe oder im Blut von Patienten gemessen werden. Die Messungen sind dabei meist mit statistischen Schwankungen verbunden. Statistische Methoden sind daher ein nützliches und unabdingbares Werkzeug, um aus den unzähligen Variablen die wichtigsten herauszufinden und in der personalisierten Medizin Diagnosen und Therapieentscheidungen besser auf den genetischen Status des Patienten abzustimmen.

5.8 Literatur

Zur Personalisierten Medizin gibt es unzählige Veröffentlichungen. Das in Abschnitt 5.7 in Abbildung 5.2 etwas vereinfacht dargestellte Modell ist in dem Artikel von Ketter et al. (2007), „Application of oncogenetic trees mixtures as a biostatistical model of the clonal cytogenetic evolution of meningiomas" im International Journal of Cancer 121(7), S. 1473-80, veröffentlicht und darin auch interpretiert worden.

Kapitel 6
Mit Statistik dem Wirken der Gene auf der Spur

Silvia Selinski, Katja Ickstadt, Klaus Golka

Seit vielen Jahren erfasst man bei der Krankheitsursachenanalyse neben persönlichen Merkmalen wie Rauchverhalten und Beruf auch genetische Daten. Mit dieser Datenvielfalt untersuchen wir hier, ob sich in Studien zum Harnblasenkrebs der Strukturwandel im Ruhrgebiet weg von der Eisen-, Kohle- und Stahlindustrie zu emissionsarmen Industrien zeigt.

6.1 Umwelt, Krankheiten und Gene

Der Strukturwandel im Ruhrgebiet ist offensichtlich. So sehen wir z. B. für das Phönixgelände in Dortmund (Abbildung 6.1), wie sich Luftverschmutzung und Bedingungen am Arbeitsplatz binnen weniger Jahrzehnte drastisch geändert haben. Wirken sich diese Änderungen in der Umwelt auch auf genetische Risikofaktoren aus? Solche Wechselwirkungen zwischen Genetik – als individuell unterschiedlichen „internen" und unveränderlichen Risikofaktoren – und Umwelt – als „externem" und veränderlichem Risiko – interessieren besonders bei dem Harnblasenkarzinom, das zum einen eine Modellerkrankung für diese sogenannten Gen-Umwelt-Wechselwirkungen darstellt, zum anderen durch Schadstoffe, die an vielen Arbeitsplätzen im Ruhrgebiet vorkamen und -kommen verursacht wird. Der durch berufliche Exposition bedingte Harnblasenkrebs gilt als Berufskrankheit BK1301. Wichtige Argumente für eine Anerkennung als Berufskrankheit sind Expositionsdauer aufgrund der Jahre im Beruf, ermittelte Expositionshöhe und Substanzen sowie die genetische Ausstattung der Gutachtenpatienten, d.h. zum Beispiel die individuell unterschiedliche Fähigkeit, die krebserregenden Schadstoffe zu entgiften.

Zwei wichtige Gene, die je nach Umwelt- und Arbeitsplatzbedingungen das Harnblasenkrebsrisiko erhöhen oder überhaupt keine Rolle spielen, sind die *Glutathion S-Transferase µ1* (*GSTM1*) und die *N-Acetyltransferase 2* (*NAT2*). Beide Gene produzieren Enzyme, die an der Entgiftung von Harnblasenkrebs erzeugenden Chemikalien beteiligt sind. Ist das Enzym in geringerer Menge vorhanden (*NAT2*) oder fehlt sogar ganz (*GSTM1*), kann der Schadstoff in geringerer Menge entgif-

© Springer-Verlag GmbH Deutschland, ein Teil von Springer Nature 2019
W. Krämer und C. Weihs (Hrsg.), *Faszination Statistik*,
https://doi.org/10.1007/978-3-662-60562-2_6

Abb. 6.1: Gelände der ehemaligen Phoenix-Ost Werke in Dortmund-Hörde im Juli 2000 mit der Hörder-Fackel (links)[1] und im August 2014 mit dem Phoenix-See (rechts)[2].

tet werden. Es gelangen also mehr Schadstoffe in die Harnblase und schädigen die Schleimhaut.

Um neue Risikofaktoren zu finden und bekannte Faktoren genauer zu untersuchen, bestimmen wir in verschiedenen Grundgesamtheiten – z.B. Harnblasenkrebsfälle in einer Klinik, gesunde Personen, Gutachtenpatienten – potentielle Einflussfaktoren: ausgeübte Berufe, bekannte Schadstoffexpositionen, Wohnort, Lebensstilfaktoren, wie z.B. das Rauchverhalten, sowie genetische Daten. Die Häufigkeit dieser Faktoren vergleichen wir in Harnblasenkrebsfällen, Kontrollpersonen oder Gutachtenpatienten. Hier vergleichen wir Harnblasenkrebsfälle, die in den Jahren 1992 – 1995 in Dortmund gesammelt wurden, also in der Zeit Harnblasenkrebs entwickelt hatten, als die Schadstoffbelastung noch sehr hoch war, und neuere Fälle, die seit 2009 – also nach Schließung der Kohle-, Eisen- und Stahlindustrie – gesammelt wurden, mit Kontrollen (gesunde Personen) aus dem jeweils gleichen Zeitraum. Hier zeigt sich bei den wichtigsten genetischen Einflussfaktoren Erstaunliches.

6.2 Epidemiologie und Genetik

Die **Epidemiologie** untersucht die Verbreitung und die Ursachen von Erkrankungen in einer Population. Die Anfänge systematischer Analysen datieren auf die Mitte des 19. Jahrhunderts, wie zum Beispiel die Arbeit von John Snow zur Cholera-Epidemie 1854 in London, Florence Nightingales *statistische Analysen* zu Todesursachen in britischen Kasernen und Krankenhäusern mittels Fragebögen sowie Semmelweis' zunächst umstrittene Arbeit zu Ursachen des Kindbettfiebers 1847 – 1848. Der Zusammenhang von Harnblasenkrebs mit der beruflichen Exposition gegenüber bestimmten Farbstoffen, zunächst Fuchsin, wurde 1895 das erste Mal von dem deut-

---

[1] s. https://commons.wikimedia.org/wiki/File:2000-07_Hoesch_Phoenix-ost.jpg, Bassaar [CC BY-SA 3.0 (https://creativecommons.org/licenses/by-sa/3.0)]

[2] mit freundlicher Genehmigung von © Oskar C. Neubauer [2018]. All Rights Reserved

schen Chirurgen Ludwig Rehn beschrieben. Zuvor (1856 – 1859) hatte der britische Chemiker und Industrielle W.H. Perkin bereits über ein gehäuftes Auftreten von Harnblasenkrebsfällen in der Farbindustrie berichtet.

Die Epidemiologie untersucht allgemein einen möglichen Zusammenhang zwischen einer Einflussgröße (Risikofaktor) und einer Erkrankung in einer Population anhand von Studiengruppen. Um eine „auffällige Häufung" der Erkrankung bei Personen mit einem Risikofaktor gegenüber Personen ohne diesen Risikofaktor aufdecken zu können, gibt es eine ganze Reihe statistischer Methoden.

Studientypen sind in der Regel *Kohortenstudien* und *Fall-Kontrollstudien*. Die *Kohortenstudie* untersucht an einem repräsentativen Teil der Population das Verhältnis von Erkrankten zu nichterkrankten Personen in der Gruppe mit dem Risikofaktor (Risikogruppe) und vergleicht dieses mit dem Verhältnis *krank:gesund* in der Vergleichsgruppe ohne den Risikofaktor. Hier kann also die Wahrscheinlichkeit der Erkrankung bei Vorliegen des Risikofaktors im Vergleich zur Population ohne Risikofaktor berechnet werden.

Bei der *Fall-Kontrollstudie* sammelt man erkrankte Personen (*Fälle*) und dazu „passende" nichterkrankte Personen (*Kontrollen*). Die Vergleichsgruppe soll hinsichtlich möglicher Einflussfaktoren, die in der Studie nicht von Interesse sind und möglicherweise das Ergebnis der Studie beeinflussen könnten, der Fallgruppe möglichst ähnlich sein, beispielsweise hinsichtlich Alter und Geschlecht. Verglichen wird das Verhältnis von Personen mit und ohne Risikofaktor in der Fallgruppe und in der Kontrollgruppe. Im Unterschied zur *Kohortenstudie* erhält man hier die Wahrscheinlichkeiten, den Risikofaktor zu beobachten, in Fällen und Kontrollen und kann dann unter bestimmten Voraussetzungen auf die Erkrankungswahrscheinlichkeiten schließen.

In allen Studien ist von Interesse, ob bei Vorliegen des Risikofaktors wirklich eine erhöhte Erkrankungswahrscheinlichkeit vorliegt und falls ja, wie hoch das Risiko ist. Die wichtigste Maßzahl dafür ist das *Odds Ratio* (*OR*). Es ist definiert als *Chancenverhältnis* zwischen der Chance zu erkranken, wenn der Risikofaktor vorliegt, gegenüber der Chance zu erkranken, wenn der Risikofaktor nicht vorliegt. Der Risikofaktor kann dabei ein bestimmter Genotyp sein, das Rauchverhalten, das Geschlecht oder ein bestimmter Beruf. Ist dieses Chancenverhältnis größer als 1, so erhöht sich die Chance zu erkranken bei Vorliegen des Risikofaktors.

Ob diese Erhöhung zufällig oder signifikant ist, kann man mit einem einfachen statistischen Test – dem *Chi-Quadrat-Test* – überprüfen. Man vergleicht dabei den quadratischen Unterschied zwischen den beobachteten Häufigkeiten und den Häufigkeiten, die man erwarten würde, wenn kein Zusammenhang zwischen Risikofaktor und Erkrankung besteht (Unabhängigkeit). Bei großen Unterschieden weist dies auf einen signifikanten Zusammenhang hin.

Die **Genetik** befasst sich mit der Weitergabe der Erbanlagen – oder Genen – von einer Generation von Lebewesen an die nächste sowie den Gesetzmäßigkeiten der Ausprägung dieser Anlagen. Dabei ist von besonderem Interesse, mit welcher Wahrscheinlichkeit von der genetischen Information – dem *Genotyp* – auf das Erscheinungsbild – den *Phänotyp* – geschlossen werden kann.

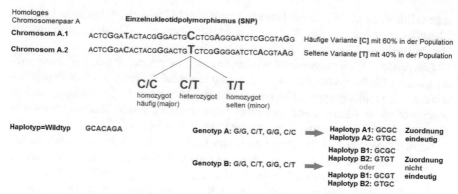

Abb. 6.2: Grundbegriffe der Genetik am Beispiel einer DNA-Sequenz eines homologen Chromosomenpaares. C und T bezeichnen dabei die Basen Cytosin und Thymin.

Gespeichert ist die genetische Information in der DNA (*Desoxyribonukleinsäure*), einem fadenförmigen Molekül, das in der Regel in Form einer Doppelhelix vorliegt. Dieses besteht aus einer Abfolge von vier verschiedenen Nukleotiden, die sich durch die organischen Basen Adenin (A), Thymin (T), Guanin (G) und Cytosin (C) unterscheiden (siehe Abbildung 6.2). Diese bilden den *genetischen* Code, so dass bei Kenntnis der Abfolge dieser Basen auf dem DNA-Strang auf die genetische Information geschlossen werden kann. Der Großteil der DNA befindet sich im Zellkern in kompakter Form als *Chromosomen*. Diese liegen als doppelter Chromosomensatz vor, d.h. von jedem Elternteil wird ein halber Chromosomensatz (beim Menschen 23) an die Nachkommen vererbt. Diese verfügen dann wieder über einen doppelten Chromosomensatz.

Betrachtet man nun eine bestimmte genetische Information an einer definierten Stelle der DNA (siehe Abbildung 6.2), so kann die Information, z.B. die Base Cytosin oder die Base Thymin, auf beiden zusammen gehörigen Chromosomen A.1 und A.2 an dieser Stelle gleich sein (homozygot: C/C oder T/T) oder sich unterscheiden (heterozygot: C/T). Außerdem kann man zwischen der häufigeren homozygoten Variante (C/C) oder der selteneren (T/T) unterscheiden. Diese Information an einer bestimmen Stelle der DNA nennt man auch Genotyp. Betrifft diese Änderung ein einzelnes Nukleotid, so spricht man auch von einem Einzelnukleotidpolymorphismus, englisch auch *single nucleotide polymorphism*, kurz: SNP (sprich: snip) genannt. Dies ist die häufigste Art genetischer Varianten. Die unterschiedlichen Varianten an einer Stelle, hier also [C] oder [T], nennt man auch *Allele*.

Neben Unterschieden, die einzelne Nukleotide betreffen, können auch Varianten vorliegen, bei denen sich ganze DNA-Abschnitte unterscheiden oder auch fehlen. Das Gen der *Glutathion S-Transferase µ1 (GSTM1)* fehlt beispielsweise bei ca. 50% der europäischen Bevölkerung auf beiden Chromosomen komplett (*GSTM1 negativ*). Das bedeutet, dass die Hälfte der Europäer ein wichtiges Enzym für die Entgiftung vieler Schadstoffe, unter anderem krebserregende *polyzyklische aromatische Kohlenwasserstoffe (PAK)*, nicht bilden kann und folglich ein erhöhtes Risiko für eine Reihe von Erkrankungen, wie zum Beispiel die Entstehung von Harnbla-

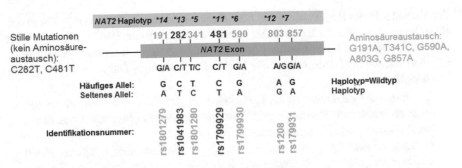

Abb. 6.3: Vereinfachter Aufbau des *NAT2*-Gens mit den charakteristischen Einzelnukleotidpolymorphismen (SNPs). Rs-Nummern identifizieren Einzelnukleotidpolymorphismen in öffentlichen Datenbanken. Die Notation G191A bedeutet z. B., dass das häufige Allel [G] gegen das seltene [A] ausgetauscht wird. Die Zahl bezeichnet dabei das entsprechende Nukleotid des Gens.

senkrebs hat. PAKs entstehen als Produkt einer unvollständigen Verbrennung bei Sauerstoffmangel von organischem Material, wie zum Beispiel Kohle, Kraftstoff oder Tabak, und somit auch bei der Produktion von Koks.

Ein weiteres Gen, das bei der Entstehung von Harnblasenkrebs eine Rolle spielen kann, ist die *N-Acetyltransferase 2*, kurz: *NAT2* (Abbildung 6.3). Das Gen *NAT2* bildet das *NAT2*-Enzym, welches wiederum eine wichtige Rolle bei der Entgiftung von Chemikalien spielt, die Harnblasenkrebs verursachen können, insbesondere bestimmte aromatische Amine. Das *NAT2*-Gen weist eine ganze Reihe von häufigen Einzelnukleotidpolymorphismen (SNPs) auf, die einzeln oder in Kombination dafür sorgen, dass das *NAT2*-Enzym langsamer arbeitet und entsprechend weniger Schadstoffe entgiftet, als wenn das Gen keine Varianten aufweist. Man spricht im letzteren Fall – abgeleitet aus der Pflanzen- und Tiergenetik – auch vom *Wildtyp*. Der langsame Genotyp liegt bei Europäern bei etwa 50-60% vor. Die *NAT2* ist übrigens eines der Gene, bei der man die Auswirkungen der Polymorphismen auf die Stoffwechselleistung bequem und ungefährlich – und daher auch in relativ großen Durchsatz – im Menschen bestimmen kann: Das entsprechende Enzym NAT2 verstoffwechselt nicht nur potentiell gefährliche Chemikalien sondern auch Koffein. Aus dem Verhältnis bestimmter Metabolite im Urin, mehrere Stunden nachdem man Kaffee getrunken hat, kann man auf einen schnelleren oder langsamen Stoffwechsel schließen. Man kann sogar metabolische Unterschiede zwischen verschiedenen langsamen genetischen Varianten finden, die durch unterschiedliche Kombinationen von SNPs erzeugt werden. So haben wir 2013 herausgefunden, dass eine besonders langsame genetische Variante (*NAT2*6A*) auch noch bei gering schadstoffbelasteten Kollektiven zu einem erhöhten Harnblasenkrebsrisiko führt, wenn die Stoffwechselkapazität der übrigen langsamen Varianten der *NAT2* schon ausreicht, um die Karzinogene zu entgiften.

Auch die **genetische Epidemiologie** sucht nach Ursachen für Erkrankungen mit dem Fokus auf genetischen Varianten als Risikofaktoren. Dabei sollte die gesuchte Variante bei gesunden Personen seltener als bei erkrankten Personen zu finden sein. Je größer der Unterschied dieser beiden Häufigkeiten, desto größer ist der Effekt der Variante. In der Regel untersucht man *Polymorphismen* (Häufigkeit $\geq$ 5% in der Bevölkerung), sofern die Erkrankung relativ häufig ist. Bei seltenen Erkrankungen oder auffälliger familiärer Häufung in Stammbäumen sucht man auch gezielt nach seltenen Varianten (Häufigkeit $<$ 5% in der Bevölkerung). Dabei gelten folgende Faustregeln:

> *Je seltener eine Erkrankung und je stärker die familiäre Häufung, desto seltener die gesuchten Varianten und desto stärker der Einfluss auf die Erkrankungswahrscheinlichkeit (Penetranz).*
>
> *Je häufiger eine Erkrankung und je geringer die familiäre Häufung, desto häufiger die gesuchten Varianten und je geringer der Einfluss auf die Erkrankungswahrscheinlichkeit.*

Beim Harnblasenkrebs suchen wir nach häufigen Varianten, erwarten aber für jede einzelne Risikovariante nur eine geringe Erhöhung der Erkrankungswahrscheinlichkeit von weniger als dem doppelten Risiko gegenüber einer Person ohne diese genetische Variante.

Liegen in dem untersuchten Gen, wie bei *NAT2*, mehrere Polymorphismen vor, die von Interesse sind, möchte man häufig wissen, welche genetischen Varianten zusammen auf einem Chromosom liegen (Abbildung 6.2). D. h. man möchte gerne den *Haplotyp* aus den vorhandenen Daten bestimmen, also das Muster aus genetischen Varianten, das auf dem mütterlichen bzw. väterlichen Chromosom liegt. Dies erhält man häufig nicht direkt aus den Daten. Lösen kann man dieses Problem in großen Studien für die häufigsten Genotypen mittels Haplotypen-Rekonstruktions-Algorithmen. Die eindeutigen Haplotypen kann man nutzen, um den nicht-eindeutigen SNP-Kombinationen den wahrscheinlichsten Haplotypen zuzuordnen. Bei der *NAT2* sind 2/3 der Proben nicht-eindeutig.

6.3 Wechselwirkungen zwischen Umwelt und Genetik

Eine *Gen-Umwelt-Wechselwirkung* ist dadurch definiert, dass je nach Genotyp sich der Effekt des Umweltfaktors ändert und umgekehrt je nach Ausprägung des Umweltfaktors der Effekt der genetischen Variante größer oder kleiner ausfällt. Auch die genetischen Faktoren *NAT2* und *GSTM1* sind nicht unabhängige Einflussfaktoren, sondern können mit Umwelteinflüssen wechselwirken. Während genetische Faktoren gut messbar sind, ist dies bei Umwelteinflüssen deutlich schwieriger. In der Regel sind genaue Expositionshöhe und -dauer für die Einzelpersonen unbekannt. Sind Varianten in Genen des Fremdstoffmetabolismus wie *NAT2* oder *GSTM1* nur dann relevant, wenn auch eine entsprechende Exposition vorliegt, kann damit indirekt auf die entsprechende Schadstoffbelastung geschlossen werden. Dabei muss allerdings die Latenzzeit von Erkrankungen berücksichtigt werden. Bei Krebserkrankungen gelten dabei – abhängig von der Höhe der Exposition – durchaus Latenzzeiten von mehreren Jahren bis Jahrzehnten.

In Studien, in denen die Variante gleich häufig bei Fällen und Kontrollen vorkommt, kann man vermuten, dass im entsprechenden Zeitraum der Entstehung der

Erkrankung auch keine erhöhte Fremdstoffbelastung vorlag. Umgekehrt weist eine größere Häufigkeit der genetischen Variante bei den erkrankten Personen als bei den Kontrollpersonen auf eine erhöhte Belastung der Population mit dem fraglichen Schadstoff hin. Diese Belastung kann beispielsweise berufsbedingt sein. Dann sollte man in der Patientengruppe die entsprechenden Berufe besonders häufig finden. Schwieriger ist es, wenn eine Schadstoffbelastung in der Umwelt vorliegt. Dann kann man versuchen, belastete und unbelastete Fälle über weitere Merkmale wie Alter und Wohnort(e) sowie Zeitpunkt der Erstdiagnose zu trennen und hier wiederum die Häufigkeit der genetischen Variante zu untersuchen. Dies gibt natürlich nur Hinweise auf die zugrundeliegenden Zusammenhänge. Ein Beweis ist es nicht, hilft aber bei Planung und Auswertung weiterer Studien.

Eine aktuelle Anwendung betrifft den Zusammenhang zwischen Harnblasenkrebs und dem Strukturwandel in Dortmund, einem ehemaligen Zentrum der Kohle-, Eisen- und Stahlindustrie. Hier bestand bis in die 1990er Jahre hinein eine hohe berufliche und Umweltbelastung. Entsprechend konnten wir bei Harnblasenkrebsfällen aus dieser Region eine deutlich erhöhte Häufigkeit des *GSTM1 negativen* Genotyps feststellen. Das legt nahe, dass bei besonders vielen Harnblasenkrebspatienten eine Wechselwirkung zwischen einer Schadstoffbelastung mit krebserregenden *GSTM1*-Substraten zusammen mit dem Fehlen des Enzyms für die Entgiftung dieser Substanzen ursächlich für die Krebsentstehung war. In unseren neueren Studien dagegen haben die Varianten des *GSTM1*-Gens bei Fällen und Kontrollen die gleiche Häufigkeit (Abbildung 6.4).

Ausgangspunkt war eine ältere Studie, die 1992 – 1995 in Dortmund durchgeführt wurde, mit einem außergewöhnlich hohen Anteil von 70% negativen *GSTM1* Genotypen bei den Harnblasenkrebs-Fällen. Das entspricht einem *Odds Ratio (OR)* von 1.99, d. h. einer Verdopplung des Harnblasenkrebsrisikos. Für die beiden aktuellen Studien in Dortmund (2009 – 2010 und 2012 – 2013) war daher die Frage, ob dieser hohe Anteil mit der hohen Exposition am Arbeitsplatz bzw. in der Umwelt zusammenhängen könnte. Bei den für den Harnblasenkrebs üblichen Latenzzeiten sollte der Anteil an *GSTM1 negativen* Genotypen 15 – 25 Jahre nach dem Strukturwandel ähnlich dem der Kontrollen sein.

Bei diesen neueren Dortmunder Studien ergab sich übereinstimmend, dass die Häufigkeit der *GSTM1 negativen* Genotypen bei den Fällen dem der europäischen Normalbevölkerung von 50-55% entspricht und keineswegs erhöht ist. Die Studie 2009 – 2010 wies 52% Fälle und 52% Kontrollen auf, die Studie 2012 – 2013 53% Fälle und 54% Kontrollen, siehe auch Abbildung 6.4. Das entspricht Odds Ratios von 0.99 bzw. 0.95. Dies passt sehr gut zu einer früheren, jetzt nicht mehr bestehenden, erhöhten Exposition gegen PAKs durch die Emissionen der Eisen-, Kohle- und Stahlindustrie.

Weiterhin wurden auch die langsamen und schnellen Genotypen des *NAT2*-Gens untersucht (siehe Abbildung 6.4). Hier ergaben sich in der älteren Studie keine Unterschiede zwischen Fällen und Kontrollen (1992 – 1995: *NAT2* langsam: 59% Fälle, 58% Kontrollen), was darauf hinweist, dass die krebserregenden Substrate der *NAT2* im betreffenden Zeitraum im Allgemeinen keine größere Rolle spielten, sondern nur im Einzelfall, z.B. bei starken Rauchern oder als hohe bzw. langjährige berufli-

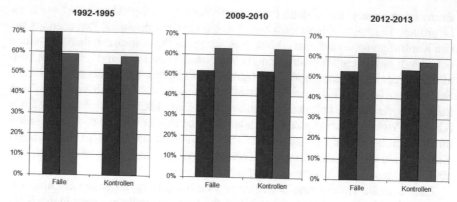

Abb. 6.4: Strukturwandel in Dortmund: Ergebnisse dreier Harnblasenkrebsstudien; rot = *GSTM1 negativ*, blau = *NAT2* langsamer Genotyp.

che Exposition. Hier beobachten wir bei der neuesten Studie 2012 – 2013 mit 62% zwar einen höheren Anteil der *NAT2* langsamen Genotypen bei den Harnblasenkrebsfällen gegenüber 58% bei den Kontrollen, der allerdings vollkommen im Rahmen der üblichen Schwankungsbreite liegt. Dies bestätigen auch ein Odds Ratio von 1.18 und der nicht signifikante p-Wert des Chi-Quadrat-Tests mit p = 0.4217. Somit scheint der Strukturwandel hinsichtlich der Substrate der *NAT2* keine Auswirkungen zu haben.

6.4 Fazit

Die Tendenz zu hohen Anteilen des negativen *GSTM1* Genotyps als Marker für eine hohe Exposition gegenüber PAKs zeigt sich nicht nur in Dortmund sondern auch in anderen hoch-industrialisierten Regionen und Städten mit hoher Luftverschmutzung. So berichtet eine Studie aus der hoch-industrialisierten Gegend um Brescia, Italien (Rekrutierungszeitraum: 1997 – 2000), ebenfalls einen sehr hohen Anteil an *GSTM1 negativen* Genotypen bei den Fällen (66%) insbesondere im Vergleich zu den Kontrollen (52%). Ähnliches gilt für die *Los Angeles Bladder Cancer Study* (Erstdiagnosezeitraum: 1987 – 1996). Auch hier finden wir erhebliche Unterschiede zwischen Harnblasenkrebsfällen (58%) und Kontrollen (49%, OR = 1.58). Los Angeles leidet seit Dekaden unter einer erheblichen Luftverschmutzung durch Verkehr und Industrie, die zu den höchsten in den Vereinigten Staaten zählt.

Am Beispiel der *NAT2* wird deutlich, dass Faktoren, die über Jahrzehnte als Modulatoren relevant waren, mit der Abnahme der Risikoberufe, der Exposition am Arbeitsplatz und in der Umwelt, plötzlich nur noch eine untergeordnete Rolle spielen können. Aromatische Amine sind auch Teil des Tabakrauchs. Insofern hatten über Jahrzehnte Raucher mit langsamem Genotyp ein zusätzliches Harnblasenkrebsrisiko gegenüber den Rauchern mit schnellem *NAT2*-Stoffwechsel. Mittlerweile ist auch hier ein geringerer Einfluss der *NAT2* zu beobachten, der im Wesentlichen auf die ultralangsame Variante der *NAT2* zurückzuführen ist. Insofern wird die Unterscheidung in die verschiedenen Haplotypen immer wichtiger, auch wenn die Exposition mit aromatischen Aminen abnimmt. In einer sich stetig ändernden Umwelt nehmen andere Risikofaktoren zu. Seit Jahren beobachten Mediziner und Epidemiologen eine Zunahme einer fast ausgestorbenen Erkrankung in Europa: Die *Tuberkulose* ist wieder auf dem Vormarsch. Die *NAT2* verstoffwechselt viele weitere Substanzen, z. B. wichtige Antibiotika. Werden diese durch die langsamen *NAT2*-Varianten zu langsam abgebaut, droht ein irreversibler Leberschaden, wie bei dem unverzichtbaren Antituberkulosemedikament *Isoniazid*.

6.5 Literatur

Die Untersuchungen zu diesem Kapitel wurden gemeinsam am Leibniz-Institut für Arbeitsforschung an der TU Dortmund (*IfADo*) und der Fakultät Statistik der TU Dortmund durchgeführt. Unser besonderer Dank für hilfreiche Diskussionen gilt Jan Hengstler, dem Leiter des Forschungsbereichs Toxikologie / Systemtoxikologie am IfADo.

Details zu den Ergebnissen finden sich in Golka, Reckwitz, Kempkes, Cascorbi, Blaskewicz, Reich, Roots, Sökeland, Schulze, Bolt (1997), „N-Acetyltransferase 2 (NAT2) and glutathione S-transferase μ (GSTM1) in bladder-cancer patients in a highly industrialized area" im International Journal of Occupational and Environmental Health 3, S. 105–110, für die Studie 1992 – 1995, in Ovsiannikov, Selinski, Lehmann, Blaszkewicz, Moormann, Haenel, Hengstler, Golka (2012), „Polymorphic enzymes, urinary bladder cancer risk, and structural change in the local industry" im Journal of Toxicology and Environmental Health Part A 75(8-10), S. 557–565, für die Studie 2009 – 2010, und in Krech, Selinski, Blaszkewicz, Bürger, Kadhum, Hengstler, Truss, Golka (2017), „Urinary bladder cancer risk factors in an area of former coal, iron, and steel industries in Germany" im Journal of Toxicology and Environmental Health Part A 80(7-8), S. 430–438, für die Studie 2012 – 2013.

Die Studie aus Brescia wird in Hung, Boffetta, Brennan, Malaveille, Hautefeuille, Donato, Gelatti, Spaliviero, Placidi, Carta, Scotto di Carlo und Porru (2004), „GST, NAT, SULT1A1, CYP1B1 genetic polymorphisms, interactions with environmental exposures and bladder cancer risk in a high-risk population" im International Journal of Cancer 110(4), S. 598–604, und die aus Los Angeles in Yuan, Chan, Coetzee, Castelao, Watson, Bell, Wang, Yu (2008), „Genetic determinants in the metabolism of bladder carcinogens in relation to risk of bladder cancer" in Carcinogenesis 29(7), S. 1386–1393, beschrieben.

Kapitel 7
Statistik und die maximale Dauer eines Menschenlebens

Jan Feifel, Markus Pauly

Gibt es eine natürliche Grenze für das maximale menschliche Lebensalter oder können wir theoretisch unendlich lange auf Erden leben? Die menschliche Sterblichkeit verstehen und nachbilden zu können, ist von großem sozialem und ökonomischen Interesse. In diesem kurzen Ausflug erklären wir anschaulich, wie man das menschliche Höchstalter mit Hilfe statistischer Methoden abschätzen kann und erläutern dabei Antwortmöglichkeiten auf die beiden obigen Fragen.

7.1 Hintergrund

Oft ist man nicht nur an den häufigsten oder durchschnittlichen Ereignissen interessiert, sondern möchte auch mögliche Höchst- oder Tiefstwerte quantifizieren. In der Tat begegnen uns extreme Ereignisse in allen Lebensbereichen. Häufig verheißt ein Blick in die Nachrichten einen „neuen Negativrekord beim Schuldenstand", das „niedrigste Wirtschaftswachstum seit 44 Jahren" oder „den heißesten Sommer, den es jemals gab" und „den stärksten Niederschlag seit Aufzeichnungsbeginn". Manche dieser extremen Formulierungen mögen dabei vielleicht nur Mittel zur Steigerung der Auflage sein. Im Kern stellt sich aber dennoch die Frage, ob die Ereignisse zukünftig noch viel extremer ausfallen können als dies bereits der Fall war. So kann man sich nicht nur unter zunehmenden Wetterkapriolen oder als Einwohner der Niederlande fragen: Wie hoch ein neuer Damm gebaut sein muss, um zukünftige Hochwasser oder Fluten zuverlässig abzuhalten?

Mit derartigen Fragen befasst sich die *statistische Extremwerttheorie*. Dieses Teilgebiet hat Anfang dieses Jahrhunderts sogar große Beachtung in der Boulevardpresse erhalten, nachdem zwei bekannte Tilburger Statistiker im Jahre 2008 geschätzte Schranken für 21 verschiedene Leichtathletik-Weltrekorde bestimmt hatten. So konnte man damals als Kenner dieser Arbeit in der Kaffeepause mit dem Wissen prahlen, dass Männer auf 100 m wohl nicht schneller als 9.29 Sek laufen und Frauen den Diskus nicht weiter als 85 m werfen werden oder diskutieren, wie herausragend die aktuellen Weltrekorde wirklich sind. Eine besondere Herausforderung für die zugrundeliegenden Methoden ist dabei die in der Regel geringe vorliegende Informationsdichte für den relevanten Bereich. Extreme Ereignisse kommen nämlich eher selten vor. Zudem möchte man eine Aussage über den Beobachtungsbereich hinaus treffen, was mitunter viel schwieriger ist als bei einfachen Mittelwertschätzungen.

Dies betrifft z.B. die analoge, wenngleich auch relevantere Frage nach dem maximalen Höchstalter der jetzigen oder gar zukünftigen Generationen. Diese beschäftigt nicht nur Mediziner und Demographen, sondern auch Versicherungsgesellschaften. Letztere wollen sich absichern und abschätzen wie lange Versicherte maximal Prämien erhalten können. In diesem Zusammenhang ereignete sich eine nette Anekdote im französischen Arles der 1960er Jahre: André-François Raffray wähnte sich als cleverer Geschäftsmann, als er einen Vertrag mit der 90 jährigen Jeanne Calment schloss. Sie bekam als Gegenwert für ihr Appartement, in dem sie bis zu ihrem Tod leben durfte, jeden Monat 2500 Francs. Der Haken war jedoch, als er 30 Jahre später starb, war Frau Calment noch immer am Leben und er hatte bereits 920 000 Francs für ein Appartement bezahlt, in dem er nie lebte. Frau Calment starb 1997 im Alter von 122 Jahren und 164 Tagen und hält, Stand heute, den Rekord für das höchste amtlich dokumentierte menschliche Lebensalter.

Dies ist erstaunlich, da man ja oft davon liest, dass die Entwicklungen der neuen Medizin eine stetige Verbesserung der Lebensdauer ermöglichen. Dies bezieht sich aber häufig auf die durchschnittliche Lebenserwartung, die leider sehr wenig Aussagekraft über das maximale Lebensalter besitzt. Deshalb ist es unklar, ob sich dieser Anstieg auch hierfür beobachten lässt und man womöglich sogar theoretisch unendlich lange leben könnte. Aus statistischer Sicht bieten die Methoden der Extremwerttheorie einen reizvollen Ansatz, um diesen Fragen genauer nachzugehen.

7.2 Über den Durchschnitt zur Extremwerttheorie

Wie immer in der Statistik basiert die Beantwortung dieser Fragen auf entsprechend vorliegenden Daten: Vergangene Top-Leistungen und Spitzenwerte können als Referenzgröße herangezogen werden. Unser Ziel ist es nun auch extreme Daten zu schätzen, die nicht in den bisherigen Daten enthalten sind. Der Mittelwert als vielleicht bekanntester Schätzer liefert hier nicht das gewünschte Ergebnis. Das Maximum einer Stichprobe kommt unserem Ziel dagegen viel näher, ist aber noch nicht aussagekräftig genug. Dass das beobachtete Maximum dem maximal erreichbaren Wert einer Verteilung entspricht, muss nämlich nicht richtig sein.

Betrachten wir dazu das folgende einfache Beispiel: Wir sind an dem größten Schüler einer Schule interessiert. Um unsere Stichprobe zu erheben, messen wir jeden Schüler, der das Schulhaus betritt. Der Größte muss jedoch nicht unter ihnen gewesen sein, wenn er beispielsweise gerade krank war. Dennoch sind wir in der Lage, von den Schülern, die wir beobachtet haben, mit Hilfe statistischer Verfahren die Körpergröße des Größten relativ genau zu schätzen.

Um diesen Sachverhalt noch weiter zu verdeutlichen, möchten wir am Computer Zufallszahlen aus einer vorgegebenen Verteilung für extreme Werte simulieren.

Die wohl bekannteste Verteilung ist die *Normalverteilung*, die mit Hilfe der *Gauß-schen Glockenkurve* beschrieben werden kann. Diese Kurve, die von 1991 bis 2001 auch auf dem früheren 10 DM-Schein abgebildet war, kann häufig als approximative *Dichte* (Verteilungskurve) für das Stichprobenmittel herangezogen werden, vgl. Abbildung 7.1(b). Dies ist für viele Fälle sehr nützlich, da die wahre Verteilung der Daten und des zugehörigen Mittelwertes in der Regel unbekannt sind. Grob gesprochen gibt die Dichte einer Verteilung dabei an, wie wahrscheinlich ein bestimmter x-Wert ist. Diese relative Häufigkeit wird an der y-Achse aufgetragen. Außerdem beschreibt die Fläche unter der Kurve ab einem bestimmten Wert x^* (in Abbildung 7.1(a) für $x^* = 0.5$ durch den grau-schraffierten Bereich markiert) die Wahrscheinlichkeit, dass man größere Werte als x^* beobachten kann. Bei der hier dargestellten Glockenkurve ist diese Wahrscheinlichkeit ungefähr 30%.

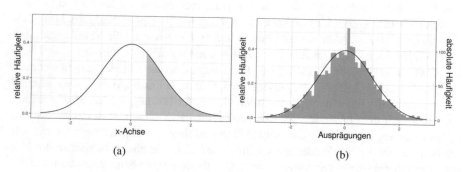

(a)   (b)

Abb. 7.1: (a) Glockenkurve mit Mittelwert 0 und Standardabweichung 1; (b) 1000 Mittelwerte von je 1000 Zufallszahlen und approximative Normalverteilung.

Ähnliche approximative Aussagen kann man mathematisch auch für die Verteilung von Maxima herleiten. Anders als beim Stichprobenmittel lassen sich diese jedoch nicht adäquat durch eine Gaußsche Glockenkurve beschreiben. Hier ist die Situation sogar noch etwas komplizierter, da je nach Situation sehr unterschiedliche Verteilungen auftreten können.

Eine hiervon ist die sog. *Gumbelverteilung*, die etwa in der Hydrologie zur Modellierung des maximalen Niederschlags an einem Ort Anwendung findet. An dieser Verteilung wollen wir das eingangs erwähnte Problem kurz erläutern: In Abbildung 7.2 haben wir Zufallszahlen, welche dieser Verteilung folgen, künstlich erzeugt (Punkte auf der x-Achse). Diese wurden gegen die Verteilungskurve (Dichte) aufgetragen, welche deren Häufigkeit relativ zum Wert auf der x-Achse wiedergibt. Hier ist die größte simulierte Zufallszahl ungefähr 67. Schaut man sich allerdings den vergrößerten Bereich ab einem Wert von 55 an, so wird ersichtlich, dass die Dichte auch noch für größere Punkte oberhalb der x-Achse verläuft. Dies bedeutet, dass größere Werte, wie beispielsweise 75, in einer anderen Stichprobe durchaus möglich gewesen wären. Der größte beobachtete Wert reicht also alleine nicht aus, um den maximal möglichen Wert einer Verteilung zu beschreiben. Er fließt aber dennoch bei dessen Schätzung mit ein.

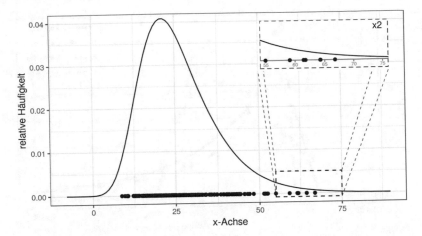

Abb. 7.2: Dichte einer Gumbelverteilung (Kurve) und zusätzlich am Computer generierte Zufallszahlen (Punkte) aus dieser Verteilung. Der rechte Randbereich der Verteilung (gestricheltes Rechteck) wurde gezielt vergrößert hervorgehoben.

Mit Hilfe mathematischer Methoden kann man nämlich zeigen, dass sich die Extrema einer beliebigen gutartigen Verteilung für eine ausreichend große Stichprobe durch die Dichte einer *generalisierten Extremwertverteilung* approximieren lassen. Die zugehörige Verteilungskurve kann grob als

$$f(x,\gamma) = (1 + \gamma x)^{-\frac{1}{\gamma}-1} \exp(-(1 + \gamma x)^{-\frac{1}{\gamma}}) \quad 1 + \gamma x > 0, \, \gamma \neq 0$$

angegeben werden. Das Verhalten der Kurve hängt dabei nur von einem einzelnen Wert γ, dem sog. *Extremwertindex*, ab. So gibt das Vorzeichen des Extremwertindexes Aufschluss, ob die Verteilung theoretisch immer größere Werte zulässt, oder ob es einen maximalen Endwert gibt: Ein positiver Extremwertindex ($\gamma > 0$) steht für eine Verteilungskurve, die dauerhaft oberhalb der x-Achse liegt, d. h. es können theoretisch beliebig große Werte beobachtet werden. Ist der Extremwertindex dagegen negativ ($\gamma < 0$), so gibt es einen maximalen Endwert. Dieser Sachverhalt wurde für verschiedene Werte von γ beispielhaft in Abbildung 7.3 visualisiert. Für praktische Zwecke stellt sich nun die Frage, wie man den unbekannten Extremwertindex bestimmt. Hierzu müssen Statistiker anhand der vorliegenden Daten eine gute Annäherung (Schätzung) an diesen unbekannten Index finden, um dann in einem zweiten Schritt auf einen potentiellen maximalen Wert zu schließen. Zur Schätzung von γ existieren zahlreiche Möglichkeiten, die sich z.B. darin unterscheiden, wie viele der größten Beobachtungen einer Stichprobe in die Annäherung einfließen. Aufgrund unterschiedlicher Eigenschaften der Schätzer hängt die geeignete Wahl zudem von der zugrundeliegenden Problemstellung und Situation ab.

Nach diesem eher theoretischen Ausflug stellt sich die Frage, was dies für unsere demographischen Fragestellungen bedeutet? Übersetzt man die Diskussion über den Extremwertindex γ auf diesen Fall, so können wir mit obigem Ansatz untersuchen,

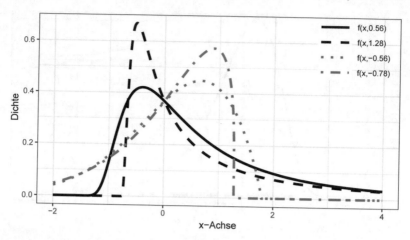

Abb. 7.3: Verschiedene Dichten der generalisierten Extremwertverteilung mit positivem (schwarze Kurven) und negativem (graue Kurven) Extremwertindex γ.

ob wir theoretisch unendlich lange leben könnten ($\gamma > 0$), oder ob unser Leben durch ein maximales Höchstalter beschränkt ist ($\gamma < 0$). Im letzteren Fall sind wir sogar in der Lage dieses Höchstalter explizit zu bestimmen und können die Bedeutung vorhandener Altersrekorde diskutieren.

Trotz aller Bemühungen der moderner Medizin erscheint es zum heutigen Stand eher unglaubwürdig, dass ein unendliches Leben auf Erden für den Menschen möglich ist. Allerdings erschien vor 100 Jahren ein Höchstalter von 120 für viele Menschen auch als sehr unwahrscheinlich. Um dies genauer zu untersuchen, kann man unmöglich demographische Sterbedaten aus allen Ländern der Welt zusammen legen, da die Quellen leider unterschiedlich vertrauenswürdig sind. Außerdem wäre eine derartige Stichprobe aufgrund der verschiedenen Lebensstandards und -erwartungen viel zu heterogen. So wird beispielsweise Bewohnern des afrikanischen Kontinents eine geringere Lebenserwartung zugesprochen als Europäern. Wir haben uns deshalb entschieden, die Sterblichkeitsdaten weiblicher US-Bürger in einem bestimmten Zeitfenster zu betrachten, um eine hohe Datenqualität gepaart mit einer ausreichend großen Stichprobe zu erhalten. Um die Spannung hoch zu halten, präsentieren wir die erzielten Ergebnisse erst am Ende und erklären vorher einige zusätzliche Herausforderungen, mit denen man im Vergleich zu klassischen, extremwerttheoretischen Betrachtungen (wie oben beschrieben) konfrontiert ist.

7.3 Herausforderungen in demographischen Daten

Die Datenqualität demographischer Erhebungen in hohen Altersbereichen ist herausfordernd. Insbesondere ist für jedes Individuum eine genaue Validierung erforderlich. Sterbedaten unterliegen dem Datenschutz und werden von Behörden meist nur anonymisiert bereitgestellt. Somit wird die Validierung erschwert. Weiterhin sind die meisten Personen, die in unseren Daten ein Alter von 100 Jahren überschritten haben, noch im 18. Jahrhundert geboren. Damals war eine genaue Dokumentation von Geburtstagen jedoch nicht überall verbreitet. Hinzu kamen Punkte wie Hausgeburten, die eine offizielle Erfassung der frühen Lebensdaten weiter erschwerten. Erste validierte Ergebnisse stellte deshalb häufig ein Zensus, in dem die Individuen einige Jahre nach der Geburt aufgeführt sind oder in dem deren Lebenszeit geschätzt wurde.

Für eine gute Datenqualität haben wir uns deshalb auf Sterblichkeitsdaten ab dem Jahr 1980 aus zwei verschiedenen anerkannten Datenbanken beschränkt: Hier gibt es zum einen die Internationale Datenbank zur Langlebigkeit (IDL). In ihr wurden bis zum Jahre 2003 die validierten Daten von sog. *Supercentenarians* gesammelt. Dies sind quasi menschliche Dinosaurier, d. h. Personen, die ein Alter von mind. 110 Jahren erreicht haben. Für den von uns betrachteten Zeitraum von 1980 bis 2003 enthält sie die Sterbedaten von 309 US-Amerikanerinnen. Die Aufzeichnungen beinhalten dabei die genauen, amtlich nachgewiesenen Geburts- und Sterbedaten und garantieren somit eine sehr hohe Datenqualität. Für unsere Zwecke (insbesondere die Untersuchung eines möglichen Trends im Höchstalter) ist die Anzahl aber bei weitem nicht ausreichend. Aus diesem Grund haben wir die Human Mortality Database (HMD) als weitere Datenbank zu Rate gezogen. Sie enthält für obigen Zeitraum fast 26 Mio. Todeseinträge von US-Amerikanerinnen. Im Gegensatz zur IDL ist die Datenstruktur und -qualität allerdings eine ganz andere. So werden insbesondere Personen, die älter als 110 Jahre geworden sind, mit dem recht uninformativen Eintrag 110+ geführt. Für unseren Datensatz betrifft dies z. B. 1853 Personen. Diese sog. *unvollständig beobachteten Daten* treten dabei in unserem Datensatz auch dadurch auf, dass verschiedene Personen zum Stichtag noch gar nicht verstorben sind, aber dennoch ein gewisses hohes Alter erreicht haben. Auch diese Personen haben einen Einfluss auf die Schätzung des maximalen Höchstalters und müssen im statistischen Verfahren geeignet berücksichtigt werden. Dies lässt sich sehr einfach erklären: Stellen wir uns vor, dass Ulrike Mustermann mit 120 Jahren noch am Leben ist, und dass alle jemals verstorbenen Individuen maximal 119 Jahre alt geworden sind. Die Lebenszeit von Frau Mustermann wird also bereits nach jetzigem Stand einen Altersrekord im Todesfall aufstellen und ist somit für das maximal erreichbar Höchstalter bereits heute relevant. Moderne statistische Methoden können solche Erkenntnisse mit in die Schätzung einfließen lassen, um diese noch effizienter zu gestalten.

7.4 Ergebnisse

Wendet man diese Methoden auf einen kombinierten Datensatz aus HMD und IDL Daten von US-Amerikanerinnen im Zeitraum von 1980 bis 2003 an, so gelangt man zu den folgenden Ergebnissen: Zunächst können wir ein unendlich langes Leben aus statistischer Sicht signifikant ausschließen, d. h. es ist hochgradig unwahrscheinlich.

Diese Erkenntnis steht in Einklang mit einer Vielzahl demographischer Artikel, sie widerspricht aber auch einigen. Eine fundierte statistische Begründung für eine solche Behauptung mittels extremwerttheoretischer Methoden gab es vor unserer Arbeit jedoch nicht. Als maximal erreichbares Höchstalter erhalten wir eine Schätzung von 127 Jahren. Berücksichtigt man auch die natürliche Unsicherheit der Schätzung in einer Art Vertrauenbereich, so kann auch ein Höchstalter von 131 Jahren als nicht ganz unwahrscheinlich angesehen werden. Dies ist durchaus beachtlich, wenn man bedenkt, dass die bisher älteste Amerikanerin 119 Jahre wurde. Weiterhin konnten wir durch die Analyse eines Teilkohortenansatzes für jeweils acht-jährige Perioden überraschenderweise keinen wachsenden Trend im Höchstalter feststellen.

7.5 Fazit

Statistische Methoden versetzen uns also in die Lage, Aussagen über Werte und Bereiche zu machen, welche wir gar nicht beobachtet haben, die (weit) oberhalb oder unterhalb unserer beobachteten Stichprobe und dem Stichprobenmittel liegen, dennoch oder gerade deswegen aber besonders relevant und interessant sind. Wir haben die Methoden am Beispiel des maximalen Lebensalters illustriert und konnten die Frage „Can we live forever?" deutlich mit Nein beantworten. Wem diese Antwort zu pessimistisch erscheint, sollte reflektieren, dass die Hoffnung auf ein ewiges Leben auf Erden aktuell gar nicht so verlockend ist: Dies wird nicht nur in dem Lied „Who wants to live forever?" der britischen Band Queen thematisiert, auch die aktuelle wissenschaftliche Fachliteratur spricht von geringer Lebensqualität im hohen Alter.

7.6 Literatur

Fortgeschrittene statistische Methoden erfreuen sich in der Demographie immer größerer Beliebtheit. Unsere Ergebnisse sind ausführlich dargelegt in dem Preprint „The myth of immortality: An analysis of the maximum lifespan of US Females". Darin wird auch ein Überblick über andere geschätzte Höchstalter gegeben. Für die erwähnten sportlichen Höchstleistungen siehe J. Einmahl & J. Magnus (2008), „Records in athletics through extreme-value theory", Journal of the American Statistical Association 103:484, S. 1382-1391. Dem mathematisch interessierten Leser empfehlen wir einen Blick in das Buch von L. De Haan & A. Ferreira (2007), „Extreme value theory: an introduction", Springer Science & Business Media, z. B. um die Form der Extremwertverteilung zu verstehen oder Details zu unterschiedlichen Schätzungen des Extremwertindex nachzuschlagen. Die Appartment Anekdote über Jeanne Calment haben wir zudem aus dem 1995er New York Times Zeitungsartikel „A 120-Year Lease on Life Outlasts Apartment Heir" entnommen.

Teil II
Sport, Spiel und Freizeit

Kapitel 8
Statistik und Fußball

Andreas Groll, Gunther Schauberger

Fußball fasziniert die Menschen auch deshalb, weil hier mehr als in vielen anderen Sportarten der Zufall wirkt. Trotzdem (oder gerade deswegen?) ist der Fußball auch ein ideales Objekt für die Statistik.

8.1 Mehr Tore mit Statistik

Im Jahr 2014 änderte der dänische Fußballklub FC Midtjylland seine Vereinspolitik. Ab sofort traf die Führung des Vereins alle wichtigen Entscheidungen zu Spielertransfers und taktischen Strategien auf Basis statistischer Modelle. Nach dem Fast-Bankrott im Jahr 2012 führte diese Vorgehensweise zur dänischen Meisterschaft und dem Einzug in die UEFA Champions League. Dies ist ein beeindruckendes Beispiel dafür, wie in den letzten Jahren das Interesse an der wissenschaftlichen Analyse von Fußballdaten zugenommen hat. Einen Teil dieser Daten sammeln die Vereine selbst, z.B. durch medizinische Messungen bei den Spielern während des Trainings oder indem sie mit Video- und anderen Techniksystemen relevante Bewegungen der Spieler erfassen. Ein Großteil der Daten stammt aber von Firmen wie Opta, Amisco, etc., von denen die Vereine die Daten kaufen.

Trainer und Vereine erhoffen sich von diesen Daten neue Erkenntnisse und bessere Erfolgschancen ihrer Mannschaften. Neben reinen Zahlen und Tabellen kommen dabei auch immer komplexere und ausgeklügeltere mathematische Modelle zum Einsatz. Hier stellen wir einige Erkenntnisse zu Spielergebnissen und mannschaftlichen „Makrovariablen" vor.

8.2 Ein statistisches Modell für die Tore

Das Kern-Ereignis, um das es beim Fußball geht, ist das Erzielen von Toren. Abbildung 8.1 zeigt die relativen Häufigkeiten der Heim- (rot) und Auswärtstore (blau) für vier Bundesliga-Spielzeiten 2014/15 bis 2017/18. Wenig überraschend schießen

© Springer-Verlag GmbH Deutschland, ein Teil von Springer Nature 2019
W. Krämer und C. Weihs (Hrsg.), *Faszination Statistik*,
https://doi.org/10.1007/978-3-662-60562-2_8

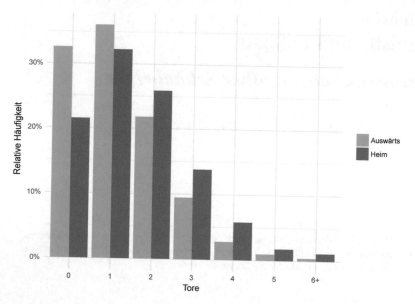

Abb. 8.1: Relative Häufigkeiten der Heim- und Auswärtstore für die vier Bundesliga-Spielzeiten 2014/15–2017/18.

die Heimmannschaften mehr Tore: Die Häufigkeitsverteilung der Heimtore (rot) ist nach rechts verschoben im Vergleich zur Häufigkeitsverteilung der Auswärtstore (blau).

Zur Modellierung derartiger zufälliger Anzahlen eignet sich die *Poisson-Verteilung* mit den Wahrscheinlichkeiten

$$\mathbb{P}(X = n) = \frac{\lambda^n e^{-\lambda}}{n!}, \quad n = 0,1,2,3,\ldots, \tag{8.1}$$

wobei X die Anzahl der Tore bezeichnet. Die Verteilung gibt also an, mit welcher Wahrscheinlichkeit sich genau null, ein, zwei, drei oder wie viele Tore auch immer in einem Spiel ergeben. Der Parameter λ spiegelt die durchschnittliche Torrate wieder und steuert dabei, ob hohen Anzahlen von Toren eine eher große oder kleine Wahrscheinlichkeit zukommt. Bei den vier Bundesliga-Spielzeiten 2014/15 – 2017/18 ergeben sich $\lambda_H = 1.60$ und $\lambda_A = 1.23$ als durchschnittliche Heim- bzw. Auswärtstorrate. Damit ergibt sich beispielsweise die Wahrscheinlichkeit, dass die Heimmannschaft in einem zufällig ausgewählten Bundesligaspiel genau zwei Tore erzielt, als

$$\mathbb{P}(X_H = 2) = \frac{(\lambda_H)^2 e^{-\lambda_H}}{2!} = \frac{1.6^2 e^{-1.6}}{2} \approx 0.26 = 26\%.$$

In Abbildung 8.2 sind deshalb auch neben den beobachteten relativen Häufigkeiten der Heim- und Auswärtstore (dunkel) die Torverteilungen gemäß der zugehörigen

Poisson-Verteilungen (hell) abgebildet. Man sieht, dass die Wahrscheinlichkeiten gemäß den beiden Poisson-Verteilungen recht gut mit den beobachteten relativen Häufigkeiten übereinstimmen. So lässt sich allein auf Basis der durchschnittlichen Torraten bereits gut vorhersagen, wie viele Heim- und Auswärtstore insgesamt fallen werden.

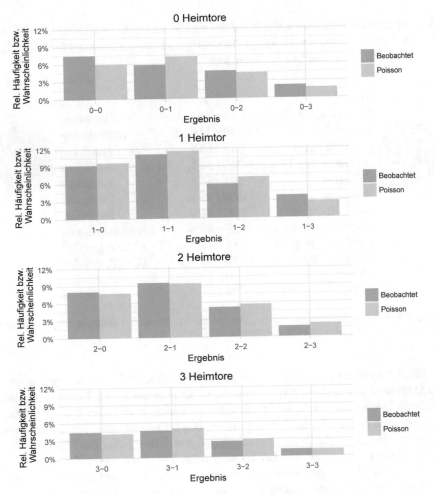

Abb. 8.2: Relative Häufigkeiten von 16 konkreten Ergebnissen für die vier Bundesliga-Spielzeiten 2014/15 – 2017/18 (dunkel) zusammen mit der Torverteilung gemäß zwei unabhängigen Poisson-Verteilungen (hell).

Der nächste Schritt sind konkrete Spielergebnisse, etwa die Wahrscheinlichkeit für einen 0:1 Auswärtssieg in einem zufällig ausgewählten Bundesligaspiel. Im einfachsten Fall werden die beiden entsprechenden Wahrscheinlichkeiten mul-

tipliziert, hier 20% für „kein Heimtor" und 36% für „genau ein Auswärtstor":
$0.2 \cdot 0.36 = 0.072$. Das funktioniert aber nur bei Unabhängigkeit der Ereignisse.

8.3 Einflussgrößen

Die Internetseite http://www.kicker.de/ des deutschen Fußballmagazins *kicker* stellt
bereits wenige Minuten nach jedem Bundesligaspiel eine Zusammenfassung zahlreicher Spielcharakteristiken zur Verfügung.

Tore	**1** : 0	Tore
Torschüsse	11 : **18**	Torschüsse
Laufleistung	**116,95** : 115,62	Laufleistung
gespielte Pässe	348 : **695**	gespielte Pässe
angekommene Pässe	245 : **592**	angekommene Pässe
Fehlpässe	103 : 103	Fehlpässe
Passquote	70% : **85%**	Passquote
Ballbesitz	34% : **66%**	Ballbesitz
Zweikampfquote	41% : **59%**	Zweikampfquote
Foul/Hand gespielt	14 : 14	Foul/Hand gespielt
Gefoult worden	13 : 13	Gefoult worden
Abseits	0 : **4**	Abseits
Ecken	3 : **9**	Ecken

Abb. 8.3: Spielcharakteristiken für das Bundesligaspiel Borussia Dortmund vs. FC Bayern
München vom 11. Spieltag der Bundesligasaison 2016/17[1].

Für das Spiel vom 11. Spieltag der Bundesligasaison 2016/17 zwischen Borussia Dortmund und dem FC Bayern München fällt in Abbildung 8.3 sofort auf, dass
Borussia Dortmund in nahezu allen Belangen unterlegen war, aber das Spiel letztlich trotzdem knapp gewann. Insbesondere in den unter Fußballfans oft diskutierten
Kriterien *Passquote, Ballbesitz, Zweikampfquote* und *Torschüsse* war München eindeutig überlegen. Nur bei der *Laufleistung* hatte Dortmund leicht die Nase vorn.
Handelt es sich bei diesem Spiel also um einen Ausreißer? Oder ist möglicherweise
die Laufleistung besonders wichtig? Und was ist mit den übrigen, unter Fußballfans
und Sportkommentatoren so oft erwähnten und viel beachteten Kriterien, wie z.B.
Torschüsse, Passquote und *Ballbesitz*?

Nehmen wir die *Laufleistung*. Auf den ersten Blick würde man vermuten, dass
Mannschaften, die mehr laufen und damit einen größeren Aufwand betreiben, im
Mittel auch häufiger Spiele gewinnen. Abbildung 8.4 zeigt die Laufleistung im zeit-
lichen Verlauf über die 34 Spieltage der Saison 2017/18 des FC Bayern München

---

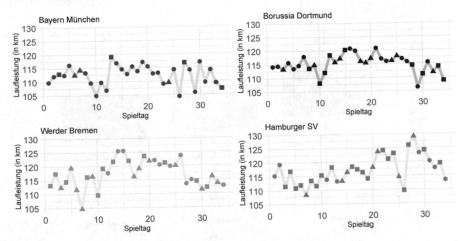

Abb. 8.4: Laufleistung über die 34 Spieltage der Saison 2017/18 von vier ausgewählten Bundesligamannschaften; ● = Sieg, ▲ = Unentschieden, ■ = Niederlage.

(am Ende der Saison auf Platz 1), von Borussia Dortmund (Platz 4), des SV Werder Bremen (Platz 11) und des Hamburger SV (Platz 17). Zusätzlich ist für jeden Spieltag durch die unterschiedlichen Symbole (Kreis, Dreieck und Viereck) der Ausgang des Spiels aus Sicht des betrachteten Vereins angegeben.

Zunächst fällt auf, dass die beiden erfolgreicheren Mannschaften FC Bayern München und Borussia Dortmund zu Beginn der Saison relativ stabil in ihrer Laufleistung waren, während etwa ab Spieltag 10 deutlich größere Schwankungen in den Laufleistungen vorkommen. Während die sportlichen Leistungen von Bayern München deutlich besser und stabiler wurden, gilt für die Laufleistungen das Gegenteil. Diese stabilisieren sich erst wieder über die Wintermonate.

Ein ganz ähnliches Bild ergibt sich für Borussia Dortmund. Auch dort pendelten sich die Laufleistungen nach einer sehr variablen Phase zwischen Spieltag 9 und 15 in den Wintermonaten, zunächst bei relativ hohen Werten ein, bevor diese dann zum Ende der Saison wieder abnehmen und deutlich variabler werden. Für beide Vereine kommen extreme Werte, sowohl sehr große als auch seltener sehr kleine, immer nur bei Siegen oder Niederlagen vor, wohingegen Unentschieden mit eher durchschnittlichen Laufleistungen einhergehen. Ein Zusammenhang zwischen hoher Laufleistung und Erfolg ist also zunächst nicht erkennbar. Auch im Vergleich zum SV Werder Bremen und dem Hamburger SV, die am Ende der Saison deutlich schlechter abschnitten, scheinen Dortmunder und Münchener Spieler nicht erkennbar mehr zu laufen, eher weniger.

Für Bremen und Hamburg fallen besonders extreme Laufleistungen durchaus mit Spielen zusammen, die unentschieden enden. Während der SV Werder Bremen nach einem variablen Beginn ab der Rückrunde relativ stabile Laufleistungen aufweist, sind die Laufleistungen von Hamburg gerade in der ersten Saisonhälfte recht stabil. Für alle Mannschaften nehmen die Laufleistungen zum Ende der Saison hin ab.

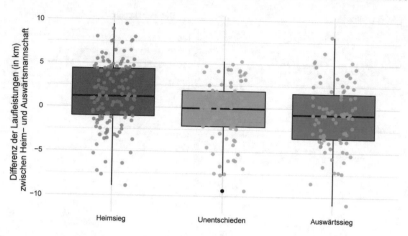

Abb. 8.5: Laufleistungsdifferenzen zwischen Heim- und Auswärtsmannschaft bei verschiedenen Spielresultaten für alle Spiele aus den vier Bundesliga-Spielzeiten 2014/15 – 2017/18.

Während einzelne Verlaufskurven noch kein klares Bild des damit verbundenen sportlichen Erfolgs ergeben, schafft eine Gegenüberstellung der Differenzen der Laufleistungen zwischen Heim- und Auswärtsmannschaft und des Spielresultats ein etwas klareres Bild.

Abbildung 8.5 zeigt *Boxplots* der Laufleistungsdifferenzen für alle Spiele aus den vier Bundesliga-Spielzeiten 2014/15 – 2017/18 getrennt nach Heimsiegen, Unentschieden und Auswärtssiegen. Dabei umfasst ein gefärbter Kasten (Box) die Spiele mit den mittleren 50% der Laufleistungsdifferenzen und die schwarze horizontale Linie in der Box – der Median – teilt das gesamte Diagramm in zwei Bereiche, in denen jeweils 50% der Laufleistungsdifferenzen liegen. Die vertikalen Linien bzw. "Antennen" außerhalb der Box zeigen den Bereich, in dem Daten noch nicht als extreme Ausreißer einstuft werden. Laufleistungsdifferenzen, die außerhalb der Antennen liegen, stellen extreme Ausreißer dar und sind als schwarze Punkte abgebildet. In Abbildung 8.5 ist beispielsweise ein Spiel erkennbar, das unentschieden endete und in dem die Auswärtsmannschaft deutlich mehr gelaufen ist als die Heimmannschaft. Die einzelnen, tatsächlich beobachteten Laufleistungsdifferenzen sind zusätzlich als farbige Datenpunkte eingezeichnet.

Es ist gut erkennbar, dass die Laufleistung der Heimmannschaft bei Heimsiegen die der Auswärtsmannschaft am deutlichsten übertrifft. Für Unentschieden liegt die Box hingegen nahezu symmetrisch um die Null-Linie, während bei Auswärtssiegen die höhere Laufleistung von der Auswärtsmannschaft erbracht wurde. Somit gehen eine hohe Laufleistung und ein gutes Resultat oft zusammen.

Schaut man genauer hin, ist der Zusammenhang aber komplexer. Wenn man die Summe der Laufleistungen beider Mannschaften in einem Spiel der Differenz der Tore der Heim- und der Auswärtsmannschaft gegenüberstellt, siehe Abbildung 8.6, zeigt sich, dass die Laufleistungssumme beider Mannschaften sowohl bei deutlichen

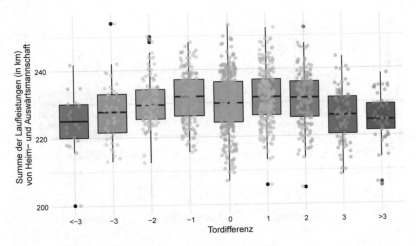

Abb. 8.6: Laufleistungssumme beider Mannschaften bei verschiedenen Tordifferenzen (Tore Heimmannschaft minus Tore Auswärtsmannschaft) für alle Spiele aus den vier Bundesliga-Spielzeiten 2014/15 – 2017/18.

Auswärtssiegen (linke zwei Boxplots) als auch bei deutlichen Heimsiegen (rechte zwei Boxplots) klar abnimmt. Dies kann vermutlich dadurch erklärt werden, dass eine Mannschaft, die mit mindestens drei Toren führt, in den "Schongang" schaltet und das "Ergebnis verwalten" kann, während sich der Gegner meist demoralisiert seinem Schicksal ergibt. Dementsprechend sind die Laufleistungen beider Mannschaften besonders hoch, wenn Spiele mit einem knappen Vorsprung enden. Unentschieden (grüne Box in der Mitte) sind tendenziell wieder mit einer etwas kleineren Laufleistung assoziiert, da es (zumindest teilweise) passieren kann, dass sich zum Ende des Spiels beide Mannschaften mit einem Unentschieden und somit mit einem Punkt zufrieden geben und keine Mannschaft mehr allzu viel riskieren will. Dies zeigt, dass die *Kausalität* zwischen Laufleistung und sportlichem Erfolg nicht eindeutig gerichtet ist.

Somit stellt sich die Frage, ob es neben der Laufleistung nicht vielleicht noch weitere Variablen gibt, die einen eindeutigeren Zusammenhang mit dem sportlichen Erfolg aufweisen und besser, z.B. zwischen Heimsiegen, Unentschieden oder Auswärtssiegen differenzieren. Wir betrachten dazu analog wie oben eine Gegenüberstellung der Differenzen der Torschüsse zwischen Heim- und Auswärtsmannschaft und des Spielresultats, siehe Abbildung 8.7. Das Ergebnis überrascht etwas. Es ist zwar zu erkennen, dass in Spielen, die mit einem Heimsieg endeten, die Heimmannschaft im Mittel auch häufiger aufs Tor geschossen hat als in den Spielen, die unentschieden oder mit einem Auswärtssieg endeten. Aber auch in den Spielen, die unentschieden enden, schießt die Heimmannschaft öfter auf das Tor und in Spielen, die mit einem Auswärtssieg endeten, hat die Auswärtsmannschaft nur in etwa der Hälfte der Fälle mehr Torschüsse abgegeben. Es scheint, dass sich

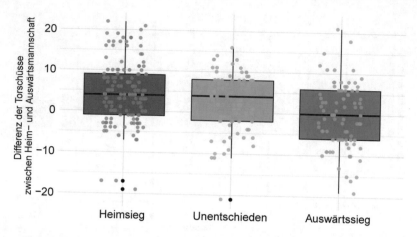

Abb. 8.7: Torschussdifferenzen zwischen Heim- und Auswärtsmannschaft bei verschiedenen Spielresultaten für alle Spiele der vier Bundesliga-Spielzeiten 2014/15 – 2017/18.

die Heimmannschaft grundsätzlich deutlich mehr Torschüsse erarbeitet, ohne diese allerdings zwingend in Tore ummünzen zu können.

8.4 Fazit

Der Ausgang eines Fußballspiels ist grundsätzlich sehr unsicher. Genau das macht ja die Faszination dieses Sports zu großen Teilen aus. Statistische Methoden helfen vor allem bis zum Anstoß eines Spiels.

Es ist die Aneinanderreihung vieler kleiner zufälliger Ereignisse, insbesondere aber einzelne, manchmal auch zufällig oder glücklich erzielte Tore und die Psychologie einzelner Spieler oder der ganzen Mannschaft, die letztlich den Ausgang eines Spiels entscheidend mitbestimmen. Trotz ausgeklügelter Modelle und Fortschritte bei der wissenschaftlichen Analyse von Fußballdaten werden sich die Fans auch in Zukunft auf spannende Spiele mit überraschenden Ergebnissen freuen können.

8.5 Literatur

Als Anregung für Abschnitt 8.2 diente das Buch „Die Wahrheit liegt auf dem Platz - Warum (fast) alles, was wir über Fußball wissen, falsch ist", Rowohlt Taschenbuch Verlag, 2013, von C. Anderson und D. Sally, in dem in leicht verständlicher Sprache noch viele weitere spannende Aspekte und Beispiele zum Thema Fußballanalytik zu finden sind.

Kapitel 9
Die Angst der Spieler beim Elfmeter: Welcher Schütze und welcher Torwart sind die Besten?

Peter Gnändinger, Leo N. Geppert, Katja Ickstadt

Elfmeter sorgen in Fußballspielen für spannende Situationen; häufig resultiert daraus ein Tor. Wir untersuchen mit Hilfe eines statistischen Modells, welche Torhüter und welche Schützen in der Fußball-Bundesliga besonders erfolgreich sind und welche weiteren Faktoren einen Einfluss auf den Ausgang eines Elfmeters haben.

9.1 Elfmeter im Fußball

Torwart gegen Schütze. Es ist ein einfaches Duell, doch kann es ein ganzes Spiel entscheiden. Bei einem Elfmeter können tragische Figuren geboren werden – oder Helden. Im Finale der Fußballweltmeisterschaft 1990 erzielte Andreas Brehme in der 85. Minute das einzige Tor des Spiels per Elfmeter. Da ist es selbstverständlich, dass Trainer gerne Spieler in ihren Mannschaften haben wollen, die gut Elfmeter schießen können und auch Torhüter, die viele Elfmeter halten. Wie lässt sich jedoch feststellen, wer sich in Elfmetersituationen gut schlägt?

Die einfachste Möglichkeit ist, die relativen Häufigkeiten der verwandelten bzw. gehaltenen Elfmeter anzuschauen. Allerdings sind diese Zahlen nicht immer sehr aussagekräftig. Gerade bei Spielern, die an wenigen Elfmetern beteiligt waren, sagt die relative Häufigkeit nicht viel über die tatsächlichen Fähigkeiten aus. Abbildung 9.1 zeigt, wie viele Torhüter und Schützen an wie vielen Elfmetern beteiligt waren, basierend auf allen Bundesligaelfmetern von 1963/64 bis 2016/17. Wir können gut erkennen, dass viele Torhüter nur wenige Elfmeter gegen sich bekommen haben. Bei den Schützen ist dies noch deutlicher. Da jeder beliebige Spieler auf dem Platz einen Elfmeter schießen darf, ist die Auswahl an Schützen viel größer. In der Bundesligageschichte haben über 300 Spieler nur einen Elfmeter geschossen.

Bei relativen Häufigkeiten haben Torhüter die beste Haltequote, wenn sie nur einen oder zwei Elfmeter gegen sich bekommen und gehalten haben. Anderseits haben Torhüter, die ihren einzigen Elfmeter nicht gehalten haben, die schlechteste Haltequote. Bei den Schützen ist das ähnlich. Außerdem ist dabei egal, ob ein

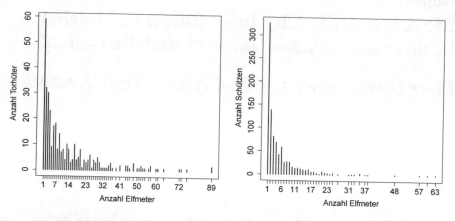

Abb. 9.1: Anzahl Elfmeter pro Torwart (links) und pro Schütze (rechts) für alle Bundesligaelfmeter von 1963/64 bis 2016/17.

Torhüter einen Elfmeter gegen einen sehr starken Schützen oder einen Wackelkandidaten gehalten hat.

Eine Alternative zur relativen Häufigkeit bieten statistische Regressionsmodelle. Diese Modelle erlauben es, die Haltefähigkeiten der Torhüter und die Schussfähigkeiten der Schützen zu schätzen und dabei weitere Einflussgrößen zu berücksichtigen.

Die für unser Regressionsmodell nötigen Daten liefern die Onlineplattformen von Kicker (www.kicker.de) und Transfermarkt (www.transfermarkt.de) sowie das Programm „Das Fußball Studio" (www.vmlogic.net). Seit dem Beginn der Bundesliga bis zum Ende der Saison 2016/17 wurden insgesamt 4599 Elfmeter geschossen, davon 3432 verwandelt und 856 vom Torhüter gehalten. Die restlichen 311 Elfmeter gingen am Tor vorbei und bleiben im Weiteren außen vor. Es waren insgesamt 347 Torhüter und 871 Schützen beteiligt.

Neben den beteiligten Spielern kennen wir die Saison, den Spieltag und die Spielminute zum Zeitpunkt des Elfmeters. Wir wissen außerdem, ob der Torhüter ein Heimspiel hatte, wie das Spiel vor dem Elfmeter stand und wie alt der Torwart und der Schütze am Spieltag waren. Mit unserem Regressionsmodell können wir zum Beispiel folgende Fragen beantworten: Ist es schwieriger, einen Elfmeter gegen Ende des Spiels zu halten als zu Beginn? Verhilft älteren Spielern ihre größere Erfahrung zu mehr Sicherheit, wenn es um Elfmeter geht? Gibt es für Torhüter einen Heimvorteil? Macht es einen Unterschied, ob das Spiel bereits entschieden oder noch sehr knapp ist?

9.2 Einflussgrößen auf den Erfolg bei einem Elfmeter

Ein Regressionsmodell verbindet erklärende Variablen mit einer abhängigen Variable oder Zielvariable durch einen funktionalen Zusammenhang. In Regressionsmodellen geben Regressionskoeffizienten an, wie stark der Einfluss der erklärenden Variablen auf die Zielvariable ist. Die Zielvariable unseres Regressionsmodells ist der Ausgang der Elfmeter. Das heißt, wir modellieren für jeden Elfmeter, ob er verwandelt wurde oder nicht. Da wir als erklärende Variable auch die Fähigkeiten des Torhüters einfließen lassen wollen, betrachten wir nur verwandelte oder vom Torhüter gehaltene Elfmeter. Elfmeter, die am Tor vorbei geschossen wurden, bleiben außen vor. Die Zielvariable hat somit zwei Ausprägungen: entweder wurde der Elfmeter verwandelt oder vom Torhüter gehalten, im Modell durch 0 und 1 kodiert. Dafür verwendet man als funktionalen Zusammenhang oft ein logistisches Regressionsmodell. Dabei wird die Zielvariable durch eine logistische Kurve, die nur Werte zwischen 0 und 1 annimmt, beschrieben, beispielhaft in Abbildung 9.2 zu sehen. Eine solche Einteilung kann auch als Klassifikationsaufgabe mit zwei Klassen verstanden werden. Unser Fokus liegt auf dem funktionalen Zusammenhang, den wir mit Hilfe eines logistische Regressionsmodells darstellen.

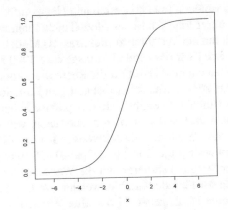

Abb. 9.2: Logistische Funktion.

Der Ausgang jedes Elfmeters soll erklärt werden durch die Variablen Fähigkeit des Torhüters, Fähigkeit des Schützen, den Heimvorteil für den Torhüter, die Saison, den Spieltag, die Spielminute, den Spielstand sowie das Alter des Torhüters und des Schützen. Die Fähigkeit des Schützen messen wir zunächst hilfsweise durch die logarithmierte Gesamtanzahl geschossener Elfmeter in seiner Bundesligakarriere.

Alle Variablen außer der Fähigkeit des Torhüters basieren direkt auf den erhobenen Daten. Die Wirkung solcher Variablen heißt in der Statistik fester Effekt. Die Fähigkeit des Torhüters kann nicht so leicht durch Daten beschrieben werden und unterliegt einer zusätzlichen Unsicherheit. Diese modellieren Statistiker durch eine geeignete Zufallsverteilung. Eine solche erklärende Variable in einem Regressionsmodell heißt zufälliger Effekt.

Eine häufige Wahl für die Zufallsverteilung ist die Normalverteilung, auch bekannt als Gauß-Verteilung oder Gaußsche Glockenkurve. Die Fähigkeiten der Torhüter sind jedoch nicht wie die Normalverteilung symmetrisch (siehe Abbildung 9.3, links), die Verwendung nur *einer* Normalverteilung führt damit zu keinem guten Modell. Stattdessen verwenden wir eine Summe von Normalverteilungen, wobei die Anzahl der Summanden gering ist und von den Informationen in den Daten abhängt. Dieses Modell für einen zufälligen Effekt heißt Dirichlet-Prozess-Mischungsmodell (DPM). Damit enthält das Modell acht feste und einen zufälligen Effekt. Ein solches Modell heißt gemischtes Regressionsmodell, hier konkret gemischte logistische Regression.

Es gibt nur wenige Torhüter, über die wir viele Informationen haben, weil sie an vielen Elfmetern beteiligt waren. Umgekehrt gibt es jedoch viele Torhüter, über die uns nur wenige Informationen vorliegen (vgl. auch Abbildung 9.1). In diesen Fällen beziehen wir zusätzlich Informationen von vergleichbaren Torhütern mit ein. Das erreichen wir, indem wir Vorinformationen in Form von sogenannten A-priori-Verteilungen für die Regressionskoeffizienten einfließen lassen. In der Statistik heißt das Bayesianische Analyse. Unser Modell ist also ein gemischtes Bayesianisches logistisches Regressionsmodell mit acht festen und einem zufälligen Effekt.

Leider können wir unser Bayesianisches Modell nicht mathematisch exakt lösen. Stattdessen greifen wir auf ein Verfahren zurück, das das Modell numerisch sehr gut approximiert. Dazu werten wir das Modell in insgesamt 5000 Durchläufen aus. In jedem Durchlauf erhalten wir einen Wert für die Regressionskoeffizienten, die angeben, wie sich die Effekte auf die Wahrscheinlichkeit, den Elfmeter zu halten, auswirken. Durch die vielen Durchläufe ergibt sich eine präzise Schätzung, wie groß die Regressionskoeffizienten im Durchschnitt sind, aber auch, wie stark die Werte um den Durchschnitt streuen. Zu diesem Zweck verwenden wir die statistischen Programmiersprachen R (www.r-project.org) und OpenBUGS (www.openbugs.net).

Zur Beurteilung der Streuung sortieren wir die Werte für die Regressionskoeffizienten. Dann ermitteln wir für jede Variable, welcher Wert größer ist als 2.5% aller Werte und welcher größer ist als genau 97.5% aller Werte. Diese speziellen Werte heißen 2.5%-Quantil beziehungsweise 97.5%-Quantil. Im Intervall, das durch die beiden Quantile gebildet wird, liegt mit 95% die große Mehrheit der geschätzten Regressionskoeffizienten. Das nutzen wir, um die Bedeutung der Variablen zu beurteilen: hat eine Variable eine große Bedeutung für das Modell, so liegt der Wert Null nicht im Intervall der entsprechenden Quantile. Ist umgekehrt die Null im Intervall enthalten, hat die Variable vermutlich keine große Bedeutung für das Modell. Der Fachbegriff für diese Bedeutung lautet Signifikanz.

Tabelle 9.1 zeigt die Ergebnisse der Stärke der Effekte aus unserem Modell. Die Effekte des Schützen und der Saison sind fett markiert, da für diese Variablen die Null nicht im Intervall aus beiden Quantilen liegt. Beide Variablen haben also einen signifikanten Einfluss auf den Ausgang des Elfmeters. Das arithmetische Mittel für beide Variablen ist negativ. Ein Schütze, der viele Elfmeter geschossen hat, verringert die Wahrscheinlichkeit, dass der Torhüter den Elfmeter halten kann. Außerdem wird es von Saison zu Saison für Torhüter etwas schwieriger, Elfmeter zu halten. Dieser Effekt ist allerdings sehr gering, da sich das arithmetische Mittel und beide Quantile nahe der 0 befinden. Bei allen anderen Variablen liegt das untere Quantil unterhalb der Null und das obere Quantil oberhalb der Null. Damit liegt bei diesen Variablen kein signifikanter Einfluss auf den Ausgang des Elfmeters vor.

Tab. 9.1: Stärke der Effekte auf den Ausgang eines Elfmeters nach unserem Modell (wichtige Einflussvariablen fettgedruckt)

	arithmetisches Mittel	2.5%-Quantil	97.5%-Quantil
Schütze	-0.291	-0.345	-0.239
Heimvorteil	-0.056	-0.226	0.109
Saison	-0.007	-0.013	-0.001
Spieltag	0.001	-0.007	0.008
Spielminute	-0.001	-0.004	0.003
Spielstand	0.038	-0.040	0.115
Alter Torwart	0.001	-0.017	0.020
Alter Schütze	0.011	-0.011	0.034

9.3 Wer ist der Beste?

Mit dem vorgestellten Modell können wir bereits eine sinnvolle Rangliste der Elfmeterfähigkeiten der Torhüter aufstellen, nicht jedoch für die Schützen. Um das zu ändern, führen wir statt des festen Effekts der logarithmierten Gesamtanzahl an Elfmetern einen zufälligen Effekt für die Schützen ein. Diese Treffsicherheit wird genauso modelliert wie die Haltefähigkeit der Torhüter. Wir wählen dazu ein Modell, das die Schützeneffekte innerhalb der Torhütereffekte betrachtet. Damit nehmen wir nur Elfmeterduelle in das Modell auf, die tatsächlich stattgefunden haben.

Unser neues Modell mit zwei verschachtelten zufälligen Effekten bedeutet einen hohen Rechenaufwand. Aus diesem Grund entfernen wir die Variablen aus dem Modell, die laut den Ergebnissen in Tabelle 9.1 keinen bedeutenden Einfluss haben. Dadurch bleiben nur die Haltefähigkeit, die Treffsicherheit und der Saisoneffekt im Modell. Damit erhalten wir ein gemischtes Bayesianisches logistisches Regressionsmodell mit einem festen und zwei zufälligen Effekten, das wir erneut 5000-mal auswerten.

Die Ergebnisse der Elfmeterfähigkeiten für die Torhüter und Schützen sind in Abbildung 9.3 zu sehen. Dabei sind die Haltewahrscheinlichkeiten der Torhüter links und die Trefferwahrscheinlichkeiten der Schützen rechts abgebildet. Wir sehen, dass die meisten Torhüter eine Haltewahrscheinlichkeit von etwas weniger als 20% aufweisen und bei den Schützen die meisten Trefferwahrscheinlichkeiten bei knapp über 80% liegen. Von besonderem Interesse sind die Ränder, denn dort befinden sich die bei Elfmetern besseren und schlechteren Torhüter und Schützen. Bei den Torhütern gibt es mehr Ausreißer nach oben, bei den Schützen umgekehrt mehr Ausreißer nach unten.

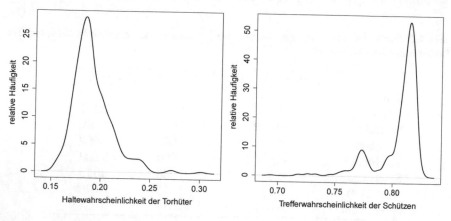

Abb. 9.3: Relative Häufigkeiten der Haltewahrscheinlichkeiten der Torhüter (links) und Trefferwahrscheinlichkeiten der Schützen (rechts).

In den Tabellen 9.2 und 9.3 sind Ausschnitte aus den auf unserem neuen Modell basierenden Ranglisten zu sehen. Dabei sind die besten und schlechtesten der 347 Torhüter bzw. 871 Schützen sowie einige aktuelle deutsche Nationalspieler aufgeführt. Grundsätzlich werden Spieler, die in wenige Elfmeter verwickelt waren, durch das Regressionsmodell in die Mitte der jeweiligen Rangliste geordnet, weil für diese Spieler wenige Daten zur Verfügung stehen. Unten und oben in der Rangliste sind somit Spieler, die an vielen Elfmetern beteiligt waren, da die Daten für diese Spieler verlässlichere Aussagen liefern. Dies ist vor allem bei den Torhütern der Fall. Dabei führt Rudolf Kargus, lange Zeit beim Hamburger SV, die Rangliste an, während Ron-Robert Zieler, der bis zum Ende der Bundesligasaison 2016/17 keinen einzigen Elfmeter halten konnte, Letzter ist. Die aktuelle Nummer 1 der deutschen Nationalmannschaft, Manuel Neuer, steht mit Rang 40 relativ weit oben. Auch andere potentielle Nationaltorhüter, wie Bernd Leno oder Ralf Fährmann sind weit oben gelistet, während Marc-André ter Stegen nicht so gut abschneidet. Allerdings berücksichtigt unser Modell nur Elfmeter in Bundesligaspielen, ter Stegen spielt bereits seit längerer Zeit in Spanien beim FC Barcelona.

Bei den Schützen befinden sich Spieler weit oben, die 100% ihrer Elfmeter verwandeln konnten. Wenig verwunderlich befinden sich Spieler mit keinem verwandeltem Elfmeter dagegen sehr weit unten. Die meisten Elfmeter in der Bundesliga hat Gerd Müller geschossen, wegen seiner durchschnittlichen Trefferquote landet er in dieser Rangliste nur im Mittelfeld. Manfred Kaltz erzielte in der Bundesligageschichte die meisten Elfmetertore und erreicht damit Rang 8. Erster und Zweiter unserer Rangliste sind Manfred Ritschel und Ludwig Nolden, zwei Spieler aus

Tab. 9.2: Rangliste für Elfmeterfähigkeit der Torhüter auf Grundlage des statistischen Modells („rel. H." steht für relative Häufigkeit, „geh." für gehalten und „ges." für gesamt; unter „Verein" ist der Verein aufgeführt, für den der Großteil der Spiele absolviert wurde)

Torwart	Verein	aktiv	Rang	Mittel mit Quantilen	rel. H.	geh./ges.
Kargus, R.	Hamburg	1971–87	1	0.241 [0.166, 0.332]	0.329	23/70
Enke, R.	Hannover	1998–10	2	0.241 [0.156, 0.357]	0.407	11/27
Pfaff, J.	B. München	1982–90	3	0.239 [0.141, 0.376]	0.545	6/11
Köpke, A.	Nürnberg	1986–99	4	0.230 [0.154, 0.330]	0.333	14/42
Fährmann, R.	Schalke 04	2005–17	18	0.216 [0.136, 0.322]	0.318	7/22
Neuer, M.	S04 / B.M.	2006–17	40	0.210 [0.133, 0.311]	0.300	6/20
Leno, B.	Leverkusen	2011–17	45	0.207 [0.135, 0.296]	0.265	9/34
ter Stegen, M.	M'gladbach	2010–14	289	0.175 [0.093, 0.271]	0.083	1/12
Schmadtke, J.	Düsseldorf	1985–97	344	0.158 [0.091, 0.228]	0.091	4/44
Junghans, W.	Schalke 04	1979–91	345	0.156 [0.084, 0.234]	0.040	1/25
Müller, M.	Wuppertal	1972–87	346	0.155 [0.080, 0.234]	0.040	1/25
Zieler, R.	Hannover	2010–16	347	0.154 [0.074, 0.237]	0.000	0/19

Tab. 9.3: Rangliste für Elfmeterfähigkeit der Schützen auf Grundlage des statistischen Modells („rel. H.", „ges." und „Verein" wie in Tab. 9.2, „v." für verwandelt)

Spieler	Verein	aktiv	Rang	Mittel mit Quantilen	rel. H.	v./ges.
Ritschel, M.	Offenbach	1970–78	1	0.825 [0.770, 0.898]	1.000	17/17
Nolden, L.	Duisburg	1963–67	2	0.823 [0.769, 0.890]	1.000	15/15
Heiß, A.	1860 München	1963–70	3	0.829 [0.718, 0.996]	1.000	2/2
Ya Konan, D.	Hannover	2009–15	4	0.826 [0.717, 0.945]	1.000	2/2
Kaltz, M.	Hamburg	1971–91	8	0.821 [0.780, 0.869]	0.930	53/57
Müller, T.	B. München	2008–17	202	0.817 [0.758, 0.877]	0.929	13/14
Reus, M.	Dortmund	2009–17	307	0.817 [0.751, 0.884]	0.900	9/10
Müller, G.	B. München	1965–79	424	0.815 [0.772, 0.857]	0.810	51/63
Labbadia, B.	B. München u.a.	1987–00	868	0.780 [0.636, 0.858]	0.200	1/5
Elmer, M.	Stuttgart	1973–83	869	0.753 [0.509, 0.871]	0.000	0/2
Borowski, T.	Bremen	2000–12	870	0.753 [0.521, 0.869]	0.000	0/2
Becker, E.	Karlsruhe	1980–85	871	0.694 [0.223, 0.895]	0.000	0/1

der Anfangszeit der Bundesliga. Nolden konnte 15 von 15 Elfmetern verwandeln, Ritschel erzielte 17 Treffer. In unserem Modell nicht berücksichtigt wurden drei Elfmeter von Ritschel, die am Tor vorbeigingen.

Generell sind die Unterschiede zwischen den einzelnen Torhütern und Schützen allerdings nicht sehr groß. Die durch die beiden Quantile gegebenen Bereiche in den Tabellen 9.2 und 9.3 überlappen sich für den besten und den schlechtesten Torhüter ([0.166,0.332] bzw. [0.074,0.237]) sowie für den besten und schlechtesten Schützen

([0.770,0.898] bzw. [0.223,0.895]). Demnach gibt es zwar Stärkeunterschiede sowohl zwischen den Torhütern als auch zwischen den Schützen, diese erlauben aber keine Unterteilung hinsichtlich der Elfmeterfähigkeit.

9.4 Fazit und Ausblick

In der Bundesligageschichte sind unserem Modell zufolge Rudolf Kargus der beste Torhüter und Manfred Ritschel der beste Schütze, was Elfmeter angeht. Die Analyse kann man natürlich von Bundesligaspielen auch auf andere Ligaspiele und internationale Wettbewerbe für Vereine oder Nationalmannschaften erweitern. Ein besonderer Reiz liegt dabei beim Elfmeterschießen, da diese Elfmeter in der Regel eine größere Bedeutung haben. Mit dem Videobeweis, der in immer mehr Ligen und Turnieren eingesetzt wird, scheint die Anzahl an Elfmetern tendenziell zuzunehmen. Dies wurde auch bei der Weltmeisterschaft 2018 deutlich, die mit insgesamt 29 Elfmetern den alten Rekord von 18 Elfmetern bei den Weltmeisterschaften 1990, 1998 und 2002 deutlich übertraf.

9.5 Literatur

Dieses Kapitel basiert auf P. Gnändinger (2017), „Modellierung der Elfmeterfähigkeiten von Torhütern und Schützen", Masterarbeit, TU Dortmund, und B. Bornkamp, A. Fritsch, O. Kuss, K. Ickstadt (2009), „Penalty Specialists Among Goalkeepers – A Nonparametric Bayesian Analysis of 44 Years of German Bundesliga", Festschrift in honour of Götz Trenkler, S. 63–76. Eine Einführung in die Bayesianische Statistik im Allgemeinen sowie Nichtparametrische Bayesianische Modelle im Speziellen bietet A. Gelman, J.B. Carlin, H.S. Stern, D.B. Dunson, A. Vehtari und D.B. Rubin (2014), „Bayesian Data Analysis", CRC Press, 3. Auflage.

Kapitel 10
Musikdatenanalyse

Claus Weihs

Dieses Kapitel zeigt Anwendungen von statistischer Musikdatenanalyse in der automatischen Vernotung und der automatischen Genre-Bestimmung, beides auf der Basis von Signal-basierten Merkmalen von Audio-Aufnahmen von Musikstücken.

10.1 Was ist das, Musik?

Für viele Menschen nimmt Musik einen großen Teil ihrer Freizeit ein. Im Internet gibt es viele Suchmaschinen für jeden Geschmack, in denen sogenannte Tags, oft Genrezuordnungen, verwendet werden, die Hörer gesetzt haben. Aber was unterscheidet die verschiedenen Genres? Was macht z. B. Metal Rock gegenüber Pop Musik aus oder wie wird klassische Musik von moderner Unterhaltungsmusik unterschieden? Welche Klangeigenschaften sind entscheidend? Gibt es allgemeingültige Kriterien? Auf diese Fragen werden wir am Ende dieses Kapitels wieder eingehen. Außerdem werden wir versuchen, einen Traum jedes Musikers zu erfüllen, nämlich nur auf der Basis von gehörter Musik Noten zu erzeugen. Dazu braucht es allerdings einige Zutaten. Doch fangen wir sozusagen von vorne an. Was hat Musik eigentlich mit Mathematik und Statistik zu tun?

Schon seit langem rätseln Denker über die intensive Wirkung der Musik. Seiner Zeit weit voraus, beschrieb der Philosoph Pythagoras um 500 vor Christus als Erster einen verblüffenden Zusammenhang zwischen Mathematik und Musik. Mit Hilfe eines Monochords - einer Art Gitarre mit nur einer einzigen Saite - untersuchte er die Struktur der Musik (vgl. Abbildung 10.1) und erkannte, dass sich die grundlegenden Musikintervalle durch einfache Zahlenverhältnisse beschreiben lassen. Wird die Saite mit einem zusätzlichen Steg von links nach rechts immer weiter verkürzt, ergeben sich zunehmend höhere Töne, wenn die Saite in der Nähe der Null am rechten Steg angeschlagen wird. Bei einer Verkürzung auf 3/4 klingt sie eine Quarte, auf 2/3 eine Quinte und auf 1/2 eine Oktave höher als die ungekürzte Saite (vgl. Abbil-

© Springer-Verlag GmbH Deutschland, ein Teil von Springer Nature 2019
W. Krämer und C. Weihs (Hrsg.), *Faszination Statistik*,
https://doi.org/10.1007/978-3-662-60562-2_10

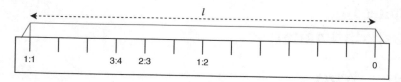

Abb. 10.1: Monochord mit Saite der Länge *l* und Verkürzungsverhältnissen

dung 10.1). Pythagoras entwickelte auch die erste Tonleiter der Welt, die bis heute
mit leichten Veränderungen in der westlichen Musik Bestand hat.

Erst im 17. Jahrhundert, lange nach der Erfindung von Notensystem, Mehrstim-
migkeit und Harmonik, gelang es dem französischen Mönch und Mathematiker
Mersenne, den Erkenntnissen des Pythagoras eine physikalische Erklärung zu geben. Mersenne brachte bis zu 40 Meter lange Saiten zum Klingen und zählte ihre Schwingungen. Tatsächlich schwingt eine Oktave stets exakt doppelt so schnell
wie der jeweilige Grundton. Denn die Töne sind nichts anderes als Schwingungen
- ein Hin- und Herbewegen kleinster Luftmoleküle. Das unterscheidet Musik von
Geräuschen. Erst wenn die Luftmoleküle gleichmäßig schwingen, erklingt ein Ton.
Aber Töne bestehen meist aus Schwingungen mehrerer Frequenzen, die sich überlagern. Nämlich aus dem Grundton, dessen Höhe wir wahrnehmen, und aus Tönen
mit Vielfachen seiner Frequenz, den sogenannten Obertönen, die die Klangfarbe bestimmen. Tatsächlich vereinigt jedes Luftmolekül in einem Konzertsaal sogar alle
Schwingungen aller Instrumente.

Diese Gesamtschwingung zu erfassen und daraus jede einzelne der ursprünglichen Schwingungen herauszufiltern, ist die Leistung des menschlichen Gehörsinns.
Dabei ist das Ohr ein vergleichsweise ärmlich ausgestattetes Organ. Mit nur etwa 3000 sogenannten Haarsinneszellen (zum Vergleich: das Auge verfügt über
120 Millionen Fotorezeptorzellen) verwandelt es die Schallwellen in elektrische
Impulse (vgl. Abbildung 10.2). Über das Trommelfell werden die winzigen Luft-
druckschwankungen registriert, über die Gehörknöchelchen verstärkt und auf eine
Membran am Anfang des flüssigkeitsgefüllten Innenohrs übertragen. Das schne-
ckenförmige Sinnesorgan (Cochlea) vollbringt dann die erstaunliche Leistung, den
eintreffenden Schall in seine einzelnen Frequenzen aufzuspalten. Tiefe Töne wandern tief in die Hörschnecke hinein und werden dort in Nervenimpulse umgewandelt, hohe Töne dagegen schon am Eingang des Innenohrs. Mit diesem Filter-
Mechanismus gelingt es dem Ohr, selbst Töne voneinander zu unterscheiden, die
nur ein 1/10 eines Halbtonschrittes auseinanderliegen.

Im alten Griechenland waren die Musen die Göttinnen der Inspiration in Literatur, Wissenschaft und Kunst und galten als Quelle des Wissens. Das lateinische
Wort musica und unser Wort Musik leiten sich von dem griechischen Wort mousike
ab, was die Kunst der Musen bedeutet.

Leider gibt es keine allgemein anerkannte Definition von Musik. Deshalb versuchen wir, uns der Musik durch ihre Bestandteile zu nähern. Die grundlegenden
musikalischen Signale sind die Töne. Die Töne wiederum haben vier Dimensio-
nen, nämlich Tonhöhe (pitch), Lautstärke (loudness), Dauer (duration) und Klang-

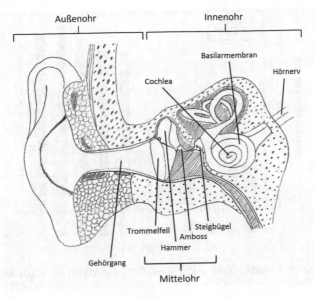

Abb. 10.2: Das menschliche Hören[1].

farbe (timbre). Töne werden unterschieden durch ihre Namen, die der Tonhöhe entsprechen. Zwei Töne mit verschiedenen Lautstärken oder verschiedenen Klangfarben, aber derselben Tonhöhe werden als derselbe Ton identifiziert, allerdings evtl. gespielt mit verschiedenen Intensitäten und auf verschiedenen Instrumenten. Die Klangfarben entstehen durch die Intensitäten sogenannter Obertöne des Grundtons, d. h. von Vielfachen der Frequenz des Grundtons. Die Frequenz des Grundtons wird als Tonhöhe, die Intensitäten der Obertöne als Klangfarbe wahrgenommen. Damit lassen sich verschiedene Instrumente im Allg. anhand der Stärke ihrer Obertöne unterscheiden. In Abbildung 10.3 ist die Verteilung der Obertonstärken bei Piano und E-Gitarre an einem Beispiel wiedergegeben. OT0 entspricht dem Grundton, OT1 dem ersten Oberton, usw.

10.2 Musikdaten

Wir interessieren uns für die Toneigenschaften Tonhöhe, Lautstärke, Dauer und Klangfarbe. Leider sind diese bei Audioaufnahmen im Allgemeinen zunächst einmal unbekannt und müssen aus den Audioaufnahmen abgeleitet werden. Diese Informationen werden meist für kleine Zeitfenster bestimmt, damit Änderungen schnell erkennbar sind. Die folgenden Audio-Charakteristiken stützen sich auf das

---

[1] mit freundlicher Genehmigung von © Dr. K. Friedrichs, APTIV Services Deutschland [2019].

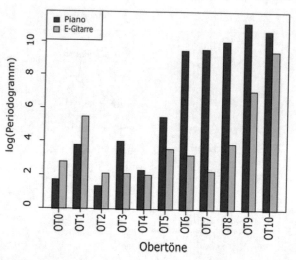

Abb. 10.3: Stärke der Obertöne (OT0 = Grundton, OT1, ..., OT10) bei Piano und Gitarre auf logarithmischer Skala.

sogenannte Spektrum, d. h. die Stärke der verschiedenen Frequenzen in den Zeitfenstern.

Wir geben jetzt Beispiele für Merkmale, aus denen Rhythmus, Harmonien und Klangfarbe abgeleitet werden können. Tatsächlich lassen sich Hunderte solcher Merkmale berechnen, die alle mehr oder weniger gut geeignet sind, die musikalischen Toneigenschaften zu bestimmen. Wir konzentrieren uns auf die wichtigsten. Ein Rhythmus-Merkmal ist *Spectral Flux*, definiert als Stärke der spektralen Änderung zwischen zwei benachbarten Zeitfenstern. Damit lassen sich Toneinsätze meist sehr gut identifizieren (vgl. Abschnitt 10.3: Einsatzzeiterkennung). Ein Harmonie-Merkmal ist das *Chromagramm*, das die spektrale Energie aller 12 Halbtöne für jedes Zeitfenster repräsentiert. Dabei werden Oktaven ignoriert. Damit lassen sich z. B. Tonarten identifizieren. *Mel Frequency Cepstral Coefficients (MFCCs)* werden häufig bei der Spracherkennung verwendet, haben sich aber auch bei Musikerkennung als sehr hilfreich erwiesen. Die wesentliche Idee ist dabei, die akustischen Frequenzen in wahrgenommene Tonhöhen umzuformen, nämlich in die sogenannte mel-Skala (mel vom englischen Wort melody). Diese Skala zeigt, dass ab einer Frequenz von 1000 Hz mehr als eine Verdoppelung der akustischen Frequenz notwendig ist für eine Verdoppelung der wahrgenommenen Tonhöhe. Für niedrigere Frequenzen sind die wahrgenommenen Tonhöhen proportional zu den akustischen Frequenzen. Letzteres gilt für die Grundtöne, aber nicht für die Obertöne nahezu aller Musikinstrumente. Nach weiteren Transformationen beschreiben die MFCCs beides, die allgemeine Form des Spektrums und die spektrale Feinstruktur. MFCCs werden zur Klangfarbenidentifikation (vgl. Abschnitt 10.3: Instrumentenerkennung), aber auch für komplexere Aufgaben wie Genre-Klassifikation eingesetzt (vgl. Abschnitt 10.3: Genrebestimmung).

Neben diesen Signal-basierten Merkmalen sind aber noch andere Informationen über Musikstücke verfügbar. Zum Beispiel können wir weitere Informationen aus dem Social Web erhalten. Beispiele sind sogenannte Tags (Kennzeichnungen), die sich auf das Genre eines Musikstücks oder auf Gefühle zu dem Musikstück beziehen. Auch handgemachte Playlists sind zu verschiedenen Themen verfügbar. Musik-Dienste wie Last.fm bieten dem Nutzer die Möglichkeit, Musikstücke zu kennzeichnen. Es sind auch verschiedene Musikdatenbanken online, die Metadaten für Millionen von Liedern beinhalten. Wir konzentrieren uns im Folgenden aber auf Signal-basierte Merkmale.

10.3 Erkenntnisse

Im Folgenden führen wir beispielhaft Ergebnisse von Musikdatenanalysen vor zur Tonhöhenbestimmung, Instrumentenerkennung, Einsatzzeiterkennung, Automatischen Vernotung und Genrebestimmung. Doch zunächst wird das verwendete statistische Verfahren vorgestellt, die Bestimmung von Klassifikationsregeln. Dabei werden Tonhöhen, Musikinstrumente (Piano / Gitarre), Einsatzzeit (ja / nein) und Genres (Klassik / Nichtklassik) als zu bestimmende Klassen aufgefasst.

Klassifikation

Bei der Klassifikation soll die gültige Klasse eines Subjekts oder Objekts aus sogenannten Einflussmerkmalen vorhergesagt werden. Um ein entsprechendes Vorhersagemodell zu „lernen", müssen die gültige Klasse zusammen mit den dazugehörigen Einflussmerkmalen an n Subjekten/Objekten beobachtet worden sein (*Trainingsstichprobe*). Aus diesen Beobachtungen wird die *Klassifikationsregel* abgeleitet, die später zur Vorhersage einer unbekannten Klasse aus bekannten neuen Einflussmerkmalen verwendet werden soll. Das einfachste Klassifikationsproblem umfasst nur zwei Klassen 0 und 1 wie z. B. bei der Unterscheidung der zwei Musikinstrumente Piano und Gitarre, der Einsatzzeit ja / nein in einem Zeitfenster und der Genres Klassik und Nichtklassik. Bei der Tonhöhenbestimmung liegt aber ein Klassifikationsproblem mit mehr als zwei Klassen vor. Grundlegend für statistische Verfahren ist das Vorhandensein von Daten, aus denen die gewünschten Regeln abgeleitet werden, hier also der Trainingsstichprobe zur Herleitung von Klassifikationsregeln.

Tonhöhen

Heutzutage werden Tonhöhen mit der Frequenz einer Sinuswelle identifiziert. Diese Idee stammt aus dem späten 18ten Jahrhundert, etwa von Daniel Bernoulli (1700-

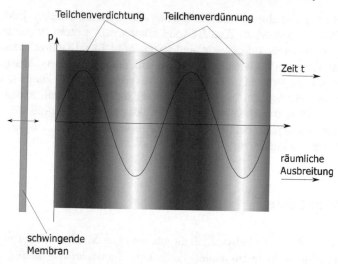

Abb. 10.4: Sinusmodell für Schallwellen.

1782). Im Jahre 1822 präsentierte Fourier sein berühmtes Theorem, dass periodische Funktionen mit Hilfe von Summen von Sinus- und Kosinusfunktionen dargestellt werden können. Ohm (1843) wandte diese Eigenschaft dann auf die Akustik an. Seitdem werden die Frequenzen von Sinuswellen als messbare Darstellung der Tonhöhe verwendet (vgl. Abbildung 10.4).

Die Frequenz eines gehörten Tons kann z. B. mit einem sogenannten Hörmodell identifiziert werden. Dabei nähert ein einfaches mathematisch/statistisches Modell die Eigenschaften des menschlichen Ohrs an. Auf der Grundlage von Tierbeobachtungen und psychoakustischen Phänomenen erscheint die Verwendung von 30 Kanälen (anstelle von ca. 3000 Haarsinneszellen im menschlichen Ohr) vertretbar, die spezielle Frequenzen herausfiltern. Jeder Kanal hat eine spezielle beste Frequenz (BF) zwischen 100 und 3000 Hz. BFen definieren, welche Frequenzen dort am stärksten stimuliert werden. Wir verwenden für jeden Kanal ein eigenes Klassifikationsmodell zur Entscheidung, ob dieser Kanal zu dem Frequenzspektrum des gehörten Tons beiträgt.

Eine solche Regel hat z. B. die folgende Form:

Wenn die stärkste Frequenz in einem Kanal sehr hohe spektrale Energie besitzt und die spektrale Energie der nächst größeren starken Frequenz niedrig ist, dann identifiziere die stärkste Frequenz als Grund- oder Obertonfrequenz des gehörten Tons.

Aus den identifizierten Oberton-Frequenzen wird dann die Frequenz des Grundtons bestimmt. Mit der Kombination mehrerer solcher Regeln für jeden Kanal ist es gelungen, die richtige Frequenz mit sehr kleinen Fehlerraten zu bestimmen (s. Tabelle 10.1). Offensichtlich lassen sich niedrige Frequenzen besser bestimmen als höhere.

Tab. 10.1: Fehlerraten in den verschiedenen Kanälen eines Hörmodells

Kanal	1	2	3	4	5	6	7	8	9	10
Fehlerrate in %	0.2	0.4	0.5	0.5	0.3	0.3	0.3	0.4	0.6	0.7
Kanal	11	12	13	14	15	16	17	18	19	20
Fehlerrate in %	0.6	0.5	0.7	0.7	0.6	0.9	1.0	1.2	1.4	1.3
Kanal	21	22	23	24	25	26	27	28	29	30
Fehlerrate in %	1.4	1.3	1.4	1.4	1.3	1.4	1.3	1.1	1.0	1.1

Instrumente

Zwei Töne klingen u. U. verschieden, obwohl sie dieselbe Tonhöhe, Lautstärke und Dauer haben. Das liegt häufig daran, dass sie von verschiedenen Instrumenten gespielt wurden, z. B. von einem Piano oder einer Trompete. Die wahrgenommenen Unterschiede der beiden Töne lassen sich dann unter dem Aspekt der Klangfarbe zusammenfassen. Man beachte aber, dass auch Töne desselben Instruments mit verschiedenen Tonhöhen oder Lautstärken unterschiedliche Klangfarben haben. Es gibt keine Konstante „Piano Klangfarbe" oder „Trompeten Klangfarbe" über den gesamten Tonbereich eines Instruments.

Die Klangfarbe eines Tons wird ganz wesentlich bestimmt durch sein Spektrum, d. h. durch die Intensität der verschiedenen Obertöne und zusätzlichen Geräuschkomponenten sowie durch die zeitliche Entwicklung eines Tons, besonders in der Nähe seines Einsatzes. Zur Quantifizierung von Klangfarbe benötigt man also die zeitliche Entwicklung des Spektrums.

Bei der Genre-Zuordnung von neuen Musikstücken ist es häufig wichtig, welche Instrumente in dem Musikstück (vorwiegend) spielen. Welche Toneigenschaften sind z. B. entscheidend, um Piano- und Gitarrentöne voneinander zu unterscheiden?

Eine dafür bestimmte Klassifikationsregel sollte bestimmten Klangeigenschaften ein Instrument zuordnen. Dabei werden Merkmale benötigt, die den Klang charakterisieren. Beispiele sind die ersten 13 MFCCs für verschiedene Teile eines Tons. Damit wurde eine Regel bestimmt aus 4309 Gitarren- und 1345 Pianotönen, die nur $\approx 5.5\%$ Fehler aufweist. Dabei erweisen sich der Anfang und das Ende eines Tons als deutlich wichtiger als die Tonmitte. Die Tonerzeugung (Zupfen bei der Gitarre und Hammeranschlag beim Piano) und die Abklingeigenschaften sind also wichtiger für die Unterscheidung dieser beiden Instrumente als der Klang der Töne in seiner vollen Ausprägung in der Mitte des Tons. Wir haben also die für die Klassifikation wichtigsten Merkmale identifiziert. Man spricht von *Merkmalsselektion*.

Einsatzzeiten

Für die Einsatzzeiterkennung benötigen wir eine Einsatzzeiterkennungsfunktion, deren lokale Maxima Kandidaten für Einsatzzeiten sind, die mit Hilfe von zeitvariablen Schranken bewertet werden.

Bei der klassischen Einsatzzeiterkennung wird das Signal in kleine (überlappende) Zeitfenster aufgeteilt, auf denen die *Einsatzzeiterkennungsfunktion (Onset Detection Function, ODF)* berechnet wird. Die ODF wird normalisiert, um die verschiedenen Fenster miteinander vergleichen zu können. Dann werden die lokalen Maxima der normalisierten ODF mit einem Schwellenwert verglichen. Der Schwellenwert wird lautstärkeabhängig gewählt. Wenn das lokale Maximum größer als der Schwellenwert ist, wird der Beginn eines neuen Tones angenommen (Einsatzzeit).

Abbildung 10.5 illustriert die Wirkung der Schranke. Wir verwenden den normalisierten Spektral Flux als ODF und wenden ihn auf Piano und Flöte an. Die Schranke wird auf zwei verschiedene Weisen gewählt (Strichpunkt- und Strich-Linie). Die Abbildung zeigt, wie wichtig die richtige Wahl der Schranke ist. Bei der Strichlinien-Schranke werden einige Einsätze der Flöte nicht erkannt. Bei der Strichpunkt-Schranke werden dagegen auch falsche Einsätze erkannt. Außerdem zeigt Abbildung 10.5, dass obige einfache Einsatzzeiterkennung mit der ODF Spektral Flux für Instrumente mit wohldefiniertem Tonanfang (wie Piano) sehr gut funktioniert. Bei anderen Instrumenten erscheint der Tonanfang u. U. nicht wohldefiniert.

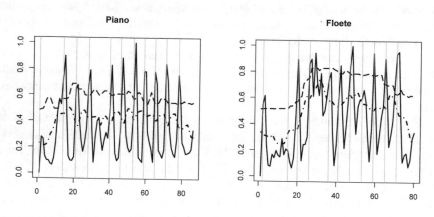

Abb. 10.5: Verschiedene Schranken (verschiedene Linientypen) für normalisiertes Spectral Flux für Piano (links) und Flöte (rechts) über die Zeit. Die wahren Einsatzzeiten sind durch die senkrechten Striche angedeutet.

Abb. 10.6: Ausschnitt aus "Tochter Zion": (a) Original sowie (b) tuneR- und (c) Melodyne-Vernotungen einer Gesangsaufnahme.

Automatische Vernotung

Zur automatischen Vernotung von Audio-Tönen sind verschiedene Aufgaben zu lösen. Insbesondere müssen die Einsatzzeiten der verschiedenen Töne bestimmt werden und damit die Tondauern (vgl. Abschnitt 10.3: Einsatzzeiterkennung) und die Tonhöhen der Töne mit den identifizierten Einsatzzeiten (vgl. Abschnitt 10.3: Ton- höhenbestimmung). Schließlich müssen die gefundenen Einsatzzeiten noch in Takte eingepasst werden. Man sagt, sie müssen quantisiert werden. Dazu muss vorher geklärt werden, welches Metrum (Taktart wie z. B. 3/4- oder 4/4-Takt) bei dem Musikstück anzunehmen ist. Schließlich müssen bei polyphonen Musikstücken gleichzeitig gespielte Töne identifiziert werden und diese Töne den verschiedenen Instrumenten zugeordnet werden. Dazu kann z. B. Instrumentenerkennung hilfreich sein, um zu identifizieren, ob ein Instrument gerade spielt oder nicht (vgl. Abschnitt 10.3: Instrumentenerkennung).

Die Vernotung von monophonen Musikstücken ist schon ganz gut verstanden. In Abbildung 10.6 finden sich zwei Vernotungen eines Teils des von einer Sängerin gesungenen Liedes „Tochter Zion", einmal durch unser Programm tuneR (b) und einmal durch das kommerzielle Programm Melodyne (c). Tatsächlich sind beide Vernotungen nicht optimal im Vergleich mit dem Original (a). Allerdings muss sich die Sängerin auch nicht 100%ig an das Original gehalten haben.

Genres

Wir betrachten ein (zumindest auf den ersten Blick einfaches) Zweiklassenbeispiel für Genreerkennung, nämlich die Unterscheidung von Klassik und Nichtklassik, die Pop, Rock, Jazz und andere Genres umfasst. Wir trainieren mit 26 MFCC Merkmalen auf 10 Klassik und 10 Nichtklassik Musikstücken. Es wurden Mittelwert und Standardabweichung der ersten 13 MFCC Merkmale auf 4 Sekunden langen Zeitfenstern mit 2 Sekunden Überlappung verwendet. Das führt zu 2361 Trainingsbeobachtungen über alle 20 Musikstücke. Getestet wird die gefundene Klassifikationsregel auf 15 Klassik und 105 Nichtklassik Musikstücken. Es gibt keine Überlappung zwischen den Musikstücken und Künstlern der Trainings- und Teststichprobe.

Klassifiziert wird das Genre in kleinen Zeitfenstern der Länge 4 Sekunden, damit die MFCCs einigermaßen stabil sind. Die typische Fehlerrate der verwendeten Klassifikationsverfahren liegt bei 17% der 15 387 Zeitfenster der Testmenge. Wir interessieren uns aber eigentlich dafür, ob längere Abschnitte der 120 Musikstücke der Testmenge falsch klassifiziert wurden. Tatsächlich haben wir nur 33 fehlklassifizierte zusammenhängende Teile länger als 32 Sekunden gefunden. Bei der Klassifikation wurden Klassenwahrscheinlichkeiten für jedes Zeitfenster angegeben. Falls die Wahrscheinlichkeit der richtigen Klasse kleiner als 0.5 ist, wurde das Fenster fehlklassifiziert. Zur Identifikation von längeren zusammenhängenden fehlklassifizierten Teilen haben wir den Mittelwert der Wahrscheinlichkeiten der wahren Klasse über die beteiligten kleinen Zeitfenster verwendet. Wenn dieser Mittelwert sehr klein ist, dann ist dieser Teil des Musikstücks „stark fehlklassifiziert". Die extremsten Beispiele finden sich in 18 verschiedenen Musikstücken. Dabei fällt auf, dass viele der fehlklassifizierten Teile aus 8 Stücken des Europäischen Jazz stammen, der im Trainingsdatensatz nicht vertreten war. Wenn man sich die 5 extremsten Wahrscheinlichkeiten der wahren Klasse ansieht ($< 3.5\%$), dann stammen nur 2 davon nicht aus dieser Gruppe, nämlich „Fake Empire" der Indie-Rock Band The National und „Trilogy" von Emerson, Lake, and Palmer. Während „Trilogy" evtl. schon vorher als problematisch angenommen werden musste, wurde bei „Fake Empire" der Anfang des Stücks fehlklassifiziert, wo nur Piano und Gesang aktiv sind. Insgesamt führte die Klassifikation also zu interpretierbaren Ergebnissen, die allerdings deutlich machen, wie wichtig eine ausgewogene Trainingsmenge ist und dass einige Teile von Popstücken durchaus nahe an der Klassik liegen.

10.4 Literatur

Abschnitt 10.1 beruht ganz wesentlich auf Teilen von „Musik, die Mathematik der Gefühle" von Philip Bethge, DER SPIEGEL Nr. 31/28.07.2003. Die anderen Abschnitte sind verschiedenen Kapiteln des Buchs „Music Data Analysis: Foundations and Applications", Chapman & Hall, 2016, entlehnt, das von dem Autor dieses Kapitels und von Dietmar Jannach, Igor Vatolkin und Günter Rudolph aus der Fakultät Informatik der TU Dortmund editiert wurde. In diesem Buch finden sich noch viele weitere Beispiele für Musikdatenanalysen, insbesondere zu Tempoerkennung, Charakterisierung von Emotionen in Musik und automatische Komposition.

Kapitel 11
Statistik und Pferdewetten – Favoriten vs. Außenseiter

Martin Kukuk[1]

Ein großer Motivator, sich mit Statistik zu befassen, sind Wetten aller Art. Es geht um Geld, es geht um Zufall, es geht um ständig wiederkehrende Ereignisse. Insbesondere Pferdewetten sind ein interessantes Untersuchungsobjekt, da individuelle Entscheidungen in einer realen Situation beobachtet und analysiert werden können, eine Art Feldversuch mit sehr vielen Teilnehmern im Gegensatz zu Laborexperimenten, in denen meist eine kleinere Anzahl von Teilnehmern in kontrollierten Situationen Entscheidungen zu treffen haben.

11.1 Pferdewetten

Die empirische Analyse von Pferderennen und insbesondere die darauf eingesetzten Wetten haben eine jahrzehntelange Tradition. Das wohl wichtigste und in fast allen Studien belegte Ergebnis ist, dass durch Wetten auf Pferde mit geringen Gewinnchancen (Außenseiter) im Durchschnitt mehr Geld verloren wird als mit Wetten auf Pferde mit hohen Gewinnchancen (Favoriten, verloren wird aber in jedem Fall). Mit anderen Worten: gemessen an den Gewinnwahrscheinlichkeiten wird auf Außenseiter zu häufig gesetzt, auf Favoriten hingegen zu wenig. Dabei beziehen sich die Untersuchungen auf unterschiedliche Länder, Pferderennen, Wettarten und Zeiträume und belegen persistent das als Favorite-Longshot-Bias (FLB) bezeichnete Phänomen.

Auch für deutsche Galopp- und Trabrennen lässt sich der durchschnittliche Gewinn- bzw. Verlustunterschied für unterschiedlich favorisierte Rennteilnehmer klar belegen. In angelsächsischen Ländern sind Wetten bei Buchmachern verbreiteter, die feste, im Erfolgsfall auszubezahlende Wettquoten anbieten. In Deutschland und vielen anderen Ländern sind meist Totalisator-Wetten anzutreffen. Dabei werden beispielsweise bei einer Siegwette alle Wetteinsätze auf den Sieg der jeweiligen Rennteilnehmer – nach Abzug eines Anteils für den Veranstalter – an diejenigen

[1] In großer Dankbarkeit gewidmet meinem akademischen Lehrer Gerd Ronning anlässlich seines 80. Geburtstags.

Wettteilnehmer ausgeschüttet, die auf den Sieger gewettet haben. Es ist für Siegwetten durchaus üblich, dass die resultierende Auszahlung für einen Ein-Euro Wetteinsatz laufend aktualisiert bis kurz vor Rennbeginn öffentlich sichtbar ist. Da es einen prozentualen Abzug vor Ausschüttung der Wetten gibt, ist der erwartete Gewinn einer Wette somit negativ. Dies ist auch bei Buchmacherwetten realistisch, da der Buchmacher seinen Einsatz und sein unternehmerisches Risiko ebenfalls entlohnt wissen will. Dennoch erfreuen sich beide Wettformen großer Beliebtheit.

11.2 Wettauszahlungen

Im Folgenden sollen die Totalisator-Wetten näher betrachtet werden, da die Vielzahl der platzierten Wetten kurz vor Rennbeginn das Ergebnis sehr vieler Einzelakteure und damit sehr vieler einzelner Entscheidungen darstellen. Jeder Einzelne hat zudem Kenntnis über die bisher abgegebenen Wetten.

Wenn bei Annahmeschluss beispielsweise 100 Wettspieler jeweils einen Euro gesetzt haben, wobei 40 Euro auf den Sieg des ersten Pferdes entfallen, so werden im Fall eines Sieges dieses Pferdes – ohne Abzug – die 100 Euro an die 40 erfolgreichen Tippspieler ausgezahlt. Jeder Euro Einsatz erzielt im Erfolgsfall eine Auszahlung (Bruttoquote) von 100/40, was dem Kehrwert des Anteils von Wetten auf dieses Pferd entspricht. Die nicht erfolgreichen Wetten erhalten nichts. Diese Wettanteile lassen sich demnach als die subjektiven Wahrscheinlichkeiten der Wettteilnehmer für den jeweiligen Sieg der teilnehmenden Pferde interpretieren.

Die beobachtbaren Quoten und damit auch der Anteil der Wetten auf ein bestimmtes Pferd können als Schätzung für die Wahrscheinlichkeit eines Sieges dienen. Wenn die Wettanteile allerdings gerade gleich den objektiven Gewinnwahrscheinlichkeiten ausfielen, wäre die erwartete Auszahlung für alle Siegwetten jeweils gleich eins, da die Auszahlung im Erfolgsfall gerade dem Kehrwert der Gewinnwahrscheinlichkeiten entspricht. Im obigen Beispiel erhält eine Wette die Auszahlung 100/40 mit einer 40%-igen Wahrscheinlichkeit, was eine erwartete Auszahlung von einem Euro für diese Wette ergibt. Zieht man den eingesetzten Euro für die Wette ab, dann resultiert ein erwarteter Gewinn bzw. eine erwartete Rendite von Null. Dies stellt an sich eine faire Wette dar, da bisher der Abzug aus dem gesamten Wetteinsatz durch den Veranstalter vernachlässigt wurde. Bei einem prozentualen Abzug vor Ausschüttung sinkt die erwartete Auszahlung, entsprechend einem negativen erwarteten Gewinn (alias Verlust).

Die Wetten auf die verschiedenen Pferde erzielen bei diesem System dieselbe erwartete Auszahlung. Jedoch steigt die Varianz der Auszahlung mit sinkender Gewinnwahrscheinlichkeit. Die Varianz gilt üblicherweise als Maß für das Risiko einer solchen Wette. Warum sollte nun ein Wettspieler bei gleicher erwarteter Auszahlung ein erhöhtes Risiko bei einer Wette auf Außenseiter eingehen?

11.3 Erklärungen für den Außenseitereffekt

Der negative erwartete Gewinn wird von den Wettern nur deshalb akzeptiert, weil Pferdewetten an sich einen Nutzen stiften – vergleichbar mit dem Kauf von Konzerteintrittskarten. Gegeben der Entscheidung, dass ein bestimmter Betrag eingesetzt werden soll, bleibt in einem zweiten Schritt die Frage, auf welches Pferd?

Mit einer Wette auf einen Außenseiter wird im Erfolgsfall eine vergleichsweise hohe Quote erzielt, mit der sich im Freundes- und Bekanntenkreis besser prahlen lässt als mit kleinen Auszahlungen auf Favoriten. Zwar kommt dies eher selten vor, dafür ist die Bewunderung umso größer. Ein derartiges Verhalten zumindest einiger Rennbahnbesucher kann den Außenseitereffekt bereits erklären.

Aber auch mit einer ausgeprägteren Rationalität der Wettspieler ist dieser Effekt kompatibel. Gesetzt den Fall, dass Gewinnwahrscheinlichkeiten gerade den Anteilen der Wetten entsprechen und der Favorit eine 40%-ige Gewinnwahrscheinlichkeit hat, d. h. im Erfolgsfall werden 100/40 ausgezahlt. Der größte Außenseiter habe lediglich eine Gewinnchance von 5%, was eine Auszahlung von 100/5 ergibt. Beide haben die gleiche erwartete Auszahlung, jedoch ist das Risiko für den Außenseiter größer.

Bevorzugt in dieser Situation ein Spieler, der zunächst auf den Favoriten getippt hat, das höhere Risiko und wechselt kurz vor Annahmeschluss auf den Außenseiter, so verändern sich die Quoten auf 100/39 für den Favoriten und 100/6 für den Außenseiter, bei gleichbleibenden Gewinnwahrscheinlichkeiten. Die Folge ist eine höhere erwartete Auszahlung für den Favoriten, während sie für den Außenseiter sinkt. Das Risiko der Auszahlung ist aber immer noch höher für den Außenseiter. Die Risikoliebe erzeugt eine fallende Kurve in einem Diagramm, welches die Varianz auf der senkrechten gegen den Mittelwert auf der waagerechten Achse abträgt. Ein solch fallender Verlauf lässt sich empirisch beobachten, wie dies Abbildung 11.1 z. B. für die Siegwetten zeigt. Favoriten zeigen die höchsten mittleren Gewinne bei niedrigem Risiko, während mit fallender Gewinnhäufigkeit die mittleren Renditen abnehmen, bei gleichzeitig ansteigendem Risiko.

Während risikoscheue Individuen für ein höheres Risiko durch eine höhere Rendite entschädigt werden müssen, verhält es sich bei risikoliebenden genau umgekehrt. Sie nehmen für ein höheres Risiko auch eine geringere Rendite in Kauf. Aus der unterstellten ökonomischen Rationalität folgt aber selbst bei risikoliebenden Akteuren, dass bei der Wahl zwischen mehreren Alternativen mit jeweils gleichem Risiko diejenige gewählt wird, die eine höhere Rendite erwarten lässt.

Für ein bestimmtes Rennen können neben Wetten auf den Sieg eines Pferdes auch noch weitere Wetten platziert werden, etwa eine Zweier- oder Dreierwette, wo der genaue Einlauf der ersten beiden bzw. ersten drei Pferde zu tippen ist. Außerdem gibt es noch die Platzwette, bei der das getippte Pferd unter den ersten drei platziert sein muss. Auch für diese Wetten zeigt sich der Außenseitereffekt, was sich in den jeweils fallenden Verläufen in Abbildung 11.1 widerspiegelt. Die Zweier- und Dreierwetten weisen einen zackigeren Verlauf auf, da diese Wetten nicht so häufig vorkommen. Mittelwerte und Varianzen der Quoten werden für eine bestimmte Wettkombination (z. B. Zweierwette auf den dritten Favorit als Sieger und den ersten

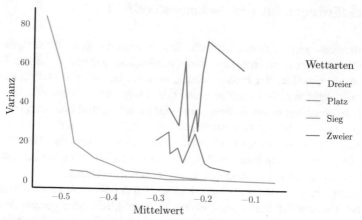

Abb. 11.1: Mittelwerte und Varianzen der Renditen verschiedener Wettarten derselben Rennen.

Favorit als Zweiter) über die verschiedenen Rennen berechnet, die durch einzelne „Ausreißer" recht stark beeinflusst werden. Die Kurven liegen relativ weit auseinander. Es ist erkennbar, dass bei gleichem Risiko der Wechsel von einer Siegwette zu einer Zweier- bzw. Dreierwette eine höhere Rendite verspricht. Andersherum ausgedrückt kann ein Spieler, der eine gegebene Rendite von z. B. -20% erwartet, dies entsprechend seiner Vorliebe für höheres Risiko besser durch eine Dreierwette erreichen.

11.4 Außenseitereffekt durch subjektive Schätzungen

Eine weitere Erklärung für den Außenseitereffekt sind individuell variierende Einschätzungen der Gewinnwahrscheinlichkeiten. Diese Einschätzungen schwanken um die unbekannten Werte, wobei angenommen wird, dass eine Hälfte der Akteure eine Gewinnwahrscheinlichkeit über-, die andere Hälfte diese unterschätzt.

Es werden in diesem Szenario risikoneutrale, rationale Wettspieler angenommen, die jeweils genau auf das Pferd setzen, das die höchste erwartete Auszahlung ergibt. Diese setzt sich nun aus der individuell geschätzten Gewinnchance und der Quote zusammen. Da die Akteure Risiko weder lieben noch scheuen, zählt alleine der erwartete Gewinn einer Wette. Da sich die Gewinnquoten durch jede einzelne Wette verändern, muss zum Schluss der Anteil der Wetten auf ein bestimmtes Pferd gerade mit dem Anteil der individuellen Wahrscheinlichkeitsschätzungen, die über dem Wettanteil liegen, übereinstimmen. In Abbildung 11.2 wird dieser Zusammenhang für ein Rennen mit nur zwei Pferden verdeutlicht. Die Schnittpunkte der fallenden Gerade mit den jeweiligen Verteilungsfunktionen der Schätzungen ergeben den jeweiligen Wettanteil. Das Pferd mit der niedrigeren Gewinnwahrscheinlichkeit (p1) bekommt einen Anteil, der leicht über p1 liegt. Beim Favoriten verhält es sich genau umgekehrt. Es werden somit, gemessen an den objektiven Gewinnwahrscheinlich-keiten, zu viele Wetten auf den Außenseiter und zu wenige auf den Favoriten gesetzt, was gerade der Kernaussage der Favoriten-Außenseiter-Verzerrung entspricht.

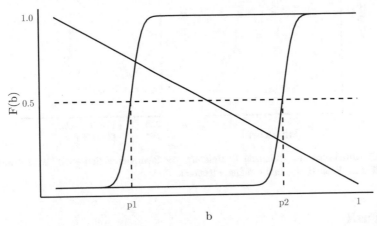

Abb. 11.2: Gleichgewichtige Wettanteile von risikoneutralen Wettspielern: Verteilungsfunktionen F(b) der individuellen Gewinnwahrscheinlichkeiten gegen Wettanteile b. Der Anteil 1-F(b) der individuellen Einschätzungen größer als b muss im Gleichgewicht dem Anteil b entsprechen, also F(b)=1-b. Pferd 1 hat eine niedrigere Gewinnwahrscheinlichkeit (p1) als Pferd 2 (p2).

Für den realistischeren Fall von Rennen mit mehr als zwei Pferden verhält es sich ganz analog, nur dass die Bedingung für eine individuelle Wette auf ein be-stimmtes Pferd ist, dass deren Erwartungswert größer als alle anderen sein muss. Es resultiert ein Gleichungssystem mit mehreren Gleichungen, das nicht mehr explizit gelöst werden kann. Mittels Simulationen lassen sich die gleichgewichtigen Quoten dennoch bestimmen sowie die daraus resultierenden Mittelwert-Varianz-Profile, die alle den typischen fallenden Verlauf aufweisen, aber abhängen von der Anzahl der Rennteilnehmer, den objektiven Gewinnwahrscheinlichkeiten sowie dem Ausmaß der Schätzungenauigkeiten.

In den Monte-Carlo Experimenten kann man auch andere Wettarten mitberück-sichtigen, indem man den gesamten Zieleinlauf eines Rennens simuliert. Die risiko-neutralen, rationalen Wettspieler achten bei ihrem Einsatz nicht nur auf die Erwar-tungswerte der Siegwette, sondern betrachten zusätzlich diejenigen der Zweierwet-te. Die Wettkategorie aus Sieg- und Zweierwette mit dem höchsten Erwartungswert bekommt den Wetteinsatz. Als Ergebnis resultieren hierbei tatsächlich unterschied-liche Mittelwert-Varianz Profile für Sieg- und Zweierwette, die im rechten Schau-bild der Abbildung 11.3 dargestellt sind. Hierbei werden nur die favorisiertesten Wettkategorien gezeigt. Im linken Schaubild sind nochmals die vergleichbaren Ka-tegorien für Sieg- und Zweierwette aus Abbildung 11.1 gegenübergestellt.

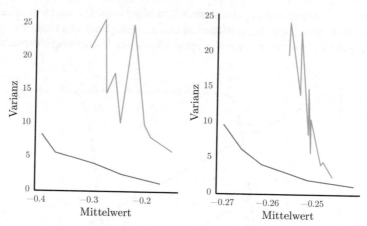

Abb. 11.3: Mittelwerte und Varianzen der Renditen von favorisierten Sieg- und Zweierwetten derselben Rennen. Reale (links) und simulierte Rennen.

11.5 Fazit

Werden andere Wettarten in die Untersuchung des Wettverhaltens einbezogen, deuten die empirischen Beobachtungen darauf hin, dass moderne ökonomische Modellansätze zur Erklärung nicht völlig ausreichen. Diese basieren darauf, dass die rational handelnden Akteure objektive Wahrscheinlichkeiten kennen. Die experimentelle Wirtschaftsforschung bedient sich sehr oft solcher (Spiel-)Situationen mit bekannten Wahrscheinlichkeiten.

Auf vielen nationalen und internationalen Rennbahnen werden bei Totalisatorwetten die Quoten der Siegwetten laufend aktuell angezeigt, die gewisse Informationen über die Wahrscheinlichkeiten bieten. Die Quoten der anderen Wettarten wurden zumindest in der Vergangenheit meist nicht angezeigt. Gerade für Zweier-, Dreier- und Platzwetten besteht für die Wettspieler eine Unsicherheit über die Eintrittswahrscheinlichkeiten, wie ja auch für sehr viele ökonomische und auch andere Entscheidungssituationen im realen Leben. Deshalb scheinen Erklärungsansätze mit subjektiven Schätzungen von Eintrittswahrscheinlichkeiten in Ergänzung zur Modellierung der Risikoneigung der Akteure äußerst sinnvoll zu sein.

11.6 Literatur

Eine Auswahl an Studien, die die Favoriten-Außenseiter-Verzerrung belegen, sowie weitere Arbeiten, die sich mit der Erklärung dieses Phänomens beschäftigen, sind in dem Beitrag von M. Kukuk und S. Winter (2008) mit dem Titel „An Alternative Explanation of the Favorite-Longshot Bias", The Journal of Gambling Business and Economics 2(2), S. 79-96, aufgeführt.

Kapitel 12
Die Statistik des Lottospiels

Walter Krämer

Man kann beim Lotto auch auf lange Sicht gewinnen. Vielen erscheint das paradox, da doch der Staat die Hälfte aller Einsätze kassiert. Aber um die andere Hälfte dürfen sich die Spieler streiten, und dabei beuten die klugen die dummen Spieler aus. Die Statistik zeigt, wie das funktioniert.

12.1 Lotto als Anlagestrategie

Rund die Hälfte aller Bundesbürger spielt Lotto, zumindest gelegentlich. Und „93 Prozent der Bürger, die an Glücksspielen teilnehmen, spielen, um etwas zu gewinnen", liest man bei der Stiftung Warentest. Für die meisten Spieler enden diese Versuche allerdings mit einer großen Enttäuschung: bei reinen Glücksspielen wie Roulette, Spiel 77 oder der bekannten Klassenlotterie ist der Gewinn auf lange Sicht zwangsläufig negativ (sonst, da für den Veranstalter nicht lukrativ, gäbe es diese Glücksspiele nicht mehr).

Anders die Lage bei strategischen Glücksspielen, hier kommt es neben dem Zufall auch auf das Verhalten der anderen Spieler an. Das beste Beispiel ist das in verschiedenen Varianten auf der ganzen Welt verbreitete Zahlenlotto. Das Wort Lotto ist aus dem Italienischen übernommen und aus französisch lot = Anteil, Los oder Schicksal abgeleitet. Anders als viele glauben, kann man hier je nach Spielsystem möglicherweise auf lange Sicht gewinnen - also nicht allein durch pures Glück, durch einen Zufallstreffer sozusagen, sondern auch im langfristigen Durchschnitt, theoretisch: wenn wir bis zum Ende aller Tage spielen.

Das kommt vielen seltsam vor. Denn sie denken so: „Die Hälfte aller Einsätze kassiert der Staat. Damit fließen von jedem eingesetzten Euro nur 50 Cent an die Spieler zurück - ein mittlerer Verlust von 50 Cent. Und weil der tatsächliche Verlust auf lange Sicht nach dem Gesetz der Großen Zahl mit dem theoretischen Verlust zusammenfällt, kann ein Spieler auf Dauer nur verlieren."

Dieses Argument ist falsch; es gilt nur im Mittel über alle Spieler - nur der Durchschnitt aller getippten Sechser-Reihen erspielt den bekannten mittleren Verlust von pro Euro fünfzig Cent. Manche Reihen verlieren langfristig sogar noch mehr, ande-

W. Krämer und C. Weihs (Hrsg.), *Faszination Statistik*, https://doi.org/10.1007/978-3-662-60562-2_12

re dagegen weniger. Und gewisse Reihen bringen möglicherweise langfristig sogar Gewinn. Diese Reihen muss man finden.

Die übliche Berechnung des mittleren Verlustes funktioniert nur bei Lotterien mit festen Gewinnen: Sechs Richtige bringen, sagen wir, drei Millionen Euro, fünf Richtige mit Superzahl bringen 200 000 Euro usw. Hier ist der erwartete Gewinn das Produkt aus Gewinn und Gewinnwahrscheinlichkeit. Beide Faktoren sind extern vorgegeben, das Produkt liegt immer unter dem Einsatz, also resultiert im Mittel für den Spieler ein Verlust. So waren die Vorläufer des modernen Lotto konstruiert, etwa die berühmte Genueser Zahlenlotterie „5 aus 90", die es in Italien noch heute gibt. Hier bringt bzw. brachte schon eine einzige richtige Zahl das vierzehnfache des Einsatzes, zwei Richtige brachten das 240-fache, drei Richtige das 4800-fache und vier Richtige das 60 000-fache. Auf fünf Richtige wurden keine Wetten angenommen, weil keine Buchmacher den Gewinner hätte auszahlen können.

Beim modernen deutschen Zahlenlotto sind dagegen nur die Gewinnwahrscheinlichkeiten vorgegeben, die Gewinne alias die Quoten aber nicht. Die hängen von den anderen Spielern ab. Dieses Lotto gibt es seit 1955, da gründeten die Länder Hamburg, Schleswig-Holstein, Bayern und Nordrhein-Westfalen den Deutschen Lottoblock. Die erste Ziehung gab es am 9. Oktober 1955, einem Sonntag, vor Publikum im Hamburger Hotel Mau; zwei Waisenmädchen (auch bei anderen Veranstaltern waren Waisenkinder für diese Zwecke sehr beliebt) zogen abwechselnd sechs Zahlen; es ergab sich die Reihenfolge 13-41-3-23-12-16. Damit war die 13 die erste in Deutschland gezogene Lottozahl (und bis heute die seltenste). Super-oder Zusatzzahlen gab es seinerzeit noch nicht.

Die aktuelle Aufteilung in neun Gewinnklassen und die Verteilung der Auszahlungssumme (die entspricht genau der Hälfte der Einsätze) auf diese Klassen datiert aus 2013. Tabelle 12.1 zeigt die Gewinnklassen zusammen mit ihren Wahrscheinlichkeiten.

Tab. 12.1: Gewinnwahrscheinlichkeiten im deutschen Zahlenlotto. Die Ausschüttungsanteile beziehen sich auf den nach Abzug des festen Gewinnbetrages in der Gewinnklasse IX verbleibenden Betrag

	Anzahl richtiger Voraussagen	Ausschüttungsanteil	Chance 1 zu
Gewinnklasse I	6 + Superzahl	12.8%	139 838 160
Gewinnklasse II	6	10%	15 537 573
Gewinnklasse III	5 + Superzahl	5%	542 008
Gewinnklasse IV	5	15%	60 223
Gewinnklasse V	4 + Superzahl	5%	10 324
Gewinnklasse VI	4	10%	1 147
Gewinnklasse VII	3 + Superzahl	10%	567
Gewinnklasse VIII	3	45%	63
Gewinnklasse IX	2 + Superzahl	fester Betrag	76

An den Gewinnwahrscheinlichkeiten kann kein Spieler drehen. Sie zu bestimmen ist nicht allzu schwer. Das Ausrechnen der Wahrscheinlichkeit für 6 Richtige gehört zum Standardprogramm jeder Einführungsvorlesung in die Wahrscheinlichkeitstheorie. Man hat nur zu überlegen, auf wie viele verschiedene Weisen es möglich ist, aus den Zahlen 1, 2, …, 49 genau sechs Stück auszuwählen. Es sind genau 13 983 836. Beim deutschen Zahlenlotto sind alle diese Möglichkeiten gleich wahrscheinlich, das zu garantieren werden keine Kosten und Mühen gescheut. Damit beträgt für jede Einzelkombination die Wahrscheinlichkeit, gezogen zu werden, genau

$$1 : 13\,983\,836.$$

Kommt noch die Superzahl dazu, reduziert sich diese Wahrscheinlichkeit nochmals um den Faktor 10. Und für 6 Richtige *ohne* Superzahl ergibt sich die Wahrscheinlichkeit aus Tabelle 12.1. Bei den anderen Gewinnklassen ist das Ausrechnen etwas komplizierter, aber weit entfernt von einer mathematischen Heldentat.

12.2 Die Optimierung der Quoten

Anders als die Gewinnwahrscheinlichkeiten aus Tabelle 12.1 haben die Lottospieler die Gewinne selbst (d.h. die Quoten, wenn man denn gewinnt) in großem Umfang selber in der Hand. Denn der Gesamtgewinn in jeder Klasse wird unter den Gewinnern dieser Klasse aufgeteilt. Und wenn es viele Gewinner gibt, erhält der einzelne Gewinner wenig, wenn es wenige Gewinner gibt, erhält der einzelne Gewinner viel.

Am 26. November 2011 erhielten die einzelnen Gewinner wenig - weniger als 30 000 Euro für sechs Richtige. Denn gleich 78 Spieler hatten die an diesem Samstag gezogene Zahlenkombination 3-13-23-33-38-49 angekreuzt (neun davon auch noch die Superzahl - dafür gab es immerhin mehr als eine Million Euro). Noch länger wären die Nasen gewesen, hätten die Zahlen 1 bis 6 gewonnen - die werden jeden Samstag von über 50 000 Spielern angekreuzt. Auch die Muster in Abbildung 12.1 wurden an einem bestimmten Wochenende allein in Baden-Württemberg mehr als 3000-mal und deutschlandweit über 20 000-mal angekreuzt.

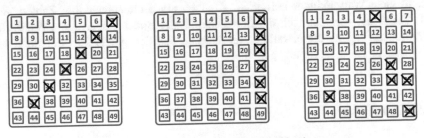

Abb. 12.1: Populäre deutsche Lottokombinationen.

Wie man sieht, sind geometrische Muster sehr beliebt. Aus dieser Reihe heraus fällt die letzte Kombination - das waren die Lottozahlen der Vorwoche. Werden solche populären Muster tatsächlich gezogen, sind die Quoten sehr gering. Abbildung 12.2 zeigt ein Beispiel - hier gab es für 6 Richtige gerade mal 53 000 Mark.

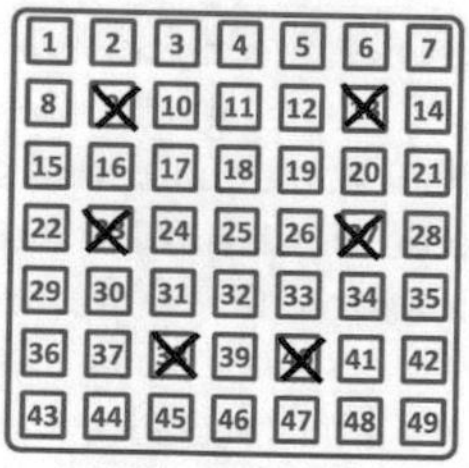

Abb. 12.2: Die Gewinnzahlen am 4. Oktober 1997. Sie wurden von 124 Spielern angekreuzt.

Lottospieler, die solche Reihen tippen, verhalten sich unklug. Kluge Spieler wählen Kombinationen, die sie für sich alleine haben. Auch davon gibt es eine ganze Menge, immer wieder kommt es zu Ziehungen mit einem einzigen oder keinem Hauptgewinn. Diese Waisenkinder findet man am besten, indem man den Zufall imitiert: 49 Zahlenzettel in einen Hut werfen, 6 davon zufällig herausziehen. Und alle Kombinationen ausschließen, in denen geometrische oder arithmetische Muster auftreten. Es ist kaum zu glauben, wie viele Menschen stolz darauf sind, die ersten sechs Primzahlen zu kennen, und diese dann auf ihrem Lottoschein markieren. Und alle Kombination mit einer 19 wegwerfen; diese Geburtstagszahl kommt in sehr vielen Tippreihen vor und reduziert die Quote regelmäßig. Generell sind bei Zahlenreihen unter 30 die Quoten eher klein. Völlig verboten sind auch Kombinationen, die bereits gezogen worden sind, z.B. die Kombination in Abbildung 12.2. Noch heute kreuzen jedes Wochenende mehrere Dutzend Lottospieler die Zahlen der ersten Ziehung vom 9. Oktober 1955 an. Und tatsächlich ist auch schon einmal ein - und dieselbe Sechserkombinationen ein zweites Mal gezogen worden: Die 15-25-27-30-42-48 vom 20. Dezember 1986. Sie kam bei der Ziehung A des Mittwochslottos vom 21. Juni 1995 ein zweites Mal.

Diese Fehler also vermeiden. Und dann zur Lottoannahmestelle gehen und abgeben. Und niemandem etwas von diesem System erzählen - es hat nur Erfolg, wenn weiterhin die Mehrheit aller Spieler die bekannten Muster produziert und hinreichend viele Waisenkinder übriglässt. Kreuzen alle Lottospieler ihre Zahlen mittels Zufall an, verteilen sich die Lottoscheine gleichmäßig über alle 139 838 160 Möglichkeiten, und die erwartete Auszahlung, nämlich genau 50 Cent für jeden eingesetzten Euro, ist für alle gleich.

12.3 Literatur

Zusätzliche Infos zur Quotenoptimierung beim Lotto findet man bei Karl Bosch (1994), „Lotto und andere Zufälle - Wie man die Gewinnquoten erhöht", Oldenbourg Wissenschaftsverlag; Norbert Henze und Hans Riedwyl (1998), „How to win more - Strategies for increasing a lottery win", Routledge, oder Walter Krämer (2011), „Denkste! Trugschlüsse aus der Welt der Zahlen und des Zufalls", Piper Taschenbuch (überarbeitete Neuauflage).

Teil III
Geld und Wirtschaft

Kapitel 13
Mit Statistik an die Börse

Walter Krämer, Tileman Conring

Kurse und Renditen von Finanzprodukten sind ein ideales Objekt für statistische
Analysen aller Art. Dieses Kapitel wirft einen Blick auf Aktienmärkte; aus einem
Riesenbukett von Erkenntnissen und Theorien, welches die Statistik dazu beizu-
tragen in der Lage ist, stellen wir einige ausgewählte Blüten vor. Wie man damit
sicher reicher wird, sagt die Statistik leider nicht. Aber sie zeigt zumindest, wie
man es vermeidet, arm zu werden.

13.1 Achtung Abhängigkeiten

Der 15. September 2008 war ein schwarzer Tag. An diesem Tag, einem Montag,
ging die amerikanische Investmentbank Lehman Brothers in Konkurs, die meisten
der über 20 000 Beschäftigten weltweit verloren ihren Arbeitsplatz. Und nicht nur
die. Weltweit stotterte die Produktion, im Jahr darauf sank das deutsche Bruttoso-
zialprodukt um fast 5%. Nie vorher und nie nachher seit dem 2. Weltkrieg ging die
Wirtschaftsleistung Deutschlands in einem Jahr so stark zurück.

Eine von vielen Ursachen der Lehman-Pleite – manche meinen, die wichtigste
– war ein Konstruktionsfehler bei Finanzprodukten, die Lehman und andere Groß-
banken seinerzeit erfunden und vertrieben hatten: Die Abhängigkeiten zwischen den
Ingredienzien dieser Produkte waren systematisch zu niedrig angesetzt. Fällt ein Be-
standteil eines Produktes aus, mit welcher Wahrscheinlichkeit trifft dieses Schicksal
auch andere? Ist diese Wahrscheinlichkeit gering, kann man beruhigt schlafen – der
Ausfall eines Triebwerkes bei einem viermotorigen Verkehrsflugzeug bedeutet keine Katastrophe. Fallen aber drei von vier Triebwerken aus, ist allerhöchste Gefahr
im Verzug.

Ein wichtiges Triebwerk des Finanzbooms der frühen 2000er Jahre waren Immo-
bilienkredite. Unter Missachtung gegenseitiger Abhängigkeiten verpackten findige
Finanzingenieure einzelne riskante Kredite zu vermeintlich sicheren Paketen, die
aber alles andere als sicher waren. Und als dann die Blase platzte, war auch dem
letzten Börsenneuling die Bedeutung von Abhängigkeiten auf Finanzmärkten klar.

© Springer-Verlag GmbH Deutschland, ein Teil von Springer Nature 2019
W. Krämer und C. Weihs (Hrsg.), *Faszination Statistik*,
https://doi.org/10.1007/978-3-662-60562-2_13

13.2 Investieren in Aktien

Auf lange Sicht und allen Krisen à la Lehmann zum Trotz ist eine Geldanlage in Aktien das beste, was man mit seinem Vermögen machen kann, wenn man es richtig macht. Hätte Opa Heinz Anfang 1958 10 000 DM in DAX-Werte investiert und sich danach um diese 10 000 DM nie mehr gekümmert (mit der Maßgabe an die Bank, Dividenden wieder in Aktien anzulegen und bei Umschichtungen des DAX diese Umschichtungen nachzubilden), so könnten sich seine Erben heute, 60 Jahre später, rund 200 000 Euro überweisen lassen. An diese Rendite kommt kein Sparbuch auch nur annähernd heran, sie beträgt rund 7.8% pro Jahr (vgl. Abbildung 13.1).

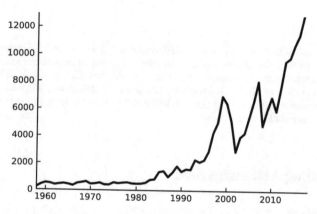

Abb. 13.1: Entwicklung des DAX von 1958 bis 2018.

Das A und O von Geldanlagen in riskanten Aktiva ist natürlich die optimale Aufteilung. Darum kümmert sich die statistische Portfoliotheorie. Geboren wurde sie an einigen langen Winterabenden in den späten 1940er, frühen 1950er Jahren im amerikanischen Chicago. Da saß der knapp 20 Jahre alte Wirtschaftsstudent Harry Markowitz an seiner Doktorarbeit zum Thema „Portfolio Selection". Im Jahr 1990 sollte er dafür den Nobelpreis für Wirtschaftswissenschaften erhalten. Dass nur ganz Wagemutige oder Verrückte alle Eier einem einzigen Korb anvertrauen, war seinerzeit natürlich jedermann bekannt, dazu braucht man keine Wirtschaftswissenschaften. Aber wie teilt man sein hart verdientes Geld am besten auf verschiedene Körbe auf?

Zwei Kriterien sind dabei zentral: die erwartete Rendite und das Risiko. Die erwartete Rendite ist das, was man auf lange Sicht erhält. Das sind bei Aktien jährlich real um die 5%, bei gewissen Firmen weniger, bei anderen Firmen mehr. Und nominal, ohne das Herausrechnen der Inflation, natürlich noch weit mehr. Allerdings schwanken die jährlichen realisierten Renditen bei hohen Langfristrenditen stärker um diese hohe Langfristrendite herum (und werden, wie jeder Aktienbesitzer weiß, zuweilen sogar negativ). Sie haben also ein größeres Risiko. Dieses Risiko wird genau durch ebendiese Schwankung um die mittlere Rendite herum gemessen. Nun konnte Markowitz nachweisen, wie bei einer gegebenen mittleren Rendite für das Gesamtportfolio dessen Zusammensetzung aussehen muss, damit das Risiko so klein wie möglich wird. Und zwar hängt dieses optimale Portfolio von der Abhängigkeitsstruktur der Renditen ab, gemessen durch deren Kovarianzen. Wenn man diese kennt, oder aus historischen Kursverläufen verlässlich schätzen kann, kennt man für jede mittlere Rendite auch das Portfolio mit dem kleinsten Risiko.

13.3 Zeitvariable Abhängigkeiten

Leider sind Abhängigkeitsstrukturen von Aktienrenditen nicht über die Zeit hinweg konstant. Tabelle 13.1 zeigt die jährlichen Veränderungen einiger großer Aktienindizes, einmal im Jahr vor dem großen Krach und einmal im Jahr des Börsenkrachs. Vor der Pleite das typische Bild: Es geht im Großen und Ganzen bergauf, in einigen Ländern mehr, in anderen weniger. In China stiegen die Aktienkurse in einem Jahr sogar um fast 100%. In Italien und Japan gingen die Kurse dagegen im Mittel trotz des weltweiten Aufschwungs um 7% und um 11% zurück.

Tab. 13.1: Der große „diversification meltdown": Wertentwicklung globaler Aktienmärkte 2007 und 2008

Land	2007	2008
USA (DJIA)	+ 6.4%	− 32.7%
Japan (Nikkei 225)	− 11.1%	− 29.5%
Deutschland (DAX)	+ 22.3%	− 39.5%
GB (FTSE 100)	+ 3.8%	− 30.9%
Frankreich (CAC40)	+ 1.3%	− 42.0%
Spanien (IBEX 35)	+ 7.3%	− 38.7%
Italien (S+P Mib)	− 7.0%	− 48.8%
China (Shanghai Comp.)	+ 96.7%	− 65.4%
Indien (Sensex 30)	+ 47.1%	− 52.9%

Ganz anders die Lage im Krisenjahr: Die Kurse gehen nicht nur in einigen Ländern, sondern weltweit zurück, und das sozusagen im Gleichschritt. Dieses beunruhigende Phänomen wird zuweilen auch als „diversification meltdown" bezeichnet: Genau dann, wenn man die Diversifizierungseffekte wirklich bräuchte (nämlich wenn etwas schiefgeht), sind sie nicht mehr da. Deshalb interessieren uns besonders Methoden, um dergleichen Veränderungen bei Abhängigkeit besser zu modellieren und vorherzusagen. Denn die besten Ideen von Harry Markowitz sind nutzlos, wenn man die wahre Kovarianzstruktur nicht kennt.

Das gleiche Bild auch bei täglichen Renditen. Abbildung 13.2 trägt die täglichen Renditen des Deutschen Aktienindex DAX gegen die täglichen Renditen des

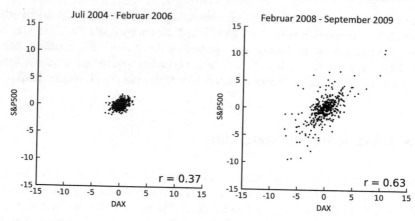

Abb. 13.2: Tägliche Renditen des deutschen Aktienindex' DAX und des amerikanischen S&P500.

amerikanischen S&P 500 Index ab, einmal für 500 Tage vor der Krise, einmal für 500 Tage danach. Wie man schon mit bloßem Auge sieht, nimmt einmal natürlich die Schwankung, aber auch die Korrelation der Renditen drastisch zu. So bewegten sich vor der Krise die täglichen Renditen zwischen −5% und +5%, in der Krise kamen dagegen häufig größere Werte vor (und die größten davon überraschenderweise positiv, jeweils +11% an einem einzigen Tag! Für Kapitalmarktexperten: das war der 10.10.2008). Aber auch die Abhängigkeit nahm zu: Vor der Krise belief sich der Korrelationskoeffizient auf 0.37, danach auf 0.63. Vor allem absolut große Ausschläge gibt es überraschend oft auf mehreren Märkten simultan.

Bei genauerem Hinsehen stellt man dieses Phänomen der „Randabhängigkeit" auch in normalen Zeiten fest. Abbildung 13.3 vergleicht zwei bivariate Verteilungen, einmal von tatsächlich beobachteten, einmal von simulierten Aktienrenditen mit gleichen Mittelwerten und Varianzen. Ganz offensichtlich kommen gemeinsam große Werte bei empirischen Daten häufiger vor als bei bivariater Normalverteilung erlaubt. Diese sogenannten „Randabhängigkeiten" werden derzeit intensiv beforscht.

13.4 Pro und Kontra Normalverteilung

Seit Markowitz (und zum Teil schon lange vorher) modelliert man Aktienrenditen gerne als normalverteilte Zufallsvariable. Da wird es wichtig, wie man die Rendite definiert. Die übliche Definition ist

$$\frac{\text{neuer Wert} - \text{alter Wert}}{\text{alter Wert}}.$$

Diese Rendite kann also niemals kleiner werden als $-1 = -100\%$. Aber normalverteilte Zufallsvariable können beliebig große negative Werte annehmen (wenn

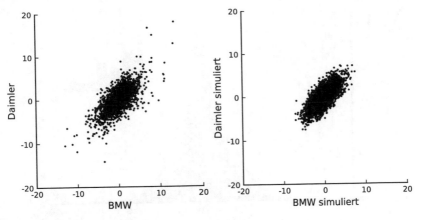

Abb. 13.3: Randabhängigkeit bei Aktienrenditen. Links: 4000 tägliche BMW- und Daimler-Renditen, Rechts: 4000 bivariat normalverteilte Zufallsvektoren.

auch nur mit sehr kleinen Wahrscheinlichkeiten). Unter anderem auch deshalb bevorzugt man in der Theorie die sogenannte zeitstetige Rendite

$$\log\left(\frac{\text{neuer Wert}}{\text{alter Wert}}\right).$$

Wie man als Mathematikinteressierter leicht nachrechnet, ist das genau die Rendite, die bei immer feinerer Verzinsung und Wiederanlegung der Zinsen beginnend mit dem alten Wert den neuen Wert erzeugt. Aber selbst mit dieser Definition sind etwa Aktienrenditen bestenfalls approximativ normalverteilt. Abbildung 13.4 zeigt die Verteilung von 11 000 täglichen Renditen der Deutschen Bank zusammen mit einer Gauß'schen Glockenkurve mit identischem Erwartungswert und identischer Varianz. Wie zu sehen, kommen Werte in der Mitte und an den Rändern öfter als bei Normalverteilung vor.

Speziell die starke Belegung der Ränder hat in der Kapitalmarktforschung jahrelang für große Unruhe gesorgt: Gehen die Randwahrscheinlichkeiten zu langsam gegen Null, existieren keine höheren Momente der Verteilung mehr. Und beim Extremfall einer Cauchy-Verteilung existiert noch nicht einmal der Erwartungswert. Damit wird aber die ganze auf der Existenz von Momenten basierende Portfoliotheorie auf einmal obsolet. Und auch viele andere zentrale Resultate der theoretischen Wahrscheinlichkeitstheorie sind nicht mehr anwendbar.

Wenig bezweifelt wurde lange Zeit dagegen die Symmetrie. Hier haben wir ein bislang ignoriertes Muster aufgedeckt: Bei absolut kleinen Ausschlägen unter einem Prozent sind negative Werte oft häufiger als positive. Trägt man dann die Summe aller Renditen mit Absolutwert unter einer bestimmten Grenze gegen diese Grenze ab, ergeben sich Bilder wie in Abbildung 13.5.

Wir nennen das den „Löffeleffekt": Der Grund ist ein Übergewicht negativer bei absolut kleinen Renditen. Der Löffeleffekt verschwindet, wenn man die Renditen

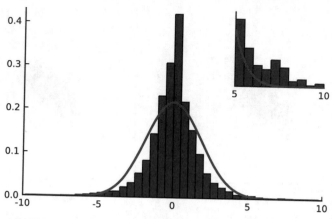

Abb. 13.4: Verteilung der Renditen der Deutschen Bank; oben rechts: rechter Rand vergrößert.

zweier Firmen mit Löffeleffekt mittelt. Auch bei Indizes ist dieser nicht vorhanden. Das deutet auf firmenspezifische Erklärungen; welche genau das sind, wird gerade intensiv beforscht.

Alternativ kann man auch der absoluten Größe nach sortieren. Dabei zeigt sich nochmals deutlicher ein schon in Abbildung 13.5 sichtbarer Effekt: Ab einem Maximum nimmt die Summe der Renditen wieder ab. Abbildung 13.6 trägt die in Abbildung 13.5 gezeigten Renditen der Deutschen Bank im Zeitraum zwischen 1973 und 2015 durchnummeriert nach ihrer Größe und danach aufsummiert auf. Das Maximum mit einem Wert von 354 wird an Position 9927 angenommen. Die darauf folgenden 505 absolut größten Renditen lassen die kumulierte Rendite wieder auf 111 abstürzen. Etwa 5% der Handelstage genügen also, um viel Wert wieder zu vernichten. Aktuelle Forschungen kümmern sich darum, wie diese Art von Risiken korrekt zu bewerten, d. h. in den Preisen einzubauen sind.

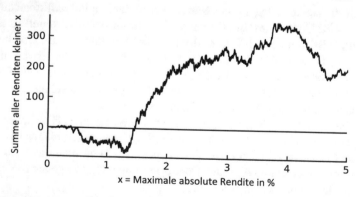

Abb. 13.5: Löffelkurve: Kumulierte Renditen von 11 000 Deutsche Bank Renditen als Funktion des betragsmäßigen Maximums.

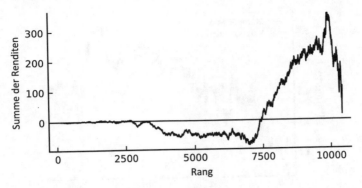

Abb. 13.6: Kumulierte Rendite in Abhängigkeit von ihrer Position.

13.5 Kointegration

Die zeitstetige Rendite hat den großen Vorteil, dass sie sich problemlos arithmetisch mitteln lässt und dass die logarithmierten Kurse gerade die Summe der zeitstetigen Renditen und des logarithmierten Anfangskurses sind: Wären die Renditen auch noch unabhängig mit gleichem Erwartungswert, wäre damit der logarithmierte Aktienkurs ein lupenreiner Random Walk (mit Drift) (stochastische Irrfahrt mit Trend). In der Ökonometrie sagt man auch: Der logarithmierte Kurs ist *integriert*. Von Interesse ist hier insbesondere das gemeinsame Verhalten mehrerer Kurse. Ist die Verteilung einer gewichteten Summe dieser Kurse, etwa ihre Differenz, von dem betrachteten Zeitpunkt unabhängig (man sagt auch *stationär*), heißen die Kurse auch *kointegriert*.

Auch dieses Phänomen und die Untersuchung seiner Konsequenzen haben zu einem Wirtschaftsnobelpreis geführt (Robert Engle und Clive Granger im Jahr 2003). Unter anderem konnten Granger und Engle zeigen, dass Aktienkurse in einem effizienten Markt nicht kointegriert sein dürfen. Falls doch, kann man Kursänderungen aus vergangenen Werten prognostizieren. Und das ist, wie gesagt, in effizienten Märkten unmöglich. (Sonst wären sie nicht effizient.)

Aber in der Praxis scheint das doch möglich zu sein. Abbildung 13.7 zeigt die gemeinsame Kursentwicklung von Stamm- und Vorzugsaktien von VW. Kein Statistiker hätte hier Schwierigkeiten, beide Kursreihen separat als integriert zu sehen, aber die Differenz von beiden ist ganz offensichtlich stationär. Damit sind also Kursänderungen aus vergangenen Werten prognostizierbar und es hat auch nicht an Versuchen gefehlt, daraus Kapital zu schlagen. Leider fressen aber die Kosten der häufigen Transaktionen, die bei dergleichen Versuchen nötig sind, die Gewinne in aller Regel wieder auf.

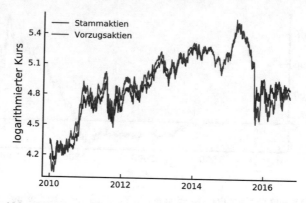

Abb. 13.7: Kursentwicklung von VW Stamm- und Vorzugsaktien.

13.6 Literatur

Die Themen dieses Kapitels werden gerade intensiv in einem Sonderforschungsbereich an der Fakultät Statistik der TU Dortmund untersucht. Die nobelpreisge-
krönten Erkenntnisse von Clive Granger und Robert Engle zur Kointegration sind
erschienen in „Cointegration and error correction", Econometrica 1987, S. 251-276.
Unsere eigenen Thesen zur Kointegration und zu den statistischen Eigenschaften
deutscher Aktienrenditen sind u. a. festgehalten in Krämer, Runde (1996), „Sto-
chastic Properties of German stock returns", Empirical Economics 21, S. 281-306,
und Krämer (1999), „Kointegration von Aktienkursen", Zeitschrift für betriebswirt-
schaftliche Forschung 51, S. 915-936. Zur Prävalenz von negativen und hohen absoluten Ausschlägen siehe auch Lempérière et al. (2017): „Risk premia: asymmetric
tail risks and excess returns", Quantitative Finance 17, S. 1-14.

Kapitel 14
Statistik bei der Risikobewertung von Bankenportfolios

Dominik Wied, Robert Löser

Vorsicht ist die Mutter der Porzellankiste. Das gilt auch für riskante Geldanlagen an der Börse. Und ganz besonders gilt es für diejenigen, die mit dem Geld von anderen spekulieren, also für die Banken. Hier hat die Statistik in den letzten Jahren Wege aufgezeigt, wie man große Risiken in den Griff bekommt.

14.1 Das Problem

Weltweit kursieren derzeit von deutschen Unternehmen emittierte Aktien im Wert von 1.8 Billionen Euro (Stand Juni 2017). Natürlich ist es für deren Besitzer von maximalem Interesse, wieviel ihr Vermögen am Abend des nächsten Tages (nach einer Woche, einem Jahr) noch Wert bzw. wie hoch die Wahrscheinlichkeit eines Verlustes von so- und soviel Prozent des Ausgangswertes ist. Für Banken ist das Abschätzen dieses Verlustes sogar in den sogenannten Basel-III-Richtlinien regierungsamtlich vorgeschrieben. Danach bemisst sich u. a. auch das vorzuhaltende Eigenkapital, welches verhindern soll, dass Banken insolvent werden, wie in der Lehman-Krise hundertfach geschehen.

Über die Ursachen dieser Finanzkrise wurde im Nachgang viel diskutiert; eine immer wieder vorgebrachte Erklärung betrifft eine fehlerhafte Risikoeinschätzung. Demnach hätten viele Banken die Risiken ihrer Portfolios zu niedrig geschätzt und als Folge zu wenig Eigenkapital vorgehalten, sodass sie plötzlich auftretende größere Verbindlichkeiten nicht mehr aus eigener Kraft bedienen konnten. Diese korrekte Abschätzung des maximal möglichen Desasters ist eine Paradeaufgabe der angewandten Statistik.

14.2 Expected Shortfall im Vergleich zu Value-at-Risk

Die Veränderung im Wert einer riskanten Vermögensanlage bis zum Ende einer festgelegten Periode, etwa bis zum Handelsschluss des nächsten Tages, bezeichnen wir im Weiteren mit X. Da im Weiteren vor allem Verluste interessieren, definieren wir X als

$$X = \text{aktueller Wert} - \text{künftiger Wert}.$$

Ein positives X ist also ein Verlust, ein negatives X ist ein Gewinn. Deswegen nennt man X auch Risiko. Gesucht ist eine Rechenregel (ein Risikomaß), welche dieser zufälligen Wertveränderung eine Risiko-Kenngröße $\varphi(X)$ zuweist. Diese Vorschrift sollte nach Mehrheitsmeinung moderner Kapitalmarktfoscher den folgenden Minimalanforderungen genügen:

- Translationsinvarinaz:
  Fügt man einem Risiko X einen sicheren Verlust in Höhe von c hinzu, so erhöht sich die Risikokennzahl um genau c.
  $$\varphi(X+c) = \varphi(X)+c$$

- Positive Homogenität:
  Wird eine riskobehaftete Position um den positiven Faktor λ erhöht/gesenkt, so steigt/sinkt auch die Risikokennzahl um genau den Faktor λ.
  $$\varphi(\lambda \cdot X) = \lambda \cdot \varphi(X)$$

- Monotonie:
  Für zwei Risiken X und Y, bei denen Y unter allen Umständen einen mindestens ebenso hohen Verlust wie X realisiert, ist die Risikokennzahl von X kleiner oder gleich der von Y.
  $$X \leq Y \;\Rightarrow\; \varphi(X) \leq \varphi(Y)$$

- Subadditivität:
  Das Risiko des Portfolios zweier risikobehafteter Positionen X und Y ist kleiner oder gleich der Summe der Einzelrisiken. Dies entspricht der Intuition, dass man das Risiko durch Diversifikation generell reduzieren kann.
  $$\varphi(X+Y) \leq \varphi(X)+\varphi(Y)$$

Ein Risikomaß, das allen diesen Anforderungen genügt, heißt *kohärent*.

In der Praxis werden vor allem zwei Risikomaße angewandt. Das eine ist der *Value-at-Risk* VaR (zu einem Niveau α), formal als das $(1-\alpha)$-Quantil der Verlustverteilung definiert (also der Wert, der mit einer Wahrscheinlichkeit von genau α überschritten wird). Das andere ist der *Expected Shortfall* ES (zu einem Niveau α), der bedingte Erwartungswert der Verlustverteilung gegeben eine VaR-Überschreitung, also jener Verlust, der erwartet wird, falls der $\alpha\%$-VaR überschritten wird. Häufige Werte für α sind 5, 2.5 und 1.

Generell gilt: Je größer VaR oder ES, desto mehr Eigenkapital muss die Bank hinterlegen, um ihr Risiko abzusichern. Abbildung 14.1 veranschaulicht diese beiden Maße sowie den insgesamt erwarteten Verlust bei einer hypothetischen Verlustverteilung. Woher man diese Verlustverteilung kennt, sei dahingestellt. In der Praxis ist deren Konstruktion ein großes, aber unabhängiges Problem, das uns hier nicht interessiert.

Der VaR sagt nichts über die Höhe des Verlustes im Fall einer Überschreitung. In der Praxis kann es aber durchaus relevant sein, ob bei einer VaR-Überschreitung

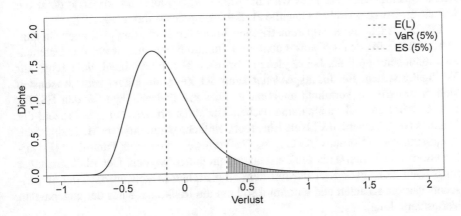

Abb. 14.1: VaR und ES von Verlust L. Der Erwartungswert des Verlustes ist negativ, d. h. es gibt im Mittel einen Gewinn.

im Schnitt 5% oder 20% des Portfoliowertes verloren gehen. Diese Information ist in der Finanzwirtschaft und in der Regulierung zunehmend von Interesse und wird in neueren Verordnungen der Finanzaufsicht zur Eigenkapitalausstattung auch eingefordert. Deswegen ist der ES gerade dabei, den VaR als Standardmaß des Risikos abzulösen. Aber auch aus statistischer Sicht hat er Vorteile, er ist kohärent. Der VaR hingegen erfüllt im Allgemeinen nicht das Axiom der Subadditivität; es kann vorkommen, das durch Diversifizierung eines Portfolios der VaR steigt. Der ES dagegen ist schwieriger zu schätzen und auch schwieriger ex-post zu validieren; in der Praxis dominiert derzeit also noch der VaR.

14.3 Schätzung von Risikomaßen

Um mit Risikomaßen zu arbeiten, muss man sie zunächst einmal berechnen, genauer: aus geeigneten historischen Daten schätzen. Zu unterscheiden sind einerseits nichtparametrische Verfahren, die ausschließlich beobachtete Verluste als Grundlage nehmen, und andererseits parametrische Verfahren, welche modellbasiert arbeiten. Die vielleicht einfachste nichtparametrische Methode zur VaR-Schätzung ist der historische VaR, also das empirische Quantil. Wenn der Risikomanager beispielsweise die 1000 letzten Datenpunkte (bei Tagesbasis also ungefähr vier Jahre) betrachtet, würde er für den 5%-VaR die Verlustwerte aufsteigend sortieren und den Wert an der 950. Stelle als Schätzung verwenden. Etwas komplizierter ist die historische Simulation, die ein sogenanntes Bootstrap-Verfahren darstellt. Hier wird aus den vergangenen Daten eine neue Zeitreihe derselben Länge mittels Ziehen mit Zurücklegen aus den historischen Verlustwerten künstlich erzeugt und das empirische Quantil bestimmt. Dies wird mehrmals wiederholt und am Ende dient der Mittelwert der empirischen Quantile als Schätzung des wahren Quantils.

Die beschriebenen nichtparametrischen Verfahren sind prinzipiell auch (in ähnlicher Form) für den ES anwendbar und funktionieren gut, wenn die Datenbasis hinreichend groß ist, bei täglichen Verlusten also hinreichend viele Jahre zur Verfügung stehen. Bei Intratagesdaten kann der Zeitraum kürzer sein. Ansonsten sind parametrische Verfahren angebracht. Dies gilt insbesondere für den ES, für dessen Schätzung bei nichtparametrischen Verfahren effektiv nur $\alpha\%$ Prozent der Daten verwendet werden können. Eine recht einfache parametrische Methode ist die Anpassung einer Normalverteilung an die Verluste, deren zwei Parameter (Erwartungswert und Varianz) als zeitkonstant angenommen werden. Der Risikomanager muss dann diese Parameter nur mit dem empirischen Mittelwert bzw. der empirischen Varianz schätzen und entnimmt sodann die Risikomaße aus der angepassten Verlustverteilung.

Bei einfachen Schätzmethoden können gewisse von der Norm abweichende statistische Eigenschaften der Renditen zu fehlerhaften Schätzungen und zu einem zu niedrig eingestuften Risiko führen. Typische Eigenschaften sind schwere Ränder (d. h. extreme Ereignisse treten verhältnismäßig oft auf), Randabhängigkeiten (z. B. treten hohe Verluste oft gemeinsam auf) oder zeitvariable Marktparameter (z. B. ruhige und volatile Marktphasen). Hier haben wir Lösungen entwickelt, die auch dann noch funktionieren. Bei „schweren Rändern" geht es darum, dass es sich z. B. bei der Anpassung einer Normalverteilung in der Vergangenheit gezeigt hat, dass oft größere Verluste auftreten, als mit der Normalverteilung zu erklären (vgl. Kapitel 13). Dies ist insbesondere für die ES-Schätzung ein Problem. Mögliche Auswege sind andere Verteilungen mit schweren Rändern wie die t-Verteilung oder spezielle Extremwertverteilungen.

Auch die Annahme konstanter Varianzen ist in der Praxis fraglich. Schon vor Jahrzehnten zeigte sich empirisch, dass Renditenverteilungen zu sogenannten Volatilitätsclustern neigen, wie Abbildung 14.2 anhand von historischen DAX-Renditen illustriert. Auf Tage mit absolut hohen Ausschlägen folgen oft wieder Tage mit hohen Ausschlägen. Die klassische Herangehensweise an dieses Phänomen ist die Risikoprognose mit Hilfe von ARCH- und GARCH-Modellen. Dabei wird die Varianz als Funktion der vergangenen Varianzen und Renditen modelliert.

14.4 Validierung von Risikomodellen

Schätzungen für VaR oder ES sind vor der Anwendung zu validieren. Banken, die eigene Modelle zur Schätzung verwenden, welche wiederum die Höhe des zu hinterlegenden Eigenkapitals festlegt, sind sogar dazu verpflichtet.

Bei der aktuellen Regelung wird das nötige Eigenkapital über den 1%-VaR ermittelt. Wenn eine Bank ein Modell zur VaR Schätzung einsetzt, ist dieses (neben einer qualitativen Prüfung) über eine Periode von 250 Tagen zu validieren. Dabei wird über den Validierungszeitraum stets der 1%-VaR für den nächsten Handelstag

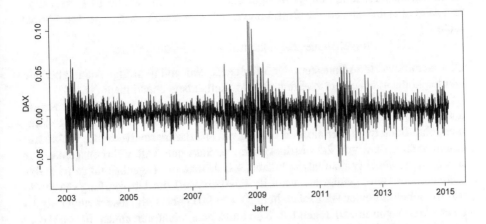

Abb. 14.2: Tägliche Renditen der deutschen Aktienindex (DAX).

geschätzt und anschließend geprüft, ob der tatsächliche Verlust den VaR überschritten hat. Ist das der Fall, so spricht man von einer VaR-Überschreitung und codiert dies mit einer 1, andernfalls mit einer 0. Nach 250 Tagen entsteht so eine Reihe von 0en und 1en. Bei einem idealen Modell würde man $250 \cdot 0.01 = 2.5$ VaR-Überschreitungen erwarten. Sobald deutlich mehr Überschreitungen auftreten, muss man das verwendete Modell anzweifeln oder gar gänzlich verwerfen. Der Basler Ausschuss für Bankenaufsicht schreibt einen „Ampelansatz" vor (Tabelle 14.1).

Tab. 14.1: Basel-Ampel

Zone	Anzahl VaR-Überschreitungen	Faktor
	0	0.00
	1	0.00
GRÜN	2	0.00
	3	0.00
	4	0.00
	5	0.40
	6	0.50
GELB	7	0.65
	8	0.75
	9	0.85
ROT	≥ 10	1.00

Fällt das für die Schätzungen verwendete Modell (auch Risikomodell genannt) in die Kategorie ROT, ist dieses umgehend zu verbessern oder durch ein anderes Modell zu ersetzen. Die Wahrscheinlichkeit, dass ein korrektes Modell fälschlich in diese Kategorie fällt, beträgt weniger als 0.1%. Die in Tabelle 14.1 dargestellte Spalte „Faktor" steuert die Bestimmung des Eigenkapitals. Die genaue Formel lautet:

$$\text{vorgehaltenes Eigenkapital} \geq (3 + \text{Faktor}) \cdot \text{VaR}.$$

D. h. es müssen stets mindestens der 3-fache 1%-VaR mit dem Eigenkapital bedient werden können, bei einem zweifelhaften Modell entsprechend mehr.

Dieser Ansatz steht seit längerem (genauso wie der VaR selbst) in der Kritik, u. a., weil die Basel-Ampel zu lange an zweifelhaften Modellen festhält. Angenommen, eine Bank trägt über ein Jahr hinweg ein standardnormalverteiltes Risiko mit einem wahren VaR von 2.33 Millionen Euro. Statt den VaR wahrheitsgemäß zur Bestimmung des Eigenkapitals zu nutzen, würde man das Eigenkapital gerne kleinrechnen. Der Bank genügt es, wenn ihr Risikomodell die Überprüfung durch die Basel-Ampel mit einer Wahrscheinlichkeit von 90% übersteht, also weniger als 10 Überschreitungen in 250 Tagen hat. Nun kann man leicht berechnen, dass bei diesem Ansatz die Bank ihren VaR mit 1.96 Mio. Euro angeben kann. Das ergäbe die Wahrscheinlichkeit für grün von etwa 25%, für gelb 65% und für rot nur die angestrebten 10%. Auf diese Weise könnte die Bank ihr benötigtes Eigenkapital schnell um mehrere Millionen Euro senken. Natürlich schmälert der tendenziell höhere Faktor des Modells die Einsparung, aber die generellen Anreize für Überlegungen dieser Art sind offensichtlich. Daher wurden in der mathematischen Statistik Validierungsverfahren, sogenannte Backtests vorgeschlagen, welche falsche Modelle mit höherer Wahrscheinlichkeit identifizieren.

Die Basel-Ampel betrachtet ferner nur die reine Anzahl der Überschreitungen, die sogenannte *Unconditional Coverage*. Jedoch ist auch die Verteilung der Überschreitungen von Bedeutung. Diese sollte in einem guten Modell keine Cluster aufweisen, wie in Abbildung 14.3 beispielhaft auf dem Zeitstrahl a) zu sehen. In b) sieht man hingegen einen ungünstigen Fall, hier sind die VaR-Überschreitungen sehr nah beieinander. Es gibt hier also eine Reihe unerwartet hoher Verluste in kurzer Zeit. In einem idealen Modell würde ein solcher Effekt (mit hoher Wahrscheinlichkeit) nicht auftreten. Denn die Wahrscheinlichkeit einer VaR-Überschreitung beträgt in diesem Modell stets $\alpha\%$, unabhängig davon, ob am Vortag eine VaR-Überschreitung vorlag oder nicht. Folglich sollten keine Abhängigkeiten in der Folge von 0en und 1en zu finden sein (*Independence*-Eigenschaft). Hier haben wir verschiedene Tests entwickelt, um mögliche Abweichungen aufzudecken.

In einem guten Modell sind die Abstände unabhängig. Im Falle von ES ist die Herangehensweise komplizierter. Dies ist auch einer der Hauptgründe, weshalb aktuell noch am VaR festgehalten wird. So kann man alle Verluste größer dem VaR betrachten und die Quotienten

$$\frac{\text{Verlust bei VaR-Überschreitung}}{\text{geschätzter ES}}$$

und deren Mittelwert bestimmen. Da der Quotient stets den Erwartungswert 1 haben sollte, sollte dies auch für den Mittelwert gelten. Das Risikomodell wird verworfen bei einem Mittelwert deutlich größer als 1.

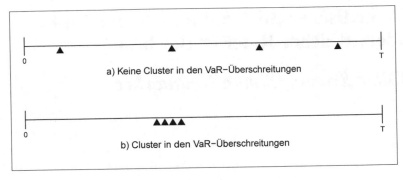

Zeit

Abb. 14.3: Verschiedene zeitliche Verteilungen von VaR-Überschreitungen.

Ein von uns entwickelter alternativer Ansatz bewertet die VaR-Überschreitungen auf einer Skala von 0 bis 1. Dabei werden sehr hohe Überschreitungen mit Werten nahe 1 und Überschreitungen nahe dem VaR mit (positiven) Werten nahe 0 notiert. In einem idealen Modell sollten diese Werte zufällig sein, also jeweils zufällig irgendwo zwischen 0 und 1 und im Mittel etwa 0.5 betragen. Falls das Mittel dieser Überschreitungen deutlich von 0.5 abweicht, sollte das verwendete Modell in Frage gestellt werden oder durch ein anderes Modell ersetzt werden. Bei kleineren Werten würde das Modell die Risiken überschätzen, bei größeren Werten unterschätzen. Daher gilt es insbesondere, letzteren Fall aufzudecken, um zu niedrige Einschätzungen von Risiken in der Zukunft zu vermeiden.

14.5 Literatur

Die Bibel der modernen Risikomessung ist McNeil, Frey und Embrechts (2009), „Quantitative Risk Management: Concepts, Techniques and Tools", Princeton University Press. Unsere eigenen Vorschläge für verbesserte Backtests sind zu finden in D. Ziggel, T. Berens, G. Weiß und D. Wied (2014), „A New Set of Improved Value-at-Risk Backtests", Journal of Banking and Finance 48, S. 29–41, R. Löser, D. Wied und D. Ziggel (2018), „New Backtests for Unconditional Coverage of the Expected Shortfall", Journal of Risk 21(4), S. 1–21.

Kapitel 15

Ein kritischer Blick auf A, AA und AAA. Oder: Welcher Rater ist der beste?

Walter Krämer, Simon Neumärker

Noch nie war die Menschheit dermaßen verschuldet wie zur Zeit. Netto ist die Verschuldung natürlich immer Null, denn die Schulden des Einen sind die Forderungen des Anderen. Aber dennoch ist auf Seiten der Gläubiger das Bedürfnis groß, die Wahrscheinlichkeit einer Rückzahlung zu kennen. Hier hat sich ein riesiger Markt von Anbietern für Ausfallprognosen aufgetan, die untereinander heftig konkurrieren und wo es von großer Bedeutung ist, die Guten von den Schlechten zu trennen.

15.1 Schulden und Schuldner

„There are two superpowers in the world today in my opinion. There's the United States and there's Moody's Bond Rating Service. The United States can destroy you by dropping bombs, and Moody's can destroy you by downgrading your bonds. And believe me, it's not clear sometimes who's more powerful."

Dieses Zitat von 1996 stammt aus einem Interview mit dem Journalisten Thomas Friedmann. Es ist natürlich übertrieben, trifft aber einen Nerv. Denn es gibt nicht wenige Finanzminister auf der Erde, die sich vor nichts mehr fürchten als einer Herabstufung ihrer Kreditwürdigkeit durch eine der großen Ratingagenturen. Derzeit ist der deutsche Staat (Bund, Länder und Kommunen) mit rund 2 Billionen Euro bei Bürgern und Banken verschuldet. Die dafür aufzubringenden Zinsen variieren mit dem Alter der Schuldverschreibung; aktuell muss etwa der Bund für seine neuen Schulden fast gar nichts zahlen. Nehmen wir aber einmal einen langjährigen Durchschnitt für ein Land mit optimaler AAA-Benotung von 3% Zinsen pro Jahr für das aufgenommene Geld. Das ergibt einen jährlichen Schuldendienst von 60 Milliarden Euro. Ein Land mit einer schlechteren Bewertung A zahlt im Mittel 6%. Das sind 60 Milliarden Euro mehr. Dafür muss eine alte Oma lange stricken.

Tabelle 15.1 zeigt die aktuelle Staatsverschuldung ausgewählter Länder dieser Erde (alle öffentlichen Körperschaften, also im Fall von Deutschland auch Bundesländer und Gemeinden), sowohl absolut als auch im Verhältnis zur Bevölkerung

© Springer-Verlag GmbH Deutschland, ein Teil von Springer Nature 2019
W. Krämer und C. Weihs (Hrsg.), *Faszination Statistik*,
https://doi.org/10.1007/978-3-662-60562-2_15

und zum Bruttoinlandsprodukt, sowie die aktuelle Bewertung durch die drei führenden Ratingagenturen Moody's, Fitch und S&P.

Tab. 15.1: Staatsverschuldung ausgewählter Länder 2018

Land	Verschuldung (in Mrd. €)	pro Kopf (in €)	in % BIP	Rating Moody's	S&P	Fitch
USA	18714	56979	108	Aaa	AA+	AAA
Japan	10113	79948	236	A1	A+	A
Italien	2284	37583	130	Baa2	BBB	BBB
Frankreich	2273	34919	96	Aa2	AA	AA
Deutschland	1965	23868	64	Aaa	AAA	AAA
Griechenland	350	32607	191	B3	B	B
Schweden	190	18443	38	Aaa	AAA	AAA

Wie zu sehen, haben die US-Amerikaner die höchsten Schulden angehäuft, die sich aber im Vergleich zur jährlichen Wirtschaftsleistung durchaus im Rahmen halten. Dramatischer ist die Lage in Japan, aber ganz offensichtlich zweifelt auch hier kaum jemand bei den großen Ratingagenturen an der Fähigkeit der japanischen Staatsgläubiger, ihre Schulden zurückzuzahlen (ein A gilt immer noch als „mündelsicher"). Da sind die Zweifel bei Griechenland und neuerdings Italien schon viel größer. Das begehrte durchgehende Spitzenrating AAA haben in der Tabelle nur Deutschland und Schweden mit der für Deutschland mehr als angenehmen Folge, dass unser Bundesfinanzminister derzeit keine Zinsen auf seine Schulden zahlen muss und für gewisse Schulden sogar noch Geld bekommt; das gab es in der Geschichte der Menschheit bisher noch nie.

AAA heißt „Schuldner höchster Bonität, Ausfallrisiko auch längerfristig so gut wie vernachlässigbar". Neben Deutschland und Schweden schmücken sich damit derzeit nur noch Kanada, Luxemburg, Australien, Dänemark, Norwegen, die Niederlande, die Schweiz und Singapur.

Das Vergeben solcher Ratings ist ein lukratives Geschäft, die einschlägigen Agenturen lassen sich diese Dienste gut bezahlen. Tabelle 15.2 zeigt, wie sich die in der EU eingetragenen Ratingagenturen den Markt teilen. Führend in Europa ist die amerikanische Standard & Poor's-Corporation (S&P), im Jahr 1941 aus einer Verschmelzung der US-amerikanischen Unternehmen H.W. Poor und Standard Statistics Bureau entstanden. Wichtigster Konkurrent ist die Moody's Corporation, im Jahr 1909 von John Moody gegründet, die damals gegen Bezahlung Eisenbahnanleihen auf ihre Bonität hin überprüfte. Jede dieser beiden Agenturen bewertet pro Jahr rund eine Million Kredite. Der Dritte im Bund der Großen ist die in New York und London ansässige Firma Fitch Ratings, gegründet zu Heiligabend des Jahres 1913 durch John Knowels Fitch. Verglichen mit diesen drei spielen die übrigen in Europa registrierten Bewertungsgesellschaften keine große Rolle. Die in Tabelle 15.2 großspurig als European Rating Agency auftretende Firma etwa hat ihren Sitz in der

Slowakei und muss sich mit ein paar Krümeln zufriedengeben, die die anderen ihr zur Verwertung überlassen.

Tab. 15.2: Marktanteile der in der EU registrierten Ratingagenturen (European Securities and Markets Authority, 2017)

Kreditratingagentur	Marktanteil in %
S&P Global Ratings	46.26
Moody's Investors Service	31.27
Fitch Ratings	15.65
DBRS Ratings	1.87
CERVED Rating Agency	0.97
AM Best Europe Rating Services	0.90
The Economist Intelligence Unit	0.69
CreditReform Rating	0.53
Scope Ratings	0.46
GBB-Rating	0.35
Assekurata	0.23
Euler Hermes Rating	0.22
Capital Intelligence Ratings	0.13
ICAP	0.12
ModeFinance	0.08
Spread Research	0.07
Dagong Europe Credit Rating	0.07
ARC Ratings	0.05
Axesor Rating	0.03
CRIF Ratings	0.03
BCRA Credit Rating Agency	0.02
EuroRating	0.01
INC Rating	< 0.01
European Rating Agency	< 0.01
Rating-Agentur Expert RA GmbH	< 0.01
Total	100

15.2 Wie beurteilt man die Qualität von Wahrscheinlichkeitsprognosen?

Die Methoden, mit denen die in Tabelle 15.2 aufgelisteten Agenturen ihre Bewertungen erstellen, sind natürlich ein Betriebsgeheimnis. Ein beliebtes Verfahren ist hier die logistische Regression: Die Wahrscheinlichkeit eines Ausfalls wird als

Funktion ausgewählter erklärender Variablen modelliert, die Koeffizienten dieser Regressionsgleichung werden aus historischen Daten geschätzt. Mit anderen Worten, die Buchstabenbewertungen werden mit numerischen Ausfallwahrscheinlichkeiten gleichgesetzt. Viele Bewertungsagenturen sträuben sich zwar gegen diese Interpretation, aber darauf läuft es am Schluss doch immer wieder hinaus. Ein S&P-Rating A etwa lässt sich als die Aussage interpretieren: Die Wahrscheinlichkeit, dass dieser Kunde binnen eines Jahres ausfällt, beträgt 0.09%. Deshalb ist es auch unfair, Ratingagenturen zu beschimpfen, wenn ein solcher Kunde tatsächlich einmal ausfällt. Das berühmteste Beispiel ist die Firma Lehman Brothers, die trotz eines A-Ratings kurze Zeit später insolvent geworden ist. In einem von 1000 Fällen kommt halt so etwas vor. Die folgende Tabelle 15.3 übersetzt auch die anderen Ratings von S&P in Ein-Jahr-Ausfallwahrscheinlichkeiten (in %).

Tab. 15.3: Geschätzte Ein-Jahr-Ausfallwahrscheinlichkeiten von S&P für die Sparte „Corporate Issuers" (Unternehmen)

Rating	Ausfallwahrschein-lichkeit (in %)
AAA	0.003
AA+	0.006
AA	0.012
AA-	0.025
A+	0.047
A	0.091
A-	0.173
BBB+	0.299
BBB	0.495
BBB-	0.797
BB+	1.138
BB	1.518
BB-	2.280
B+	3.943
B	7.999
B-	19.557
CCC-C	48.355

Auch in anderen Kontexten sind dergleichen Wahrscheinlichkeitsprognosen seit Jahrzehnten üblich. Am bekanntesten sind hier die Wetterprognosen: Die Regenwahrscheinlichkeit für Berlin für den nächsten Tag beträgt 5%.

Wann sind nun solche Wahrscheinlichkeitsprognosen „gut"? Eine erste offensichtliche Bedingung ist: Wenn der Wetterfrosch sagt, die Regenwahrscheinlichkeit ist 5%, dann muss es auch in 5% aller Tage mit dieser Prognose regnen. Wahrscheinlichkeitsprognosen mit dieser Eigenschaft heißen auch „kalibriert". Allerdings ist Kalibrierung eine zwar notwendige, aber keinesfalls hinreichende Bedingung für eine gute Prognose. Angenommen, in Berlin regnet es langfristig an jedem fünften Tag. Und der Wetterfrosch des Lokalradiosenders sagt jeden Abend: „Morgen regnet es mit Wahrscheinlichkeit 20%." Da hat er natürlich Recht: In 20% der Fälle, wo er das vorhersagt, regnet es tatsächlich. Aber trotzdem ist diese Prognose völlig wertlos, man erfährt nicht mehr, als was man ohnehin schon weiß.

Was man stattdessen gerne hätte, sind „gespreizte Prognosen" in Richtung 0% und 100%. Sind solche gespreizten Prognosen auch noch kalibriert, sind sie wirklich gut. Das Extrem sind die Prognosen 0% und 100%, die auch noch jedes Mal zutreffen.

15.3 Ein Zahlenbeispiel

Angenommen, wir haben 800 Kreditnehmer, 160 davon, also 20%, fallen aus. Jetzt haben wir fünf Bewerter: A, B, C, D, E, die diesen Krediten Ausfallwahrscheinlichkeiten zuordnen (s. Tabelle 15.4). Am einfachsten macht sich das Leben der Bewerter A. Er klebt an alle Kredite das Etikett 20% Ausfallwahrscheinlichkeit und hat natürlich Recht. Das andere Extrem ist Bewerter E. Er ist allwissend und sortiert die Kredite exakt in Ausfälle und Nichtausfälle ein. Und dazwischen gibt es B, C und D.

Tab. 15.4: Verteilung der Ausfallwahrscheinlichkeiten von fünf kalibrierten Wahrscheinlichkeitsprognostikern

prognostizierte Ausfallwahrscheinlichkeit	Verteilung der Kredite auf die Ausfallklassen				
	A	B	C	D	E
0%	0	0	0	0	640
5%	0	0	200	80	0
10%	0	400	0	480	0
15%	0	0	400	0	0
20%	800	0	0	0	0
30%	0	400	0	0	0
45%	0	0	200	240	0
100%	0	0	0	0	160

Wer von diesen ist besser? Intuitiv doch jemand, der - bei Beachtung der Kalibrierung - die Prognosen stärker Richtung 0% und 100% bewegt, sich also stärker dem allwissenden Bewerter E annähert. Dieses Kriterium heißt auch „Trennschärfe". In unserem Beispiel ist etwa B trennschärfer als A. Und nochmals trennschärfer sind C und D, welche die Kredite in die Ausfallklassen 5%, 15% und 45% beziehungsweise 5%, 10% und 45% aufteilen. Und am trennschärfsten ist ein Bewerter E, der alle Ausfälle exakt voraussagt.

Mathematisch formuliert ist ein Bewerter dabei trennschärfer als sein Konkurrent, wenn sich die Prognosen des Konkurrenten aus den Vorhersagen des Ausgangsbewerters ableiten lassen. Nehmen wir C und versehen alle 5%-Prognosen und die zufällig ausgewählte Hälfte aller 15%-Prognosen mit dem Etikett 10%, die übrigen mit dem Etikett 30%. Das liefert uns die ebenfalls kalibrierte Prognose B.

Die Bewerter C und D lassen sich jedoch in diesem Sinne nicht vergleichen: Weder ist D trennschärfer als C, noch C trennschärfer als D. Die Trennschärfe erzeugt also nur eine sogenannte Halbordnung unter allen kalibrierten Wahrscheinlichkeitsprognosen; es gibt kalibrierte Wahrscheinlichkeitsprognosen, die nach dem Kriterium der Trennschärfe nicht vergleichbar sind.

15.4 Halbordnungen von Wahrscheinlichkeitsprognosen

Unabhängig von Trennschärfe und Kalibrierung ist es sinnvoll, beim Vergleich zweier Bewerter A und B zu fragen: „Welcher von beiden gibt den ausgefallenen Krediten die höheren vorhergesagten Ausfallwahrscheinlichkeiten?" Diese Frage führt zum Begriff der „Ausfalldominanz": Ein Bewerter A ist besser als ein Bewerter B im Sinne der Ausfalldominanz, falls A die ausgefallenen Kredite systematisch schlechter einstuft als B. Auch hier liegt bei kalibrierten Prognosen nur eine Halbordnung vor, nicht alle Bewerter lassen sich so vergleichen.

Ein weiteres (von Kalibrierung unabhängiges) Ordnungsprinzip leitet sich von den sogenannten ROC-Kurven ab. Von Interesse sei etwa die ROC-Kurve von Bewerter D. Bewerter D prognostiziert für 80 Kredite eine Ausfallwahrscheinlichkeit von 5% (= gutes Rating), für 480 eine Ausfallwahrscheinlichkeit von 10% (= mittleres Rating), und für 240 eine Ausfallwahrscheinlichkeit von 45% (schlechtes Rating). Bewerter D ist kalibriert, d. h. in der ersten Gruppe fallen im Mittel 4 Kredite (= 5% von 80) tatsächlich aus, in der zweiten Gruppe fallen 48 Kredite aus (= 10% von 480), in der dritten Gruppe 108 (= 45% von 240). Insgesamt gibt es 160 Ausfälle (= 20% von 800). Gruppiert man die Kredite nach ihren Bewertungen von schlecht nach gut, und stellt ihnen die kumulierten Anteile der Ausfälle an den Ausfällen insgesamt gegenüber, ergibt sich Tabelle 15.5.

Tab. 15.5: Ausfälle vs. Nichtausfälle in den Ratingklassen für Prognostiker D

Rating	Kumulierter Anteil der Gesamtzahl der Nichtausfälle	Kumulierter Anteil der Ausfälle an der Gesamtzahl der Ausfälle
schlecht	132/640 = 20.63%	108/160 = 67.5%
mittel	564/640 = 88.13%	156/160 = 97.5 %
gut	640/640 = 100%	160/160 = 100%

In der schlechtesten Gruppe sind 132 von insgesamt 640 Guten, das sind 20.63%, und 67.5% aller Schlechten. In den beiden schlechtesten Gruppen zusammen sind 564 von insgesamt 640 Guten, das sind 88.13%, und 97.5% aller Schlechten. Abbildung 15.1 zeigt die resultierende ROC-Kurve. Ein Bewerter A ist dann besser als ein Bewerter B im Sinne dieses Kriteriums, wenn A's ROC-Kurve immer oberhalb der von B verläuft.

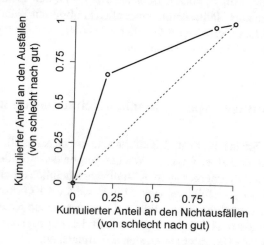

Abb. 15.1: ROC-Kurve von Prognostiker D: Je mehr Ausfälle in den schlechten Ratingklassen, desto weiter biegt sich die ROC-Kurve von der Winkelhalbierenden weg.

15.5 Skalarwertige Qualitätskriterien

Die ROC-Kurve ist invariant gegenüber monotonen Transformationen der Ausfallwahrscheinlichkeiten. Werden alle prognostizierten Ausfallwahrscheinlichkeiten verdoppelt, ist die Prognose nicht mehr kalibriert, aber die ROC-Kurve bleibt gleich. Ein Bewerter, der in allen Ratingklassen die gleichen Ausfallwahrscheinlichkeiten hat (in diesem Sinne also keinerlei Informationen liefert), hat als ROC-Kurve die Diagonale. Eine ROC-Kurve ist also umso besser, je weiter sie sich von der Diagonalen nach oben wegbiegt. Die Fläche unterhalb der ROC-Kurve, auf Englisch „Area under ROC" (AUROC) dient dabei oft als Qualitätsmerkmal. Alternativ ließe sich auch der maximale vertikale Abstand von der waagerechten Achse oder die Länge der Kurve als Maß betrachten.

Unter den Kriterien, die unmittelbar auf den vorhergesagten Ausfallwahrscheinlichkeiten aufbauen, ist der „Brier-Score" in der Praxis das wohl populärste. Sei p^j die vorhergesagte Ausfallwahrscheinlichkeit für Kredit Nr. j (aus insgesamt n zu bewertenden Krediten), und sei $\theta^j = 1$ bei Ausfall und $\theta^j = 0$, wenn kein Ausfall eintritt. Dann ist der Brier-Score definiert als

$$B = \frac{1}{n} \sum_{j=1}^{n} (p^j - \theta^j)^2.$$

Mit anderen Worten: Der Brier-Score ist die mittlere quadratische Abweichung der Wahrscheinlichkeitsprognosen vom tatsächlich realisierten Wert 0 oder 1. Zuweilen wird auch das Negative dieses Ausdrucks als Brier-Score bezeichnet. Der Brier-Score wurde bislang vor allem zum Qualitätsvergleich von Wettervorhersagen eingesetzt, ist aber grundsätzlich in allen Kontexten verwendbar, in denen Wahrscheinlichkeitsprognosen zu vergleichen sind. Er liegt immer zwischen 0 und 1, je kleiner, desto besser ist die Wahrscheinlichkeitsprognose. Der bestmögliche Wert von 0 ergibt sich für Ausfallprognosen von immer nur 0% oder 100%, bei denen stets das Vorhergesagte eintritt. Der schlechtestmögliche Wert von 1 ergibt sich für eine Prognose von immer nur 0% oder 100% Wahrscheinlichkeit für Ausfall, bei der stets das Gegenteil des Vorhergesagten eintritt.

Neben dem Brier-Score sind eine ganze Reihe weiterer Qualitätsmaßstäbe vorgeschlagen worden, die aber einen großen Nachteil haben: Sie können sich für gegebene Konkurrenten widersprechen. Hier konnten wir zeigen, wie man für anreizerhaltende Score-Funktionen solche Widersprüche ausschließen kann. Anreizerhaltend heißt eine Score-Funktion immer dann, wenn sie ehrliche Prognostiker belohnt: Der erwartete subjektive Score ist maximal, wenn man bei den prognostizierten Wahrscheinlichkeiten seine subjektiven Überzeugungen einsetzt. Der Brier-Score ist etwa in diesem Sinne anreizerhaltend, wie auch die meisten anderen in der Literatur diskutierten Vorschläge. Und unser Resultat besagt, dass ein kalibrierter Bewerter B genau dann bezüglich aller anreizerhaltenden Score-Funktionen besser ist als sein Konkurrent A, wenn seine Prognosen trennschärfer sind als die von A.

15.6 Literatur

Die Qualitätsmessung von Wahrscheinlichkeitsprognosen geht zurück auf den Wetterforscher G.W. Brier. Für einen kompakten historischen Überblick siehe auch Krämer und Bücker (2011), „Probleme des Qualitätsvergleichs von Kreditausfallprognosen", AStA Wirtschafts- und Sozialstatistisches Archiv 5(1), S. 39-58. Die Zusammenhänge zwischen Score-Funktionen und Trennschärfe haben wir in Krämer (2006), „Evaluating probability forecasts in terms of refinement and strictly proper scoring rules", Journal of Forecasting 25, S. 223-226, sowie in Krämer und Neumärker (2016), „Comparing the accuracy of default predictions in the rating industry for different sets of obligors", Economics Letters 145, S. 48-51, aufgezeigt. Für unterschiedliche Schuldnerkollektive findet man das Ganze bei Krämer (2017): „On assessing the relative performance of default predictions", Journal of Forecasting 36(7), S. 854-858.

Kapitel 16
Bruttoinlandsprodukt, Treibhausgase und globale Erderwärmung

Martin Wagner, Fabian Knorre

Seit dem Beginn der industriellen Revolution ist die mittlere globale Temperatur um circa ein Grad Celsius gestiegen. Es steht außer Zweifel, dass dieser Anstieg auch durch menschliche Aktivitäten getrieben ist - durch Emissionen von Kohlenstoffdioxid und anderen Treibhausgasen. Wie sehen die Zusammenhänge zwischen wirtschaftlicher Aktivität und Emissionen aus? Steigen die Emissionen zwingend mit steigender wirtschaftlicher Aktivität?

16.1 Wirtschaftliche Aktivität und Emissionen

Wie hängen die Emissionen von Kohlenstoffdioxid (CO_2) – primär durch die Verbrennung fossiler Energieträger – als wichtigstem Treibhausgas von der wirtschaftlichen Aktivität eines Landes ab? Die Bezeichnung Treibhausgase stammt von der Tatsache, dass eine erhöhte atmosphärische Konzentration von CO_2 und anderen Treibhausgasen zu einer höheren Temperatur führt. Dies ist im Wesentlichen auf verminderte Wärmeabstrahlung aus der Atmosphäre zurückzuführen.

Abbildung 16.1 zeigt die jährlichen Treibhausgasemissionen – zusätzlich zu Kohlenstoffdioxid auch Methan (CH_4), Distickstoffmonoxid (N_2O) und Fluorchlorkohlenwasserstoffe (H-FKW) – für Deutschland von 1990 bis 2014. Die Entwicklung für Deutschland ist erfreulich. So ist das Bruttoinlandsprodukt (BIP) in diesem Zeitraum um 41% gestiegen, die Treibhausgasemissionen sind jedoch, in CO_2-Äquivalente umgerechnet, um 28% gefallen. Die Umrechnung in sogenannte CO_2-Äquivalente erlaubt es, Analysen mit einem aggregierten, alle Gase umfassenden Emissionswert durchzuführen. So ist zum Beispiel für Methan der Umrechnungsfaktor gleich 25, d. h. eine Tonne Methan liefert über einen Zeitraum von 100 Jahren denselben Treibhausgaseffekt wie 25 Tonnen Kohlendioxid. Abbildung 16.1 zeigt auch, dass der weitaus überwiegende Teil der Treibhausgasemissionen durch CO_2 verursacht wird; im Jahr 2014 in Deutschland 88%.

Die fallende Tendenz aus Abbildung 16.1 ist allerdings kein langfristiges Phänomen, wie man in Abbildung 16.2 sehen kann, welche Daten seit der Frühzeit der industriellen Revolution um 1870 bis 2014 zeigt. Man sieht, dass – hier darge-

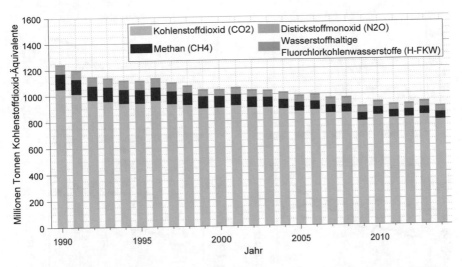

Abb. 16.1: Entwicklung der jährlichen Treibhausgasemissionen in Deutschland über den Zeitraum 1990 bis 2014 in Millionen Tonnen CO_2-Äquivalenten.

stellt in logarithmischen pro-Kopf-Größen – die Emissionen in den betrachteten vier Ländern Deutschland, Frankreich, Großbritannien und den USA erst seit den 1970er Jahren sinken. Das BIP-pro-Kopf hingegen wächst seit dem Ende des zweiten Weltkriegs, mit Schwankungen durch Rezessionen und Boomphasen. Das bedeutet, dass der Zusammenhang zwischen CO_2-Emissionen-pro-Kopf und dem BIP-pro-Kopf augenscheinlich nichtlinear ist. Nach einer Phase, in der sowohl die Emissionen als auch das BIP mehr oder weniger stark gestiegen sind, scheint es seit den 1970er Jahren zu einer Art Entkoppelung gekommen zu sein, mit weiterhin wachsendem BIP-pro-Kopf, aber sinkenden Emissionen-pro-Kopf. Diese Beobachtungen gelten nicht nur für die vier betrachteten Länder, sondern auch für eine Reihe weiterer entwickelter Länder, sowie auch bereits in einigen weniger entwickelten Ländern.

Ein Sinken der Emissionen-pro-Kopf bedeutet leider nicht, dass die Gesamtemissionsmenge sinkt, das gilt nur, wenn die Bevölkerung nicht schneller wächst als die Emissionen-pro-Kopf sinken. In Deutschland beispielsweise ist die Bevölkerung von 1990 bis 2014 um circa 3,5% gewachsen. Das bedeutet, dass in diesem Zeitraum die Emissionen-pro-Kopf sogar um circa 32% gesunken sind.

Grundlegend gilt, dass das Ausmaß an Umweltbelastung, in diesem Kapitel CO_2-Emissionen, an drei Faktoren hängt. Erstens, an der gesamtwirtschaftlichen Aktivität, gemessen durch das Bruttoinlandsprodukt. Dies ist der *Skaleneffekt*. Die Skala der wirtschaftlichen Aktivität hängt nicht zuletzt von der Größe und Entwicklung der Bevölkerung ab. Um diesen Effekt zu separieren, welcher auch in der statistischen Analyse üblicherweise gesondert modelliert wird, werden die Analysen typischerweise in pro-Kopf-Größen durchgeführt, so wie auch schon in Abbildung 16.2 pro-Kopf-Größen dargestellt sind. Zweitens, an der sektoralen Zusammensetzung

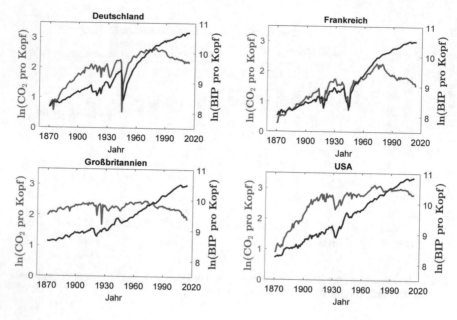

Abb. 16.2: Natürlicher Logarithmus des jährlichen Bruttoinlandsprodukts-pro-Kopf und der CO_2 Emissionen-pro-Kopf über den Zeitraum 1870–2014.

der Produktion. Unterschiedliche Güter führen, bei gegebener Technologie, zu unterschiedlichen Emissionsintensitäten, also kg CO_2-Emissionen pro Euro oder Dollar Wirtschaftsleistung. Dies ist der *Kompositionseffekt*. Der dritte Effekt ist der *Technologieeffekt*: Im Laufe der Zeit nimmt die Emissionsintensität im Allgemeinen ab, aus unterschiedlichen Gründen, vielfach auch durch gesetzliche Änderungen, welche oftmals technische Änderungen und Innovationen hervorrufen.

Die prominenteste Hypothese in der Literatur ist die sogenannte *Umweltkuznetskurve*, welche einen invers U-förmigen Zusammenhang zwischen dem Ausmaß der wirtschaftlichen Aktivität einerseits und einem Maß der Umweltbelastung andererseits postuliert, wie in Abbildung 16.3 schematisch dargestellt. Das Zusammenspiel der drei Kanäle bestimmt das Vorhandensein sowie die Form einer etwaigen Umweltkuznetskurve (UKK).

16.2 Statistische Analyse des Zusammenhangs

Um die Umweltkuznetskurvenhypothese in ihrer einfachsten Form zu überprüfen, ist also die Frage zu klären, ob in der Tat ein *statistisch gehaltvoller* invers U-förmiger Zusammenhang zwischen dem Logarithmus des BIP-pro-Kopf und dem Logarithmus der Emissionen-pro-Kopf vorliegt. Abbildung 16.4 zeigt den Zusammen-

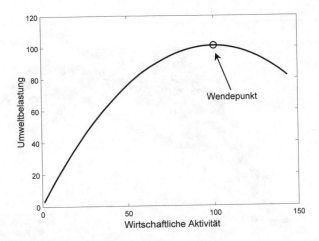

Abb. 16.3: Schematische Darstellung einer Umweltkuznetskurve.

hang zwischen diesen beiden Größen aus Abbildung 16.2 für die vier in diesem Kapitel betrachteten Länder in Form eines Streudiagramms. Mit etwas Großzügigkeit kann man hier jeweils ein inverses U oder zumindest etwas Ähnliches entdecken, allerdings ist die graphische Analyse kein Substitut für eine formal korrekte statistische Analyse.

Der einfachste Startpunkt für eine solche Analyse der UKK ist ein *lineares Regressionsmodell* der Form

$$y_t = c + \delta t + x_t \beta_1 + x_t^2 \beta_2 + u_t, \tag{16.1}$$

wobei y_t den Logarithmus der CO_2-Emissionen-pro-Kopf im Jahr t bezeichnet und x_t den Logarithmus des BIP-pro-Kopf im Jahr t. Wie üblich ist darüber hinaus eine Konstante in der Regressionsgleichung enthalten, sowie ein Zeittrend. Die unbeobachtete Größe u_t bezeichnet den Modellfehler. Wenn wir den obigen Zusammenhang *als korrekt unterstellen* können, ist der Wendepunkt, vgl. Abbildung 16.3, gegeben bei $\exp\left(-\frac{\beta_1}{2\beta_2}\right)$ US-Dollars BIP-pro-Kopf; gemessen in Preisen von 2011 in unserer Anwendung.

Das obige lineare Regressionsmodell (16.1) ist – aufgrund der Eigenschaften der betrachteten Daten – alles andere als einfach zu analysieren, d. h. es ist ein nichttriviales Problem, die unbekannten Parameter c, δ, β_1 und β_2 *mit günstigen Eigenschaften* zu schätzen.

Mit günstigen Eigenschaften ist zweierlei gemeint: Zum Einen will man die Eigenschaft der *Konsistenz*. D. h., wenn die Stichprobe größer wird – man also mehr Information zur Verfügung hat – wandern die geschätzten Parameterwerte näher an die wahren unbekannten Werte heran. Dies ist typischerweise eine Minimalanforderung an Parameterschätzung, um sicherzugehen, dass die geschätzten Parameterwerte „in der Nähe" der wahren unbekannten Werte zu liegen kommen. Es ist z. B.

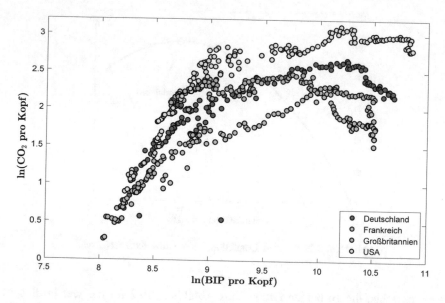

Abb. 16.4: Natürlicher Logarithmus des Bruttoinlandsprodukts-pro-Kopf abgetragen gegen den natürlichen Logarithmus der CO_2-Emissionen-pro-Kopf. Der betrachtete Zeitraum ist 1870–2014.

klar, dass nur wenn die geschätzten Parameter in der Nähe der wahren Werte liegen, auch der geschätzte Wendepunkt in der Nähe des wahren unbekannten Wendepunkts zu liegen kommen wird. Zum Zweiten ist es wichtig, die Parameter so zu schätzen, dass Hypothesen getestet werden können, z. B. ob etwa $\beta_2 = -0.5$ ist, oder etwas allgemeiner, ob β_2 negativ ist, also eine inverse U-Form vorliegt und keine U-Form.

Da es sich bei Gleichung (16.1) um ein lineares Regressionsmodell handelt, würde man typischerweise und oftmals zurecht die Methode der (gewöhnlichen) kleinsten Quadrate verwenden, um die Parameter zu schätzen. Die Methode der gewöhnlichen kleinsten Quadrate ist die am meisten verwendete Schätzmethode für Parameter in linearen Regressionsmodellen. Sie ist jedoch in der vorliegenden Situation keine gute Wahl, da die Daten eben Eigenschaften aufweisen, welche die statistische Analyse erschweren und insbesondere die gewöhnliche kleinste Quadrate Methode *ungünstige Eigenschaften* aufweisen lassen.

Wenn wir nochmals Abbildung 16.2 betrachten, sehen wir deutlich, dass die BIP-pro-Kopf Zeitreihen steigende Trends aufweisen und die Emission-pro-Kopf Zeitreihen eventuell eine invers U-förmige Trendkomponente aufweisen. Diese Trends sind allerdings nicht adäquat durch einen linearen oder quadratischen Zeittrend zu beschreiben, da es große Schwankungen und Veränderungen in der Steigung des Trends über die Zeit gibt; und natürlich speziell für Deutschland und Frankreich große Einbrüche in der Zeit des zweiten Weltkrieges.

Als weitverbreitetes Modell zur Beschreibung eines in dieser Form zufällig trendenden Verhaltens haben sich in der Literatur sogenannte *stochastische Trends* durchgesetzt. Dieser Modellrahmen für makroökonomische Zeitreihen wie das BIP ist auch deshalb von großer praktischer Relevanz, weil er im Einklang mit der Beobachtung steht, dass die Wachstumsraten des Logarithmus des BIP-pro-Kopf zufällig um einen konstanten Mittelwert schwanken, die sogenannten Konjunkturzyklen. Hierbei ist zu beachten: Wenn $x_t = \ln(X_t)$ den natürlichen Logarithmus des BIP-pro-Kopf bezeichnet, dann beschreibt $x_t - x_{t-1} = \ln(X_t) - \ln(X_{t-1}) = \ln\left(\frac{X_t}{X_{t-1}}\right) \simeq \frac{X_t - X_{t-1}}{X_{t-1}}$ *ungefähr* die Wachstumsrate des BIP-pro-Kopf X_t.

16.3 Parameterschätzung bei nichtlinearer Kointegration

Die Modellierung von gehaltvollen Beziehungen zwischen stochastisch trendbehafteten Zeitreihen ist in der Literatur unter dem Namen *Kointegrationsanalyse* bekannt. Clive Granger und Robert Engle haben unter anderem für die Entwicklung der Kointegrationsanalyse im Jahr 2003 den Nobelpreis für Wirtschaftswissenschaften erhalten. Die Ergebnisse von zwei statistischen Tests zur Überprüfung der Hypothese, dass obiges Modell die Zusammenhänge korrekt beschreibt, finden sich in den letzten beiden Spalten von Tabelle 16.1. Die Nullhypothese des Tests mit dem Akronym $P_{\ddot{u}}$ ist, dass der Fehlerterm einen stochastischen Trend enthält gegen die Alternativhypothese, dass der Fehlerterm keinen stochastischen Trend enthält. Die Null- und Alternativhypothesen des als CT bezeichneten Tests sind genau umgekehrt, dass also der Fehlerterm unter der Nullhypothese keinen stochastischen Trend enthält. Fett gedruckte Teststatistiken bedeuten, dass die jeweilige Nullhypothese zum Signifikanzniveau von 5% verworfen wird.

Starke Evidenz für eine Umweltkuznetskurve der Form (16.1), mit einem in diesem Sinn kleinen Fehlerterm, gibt es gemäß der Ergebnisse in Tabelle 16.1 von den vier betrachteten Ländern nur für Großbritannien. Für die USA hingegen ist die Evidenz gegen das Vorhandensein einer quadratischen UKK stark.

Für Deutschland und Frankreich liefern die beiden Tests widersprüchliche Resultate, für Deutschland verwerfen beide Tests und für Frankreich verwerfen beide Tests nicht. Die widersprüchlichen Ergebnisse der beiden Tests sind unbefriedigend, aber ein Hinweis darauf, dass man sich das Problem etwas genauer anschauen sollte: Eventuell ist die Umweltkuznetskurve nicht quadratisch. Eventuell gibt es Änderungen in den Parametern über die Zeit. Eventuell beeinflussen sogenannte Ausreißer das Verhalten der Tests, für Deutschland die Daten aus der Zeit des zweiten Weltkrieges. Eventuell fehlen weitere erklärende Variablen; es wurde ja eingangs über die drei Mechanismen gesprochen, deren Zusammenwirken Existenz und Form einer Umweltkuznetskurve ausmachen. All diese Aspekte sollten in einer *vollständigen statistischen* Analyse abgeklärt werden.

Es ist bekannt, dass die beiden Tests in kleinen Stichproben eine Tendenz aufweisen, eine korrekte Nullhypothese zu oft zu verwerfen. Aus diesem Grund gehen wir vorsichtig davon aus, dass eventuell für Deutschland und Frankreich ebenfalls – wie für Großbritannien – eine quadratische Umweltkuznetskurve gegeben sein

Tab. 16.1: Schätz- und Testergebnisse. Die beiden letzten Spalten zeigen die Ergebnisse von zwei Tests auf das Vorhandensein einer quadratischen UKK. **Fetter** Schriftsatz bedeutet Signifikanz auf dem 5% Niveau.

Land	$\hat{\delta}$	$\hat{\beta}_1$	$\hat{\beta}_2$	Wendepunkt	$P_{\hat{u}}$	CT
Deutschland	-0,001	**10,80**	**-0,54**	21.950	**68,75**	0,11
Frankreich	**-0,004**	**11,11**	**-0,56**	20.544	28,33	0,07
Großbritannien	**-0,005**	**9,15**	**-0,46**	21.043	**90,12**	0,08
USA	0,003	**10,30**	**-0,52**	21.565	12,79	**0,15**

könnte, da für diese beiden Länder die Testevidenz eben widersprüchlich ist. Diese Entscheidung wird auch etwas, wenngleich nicht formal, abgestützt, wenn man die geschätzten Fehlerterme, die sogenannten *Residuen*, in Abbildung 16.5 betrachtet. Für Deutschland sieht man große Ausreißer um den zweiten Weltkrieg. Für Frankreich und Großbritannien schwanken die Residuen im Wesentlichen ohne Trends um Null herum. Für die USA sieht man hingegen ein verkehrtes U in ungefähr der ersten Hälfte der betrachteten Periode. Eventuell ist es also angezeigt für die USA eine Umweltkuznetskurve mit höherem Polynomgrad zu schätzen.

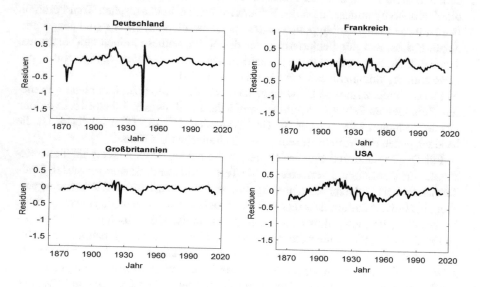

Abb. 16.5: Geschätzte Fehlerterme (Residuen) aus der Schätzung von Gleichung (16.1).

16.4 Interpretation

Was kann man nun zu den Schätzergebnissen für Deutschland, Frankreich und Großbritannien sagen? Zunächst ist zu beobachten, dass der Zeittrend für alle drei Länder einen negativen Koeffizienten aufweist, die Steigung ist allerdings nur für Frankreich und Großbritannien signifikant von Null verschieden. In der Literatur wird davon ausgegangen, dass es eine autonome Tendenz zur Erhöhung der Energie- und Ressourceneffizienz gibt, welche typischerweise mittels eines linearen Zeittrends abgebildet wird. Das ist der oben erwähnte Technologieeffekt. In Deutschland ist dieser Effekt – in unserer einfachen Spezifikation – nicht signifikant gegeben. Die Parameter zu BIP-pro-Kopf und dessen Quadrat sind durchgängig signifikant, und die geschätzten Koeffizienten zum Quadrat sind negativ. Demgemäß wird für alle drei Länder eine inverse U-förmige Beziehung modelliert. Die modellbasierten Wendepunkte liegen sehr nahe beeinander in Bezug auf den BIP-pro-Kopf Wert, sind jedoch zu unterschiedlichen Zeitpunkten überschritten worden. In Deutschland im Jahr 1971, in Frankreich im Jahr 1973 und in Großbritannien erst im Jahr 1984.

Zu beachten ist an dieser Stelle auch noch, dass die Ergebnisse für die USA sehr ähnlich den Ergebnissen für die anderen Länder sind. In gewissem Sinn ist es zwingend – selbst wenn keine quadratische Umweltkuznetskurve vorliegt – dass die Anwendung von kleinste Quadrate-artigen Methoden zu einer „gut aussehenden Approximation" führt. Es wird, etwas vereinfacht gesagt, ja nichts anderes gemacht als jene Kurve – bei uns eine quadratische Kurve – durch das Streudiagramm zu legen, die eine minimale Summe der quadrierten Abstände der Punkte im Streudiagramm von dieser Kurve aufweist. Eine in diesem Sinn „beste Kurve" existiert auch im Fall von Scheinrelationen, in diesem Fall gibt es aber keine sinnvolle Interpretation der geschätzten Parameter.

Ist nun alles gut und die Umweltbelastung geht von jetzt an in diesen drei Ländern sozusagen „automatisch" zurück? Dies wäre ein gefährlicher Trugschluss. Wenn jetzt die Bevölkerung zum Schluss käme, alles läuft auf sinkende Emissionen hinaus und man kann tun und lassen was man will, dann würde genau diese Verhaltensänderung zu einer Änderung des Zusammenhangs zwischen wirtschaftlicher Aktivität und Umweltbelastung führen. Aus dem verkehrten U könnte dann in der Zukunft ein U werden, mit allen negativen Folgen.

16.5 Literatur

Die hier verwendete Schätzmethode FM-CPR der unbekannten Regressionsparameter von Martin Wagner und Seung Hyun Hong (2016) ist im Detail erarbeitet in „Cointegrating Polynomial Regressions: Fully Modified OLS Estimation and Inference", Econometric Theory 32, S. 1289–1315.

Kapitel 17

Ein wahres Minenfeld: Die statistische Problematik von Mietpreisspiegeln

Walter Krämer

Die deutschen Medien sind voll von Klagen über teure Mieten. Aber die Mieten in einer Gemeinde schwanken ganz enorm. Wie weist man hier sinnvoll einen Durchschnitt aus? Der Gesetzgeber bringt hier Mietspiegel ins Spiel. Aber die sind aus Sicht der Statistik ein wahres Minenfeld.

17.1 Zwei statistische Probleme

Mietspiegel gibt es in Deutschland seit Mitte der 1970er Jahre. Nach dem Willen des Gesetzgebers liefern sie einen Überblick über die „ortsüblichen Vergleichsmieten" nach §558 des Bürgerlichen Gesetzbuches:

(1) Der Vermieter kann die Zustimmung zu einer Erhöhung der Miete bis zur ortsüblichen Vergleichsmiete verlangen, wenn die Miete in dem Zeitpunkt, zu dem die Erhöhung eintreten soll, seit 15 Monaten unverändert ist. Das Mieterhöhungsverlangen kann frühestens ein Jahr nach der letzten Mieterhöhung geltend gemacht werden. ...

(2) Die ortsübliche Vergleichsmiete wird gebildet aus den üblichen Entgelten, die in der Gemeinde oder einer vergleichbaren Gemeinde für Wohnraum vergleichbarer Art, Größe, Ausstattung, Beschaffenheit und Lage einschließlich der energetischen Ausstattung und Beschaffenheit in den letzten vier Jahren vereinbart oder ... geändert worden sind.

Aus Sicht der Statistik stellt jeder Mietspiegel seine Urheber damit vor zwei statistische Probleme: Wie teilt man den mietspiegelrelevanten Wohnungsbestand der jeweiligen Gemeinde in möglichst homogene Typenklassen alias Mietspiegelzellen auf? Mit anderen Worten, welche Wohnungen sollen mit welchen anderen „vergleichbar" sein? Und zweitens: Wie findet man die durchschnittlichen Mieten - die Vergleichsmieten - in diesen Mietspiegelzellen bzw. -klassen?

Diese Fragen sind für alle Mietspiegel aller Städte immer dieselben. Sie betreffen Tabellen- und Regressionsmietspiegel (siehe unten) gleichermaßen; wenn man will,

© Springer-Verlag GmbH Deutschland, ein Teil von Springer Nature 2019
W. Krämer und C. Weihs (Hrsg.), *Faszination Statistik*,
https://doi.org/10.1007/978-3-662-60562-2_17

lässt sich die ganze Literatur zur statistischen Problematik von Mietspiegeln als ein fortwährendes Ringen um ihre optimale oder zumindest adäquate Beantwortung sehen.

Der in dieser Debatte immer wieder hochgespielte Unterschied zwischen Tabellen- und Regressionsmietspiegeln betrifft dabei nur die Frage (ii): wie ist, nachdem die Wohnungen in vergleichbare Gruppen aufgeteilt sind, die jeweilige Durchschnittsmiete in den Gruppen zu bestimmen? Dazu weiter unten mehr. Wichtiger ist die Abgrenzung der einzubeziehenden Mietverhältnisse. Dass es hier nur um frei finanzierte Wohnungen gehen kann, ist wohl unwidersprochen. Deutliche Kontroversen gibt es dagegen zu einer darüber hinausgehenden Eingrenzung von Mietverhältnissen. Aktuell werden etwa nur Mieten erfasst, die in den letzten vier Jahren vor Erstellung des Mietspiegels neu vereinbart oder verändert worden sind. Das ist aber ein außerstatistisches Problem und bleibt im Weiteren außen vor.

17.2 Die Datenerfassung

Gegeben eine wie auch immer vereinbarte Grundgesamtheit von mietspiegelrelevanten Wohnungen, wie erfasst man deren Mieten optimal?

Aktuell geschieht die Datenerfassung in aller Regel durch Stichproben. Dahinter verbergen sich aber viele Fallen. Damit aus einer Stichprobe verlässlich auf eine Grundgesamtheit zurückgeschlossen werden kann, muss man für alle Elemente der Stichprobe die Ziehungswahrscheinlichkeiten kennen. Bei einer einfachen Zufallsstichprobe sind die für alle gleich und entsprechen dem Verhältnis „Umfang Grundgesamtheit geteilt durch Umfang Stichprobe". Mit diesem Faktor wird dann auch hochgerechnet. Dergleichen Rückschlüsse können aber zu massiven Fehlern führen, wenn die Ziehungswahrscheinlichkeiten für gewisse Teilmengen erheblich größer oder kleiner sind als für den Rest.

Solche Stichproben heißen auch „verzerrt". Eine erste mögliche Verzerrungsquelle - bei Stichproben, die sich in einem ihrer Stadien auf das Telefon verlassen - ist etwa der zuweilen beobachtete Ausschluss aller Haushalte ohne Festnetztelefon. Diese Verzerrung war etwa für das bisher größte Stichprobendesaster aller Zeiten - die Prognose der amerikanischen Präsidentenwahl 1936 durch die Zeitschrift Literary Digest - verantwortlich. Aufgrund einer Stichprobe von mehreren Millionen Wählern wurde der Kandidat der Republikaner als Sieger vorhergesagt, während in Wahrheit der Demokrat Roosevelt mit großem Vorsprung gewann. Die Zeitschrift hatte ihre Stichprobe vor allem über Telefonverzeichnisse gezogen, und die meisten Roosevelt-Wähler hatten damals noch kein Telefon. Heute sind wohl eher die viel umziehenden und hohe Mieten zahlenden Yuppies ohne Festnetztelefon.

Eine andere mögliche Verzerrungsquelle ist der oft beobachtete Ausschluss von Haushalten, wenn die Zielperson nicht Deutsch spricht. Damit sind gewisse Mietverhältnisse automatisch unterrepräsentiert. Eine der ergiebigsten Quellen möglicher Verzerrungen ist aber die hohe Verweigerungsquote, die bei fast allen auf freiwilligen Stichprobenauskünften basierenden Mietspiegeln zu beobachten ist. Wer füllt denn typischerweise ohne groß zu murren einen seitenlangen Fragebogen aus? Das sind doch nicht die vielbeschäftigten Jungunternehmer mit den hohen Einkommen und den hohen Mieten. Das sind doch eher die braven Biedermänner, die seit 20 Jahren in der gleichen Wohnung leben und ihr Geld aufs Sparbuch tragen. Solche Haushalte sind aber eher in den unteren Mietpreissegmenten anzutreffen.

In die gleiche Richtung wirken auch die oft zu beobachtenden Ausschlüsse von Haushalten aus den Gründen „Zielperson verzogen", „Zielperson nicht angetroffen", „Zielperson verreist/auf Urlaub" oder „Zielperson nicht bereit aus Zeitgründen". Das werden nicht gerade die Rentner oder Arbeitslosen sein, die deshalb aus der Stichprobe herausfallen.

17.3 Die Berechnung der Nettomieten

Zwecks besserer Vergleichbarkeit sollten Mietspiegel die Nettokaltmieten ausweisen. In der Regel tun sie das auch. Daher sind bei Inklusiv- oder Teilinklusivmieten zunächst die nicht umgelegten Betriebskosten aus den jeweiligen Mietzahlungen herauszurechnen. Das geschieht nicht immer sachgerecht. So werden etwa in vielen Mietspiegeln die Betriebskosten durchweg per Quadratmeter ausgewiesen. Das ist bei einigen Kostenarten wie etwa Strom und Heizung durchaus angebracht, bei anderen wie etwa Hauswart, Kabelgebühr oder Aufzug aber nicht. So werden etwa im Mietspiegel Bonn 2016 für einen Kabelanschluss bei einer Wohnung mit 150 Quadratmetern Fläche 22.5 Euro im Monat von der Bruttomiete abgezogen, bei einer Wohnung von 20 Quadratmetern Fläche dagegen nur 3 Euro (laut Bonner Mietspiegel 2016 betragen die mittleren Kosten für einen Kabelanschluss 0.15 Euro pro Quadratmeter (!)). Hier erscheint es sachgerechter, dergleichen Kosten wohnungsgrößenunabhängig von der Bruttomiete abzuziehen. Ansonsten sind bei vielen großen Wohnungen die errechneten Nettomieten durch überhöhten Abzug von quadratmeterbezogen Betriebskosten zu klein, und bei kleinen Wohnungen sind die in die Regressionsanalyse eingehenden Nettomieten durch unzureichende Berücksichtigung der tatsächlichen Betriebskosten zu groß.

Ebenfalls sachwidrig ist der zuweilen zu beobachtende Abzug der in einer Inklusivmiete möglicherweise enthaltenen Kosten für einen PKW-Stellplatz oder eine Garage mit einem immer gleichen Betrag. Hier steht ganz im Gegenteil zu vermuten, dass diese Kosten beträchtlich je nach Stadtteil variieren.

17.4 Die Bestimmung der Mietspiegelzellen

Die bisher angesprochenen Probleme sind aus Sicht der Statistik eher Petitessen. Die eigentlichen Hindernisse auf dem Weg zu einem sachgerechten Mietspiegel lauern anderswo. Die große und zentrale Frage eines jeden Mietspiegels ist doch die: Welche Wohnungen kommen mit welchen anderen in einen Topf? D. h., welche Wohnungen sollen miteinander „vergleichbar" sein? Der Paragraph 558 BGB nennt hier die Kriterien Art, Größe, Ausstattung, Beschaffenheit und Lage sowie energetische Ausstattung und Beschaffenheit.

Die heftigsten Debatten gibt es hier zum Kriterium „Lage". Dessen Bedeutung ist auch kaum zu übertreiben („Es gibt drei Kriterien für den Wert einer Immobilie: 1. Lage, 2. Lage, 3. Lage."). Dieses Problem der Einteilung in Lagen wird in vielen Mietspiegeln nicht gut gelöst. Das fängt mit der Anzahl der Lagen an. Im Mietspiegel für Hamburg etwa sind (oder waren lange Zeit) nur zwei Wohnlagen vorgesehen, im Mietspiegel für Berlin drei, im Mietspiegel für München vier, im Mietspiegel für Frankfurt fünf.

Natürlich sollte man die Zahl der Lagen nicht übertreiben, sonst bleiben pro Lage und pro Ausprägung der anderen Kriterien zu wenig vergleichbare Wohnungen übrig. Auf der anderen Seite enden bei nur zwei Lagen zu viele disparate Wohnungen in einem Topf. Insbesondere wäre für größere Städte (dabei wäre über „groß" zu diskutieren. 500 000 Einwohner?) noch zwischen Innen- und Außenstadt zu trennen. Damit würde etwa das im Berliner Mietspiegel 2013 zu beobachtende Dilemma vermieden, dass die Lage „mittel" etwas völlig anderes bedeutet, je nachdem ob sich die Wohnung im Innen- oder Außenstadtbereich befindet. Eine mittlere Wohnlage im inneren Stadtbereich bedeutet: Die Bebauung hat eine einfache Struktur mit gutem Zustand, das Angebot an freien Grünflächen ist vorhanden, aber begrenzt, das Straßenbild ist vergleichsweise gepflegt und die Einzelhandelsstruktur zufriedenstellend. Auch die Anbindung an den öffentlichen Personennahverkehr ist gut. Eine mittlere Wohnlage im Außenbereich dagegen ist charakterisiert durch eine offene Bebauung und ein umfangreiches Angebot an Frei und Grünflächen. Die Einzelhandelsversorgung ist eher auf einzelne Standorte konzentriert und die Anbindung an den öffentlichen Personennahverkehr nicht mehr ganz so bequem. Dass dies zwei völlig verschiedene Lagen sind, die an völlig verschiedene Präferenzen der dort Wohnenden appellieren, liegt auf der Hand.

Auch die Kriterien Alter, Ausstattung und Beschaffenheit lassen sich nicht ohne Weiteres in konkrete Klassifizierungsanleitungen übersetzen. Dementsprechend unübersichtlich und heterogen ist hierzu auch die aktuelle Vorgangsweise. Ob etwa ein Balkon zur Wohnung dazugehört oder nicht (für die meisten Mieter eine große Attraktion), berührt nicht in allen Mietspiegeln das Kriterium „Beschaffenheit". Auf der anderen Seite führen Kleinigkeiten wie Einhand-Mischbatterieen im Badezimmer zuweilen schon zu besseren Werten bei dem Kriterium „Ausstattung" (und schon haben, wie seinerzeit in München, alle Badezimmer ein Jahr später eine Einhand-Mischbatterie).

17.5 Tabellen- versus Regressionsmietspiegel

Angenommen, Problemkreis (i) ist gelöst, alle Wohnungen sind in homogene Teilmengen aufgeteilt. Bei einer Totalerhebung ist der Rest trivial. Bei einer Stichprobenerhebung aber nicht. Denn dann sind sowohl die mittleren Mieten in den einzelnen

Mietspiegelzellen als auch die zugehörigen Mietpreisspannen nur *Schätzungen* für die wahren Größen, die man ja mangels Totalerhebung nicht genau kennt.

Hier versucht man in vielen Städten, die Präzision dieser Schätzungen durch Regressionsmietspiegel zu verbessern. Und bei einem nach den Regeln der statistischen Kunst angefertigten Regressionsmietspiegel gelingt das auch. Angenommen, es gäbe für Wohnungen einer bestimmten Kategorie noch die weitere Unterteilung in klein/groß und gute Lage/schlechte Lage, d. h. es liegen vier Wohnungstypen vor. Ein Tabellenmietspiegel gibt dann für jede dieser Gruppen die durchschnittliche, aus der Stichprobe errechnete Miete an. Das ist aber nur eine Schätzung der wahren Durchschnittsmiete dieser Zelle. Und diese Schätzung ist bei kleinen Stichproben oft sehr ungenau. Ein Regressionsmietspiegel ist hier präziser, indem er unterstellt, dass die Quadratmetermieten von schlechten zu guten Lagen immer im gleichen Ausmaß steigen, ganz gleich ob klein oder groß, so wie in Tabelle 17.1.

Tab. 17.1: Hypothetische Mieten (in €) in vier Mietspiegelzellen

		Wohnlage	
		schlecht	gut
Wohnungsgröße	klein	500	700
	groß	800	1000

Mit anderen Worten, für die Zelle unten rechts ist überhaupt keine Datenerhebung nötig, bei einem korrekten Regressionsmodell weiß man vorher, wie hoch dort die mittleren Mieten sind. Denn der Unterschied der Durchschnittsmieten bei kleinen Wohungen liefert zugleich auch Informationen über den Unterschied der Durchschnittsmieten bei großen. Ist das Regressionsmodell korrekt (aber nur dann!), lassen sich per Regressionsmietspiegel ganz generell die Informationen einer Gruppe auch für andere Gruppen nutzen. Sind die mit einem Regressionsmodell verbundenen Unterstellungen aber nicht korrekt, liefert ein Regressionsmietspiegel für gewisse Merkmalskombinationen reine Phantasiewerte, die mit den wahren, für solche Wohnungen gezahlten Mieten nichts gemeinsam haben. So steigt etwa im Bonner Mietspiegel 2016 die durchschnittliche Nettokaltmiete pro Quadratmeter für eine $60m^2$ große Neubauwohnung in mittlerer Lage beim Wechsel in eine gute Lage um einen halben Euro an. Aber auch für alle anderen Baualtersklassen, Ausstattungspunkte und Verbrauchskennziffern steigt sie um einen halben Euro an. Und dieser gleichmäßige Anstieg ist nicht etwa aus den Daten abgelesen, er wird einfach unterstellt! Regressionsmietspiegel sollte man daher nur dann zulassen, wenn die Ersteller nachweislich etwas von Regressionsanalyse verstehen (etwa durch einen Master of Science in Statistics an der TU Dortmund oder der LMU München).

17.6 Die Problematik der Mietpreisspannen

Nach aktueller Rechtsprechung ist mit der ortsüblichen Vergleichsmiete nicht der Durchschnitt der Mieten in einer wie auch immer definierten Zelle eines Mietspiegels, sondern ein Intervall gemeint; die gängigen Kommentare zum Mietrecht weisen deutlich darauf hin, dass der Gesetzgeber mit der „ortsüblichen Vergleichsmiete" keinen Punktwert, sondern eine Spanne meine, und auch das Bundesministerium für Verkehr, Bau- und Wohnungswesen stellt in seinen „Hinweisen zur Erstellung von Mietspiegeln" fest, dass es sich „bei Wohnungsmärkten um unvollkommene Märkte handelt, auf denen teilweise auch für identische Wohnungen unterschiedliche Mieten verlangt werden" und schließt daraus, „dass sowohl bei Tabellen - als auch bei Regressionsmietspiegeln Spannen ausgewiesen werden sollten".

Bei der Bestimmung dieser Spannen sind wieder zwei Teilprobleme auseinanderzuhalten: (i) Die Unsicherheit, die durch eine mögliche Stichprobe entsteht, und (ii) die von dieser Unsicherheit völlig losgelöste Problematik der Mietpreisspannen an sich. Zur besseren Verdeutlichung der letzteren sei einmal unterstellt, für eine bestimmte Mietspiegelzelle liege eine Totalerhebung aller einschlägigen Mieten vor. Angenommen, davon gibt es 60 Stück, mit Quadratmetermieten (in Euro) wie in Tabelle 17.2. Dann stellt Abbildung 17.1 (ein sog. „Histogramm") diese Mietenverteilung bildlich dar. Die Verteilung ist typisch für Mieter einer Mietpreiszelle: leicht rechtsschief und unimodal.

Tab. 17.2: Quadratmetermieten (in Euro)

5.40	5.60	5.90	5.90	6.10	6.30	6.40	6.50	6.50	6.80
6.90	6.90	7.10	7.10	7.20	7.30	7.30	7.40	7.40	7.50
7.90	8.10	8.20	8.20	8.30	8.30	8.30	8.40	8.40	8.50
8.50	8.60	8.90	8.90	9.10	9.10	9.20	9.30	9.40	9.40
9.60	9.70	9.80	10.10	10.10	10.20	10.30	10.40	10.40	10.60
10.70	11.10	11.10	11.20	11.20	11.30	12.10	12.20	12.30	12.90

Nach der üblichen Vorgehensweise schneidet man nun am oberen und unteren Rand je ein Sechstel (hier also 10) aller Wohnungen ab, und erhält in diesem Beispiel eine Spanne von 6.90 Euro bis 10.60 Euro. Diese Spannengrenzen sind das 16.6% Quantil und das 83.3% Quantil aller Quadratmetermieten in dieser Zelle; sie umschließen 2/3 der Mieten dieser Zelle.

Die konkrete Wahl einer 2/3-Spanne ist mit mathematischen oder statistischen Erwägungen nicht zu begründen. Mit gleichem Recht hätte man auch oder 1/2 oder 3/4 nehmen können. Die Entscheidung für zwei Drittel ist von der gleichen Qualität wie die Entscheidung für 0.5 Promille Blutalkohol als Grenze für die Fahrtüchtigkeit im Straßenverkehr oder die Entscheidung für 18 Jahre als Beginn der Volljährigkeit im bürgerlichen Recht. In allen diesen Fällen hätte man auch anders entscheiden können, und hat ja auch zu anderen Zeiten oder an anderen Orten anders entschieden.

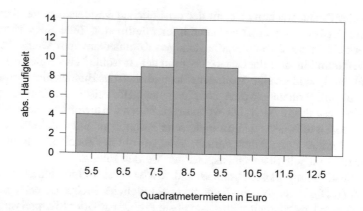

Abb. 17.1: 60 Quadratmetermieten für Wohnungen mit einer gegebenen Kombination von Wohnwertmerkmalen.

Auch das Abschneiden von jeweils einem Sechstel am oberen und unteren Ende ist innerstatistisch nur bei Kenntnis der kompletten Mietpreisverteilung in der fraglichen Zelle zu begründen. Man könnte grundsätzlich auch oben 1/12 und unten 3/13, oder oben 3/12 und unten 1/12 abschneiden, je nachdem, wo sich die „unüblichen" Mieten häufen. Es kann sogar theoretisch vorkommen, dass die am häufigsten vorkommende Miete (der sog. „Modalwert") außerhalb einer wie auch immer definierten Spanne liegt. Lediglich Eingipfligkeit im Verein mit Symmetrie schließt dergleichen unerwünschte Effekte sicher aus. In der Praxis trifft man aber kaum jemals derartige Verteilungen an, so dass nichts dagegen spricht, es bei der bisherigen Vorgangsweise zu belassen.

Die reine Breite von Mietpreisspannen hängt auch von der Anzahl der Zellen eines Mietspiegels ab. Hat ein Mietspiegel nur wenige Zellen, sind die Mietpreisspannen in aller Regel breiter, hat er viele Zellen, sind die Spannen enger. Aber keine noch so feine Auffächerung des Mietspiegels kann erreichen, dass diese Spannen ganz zusammenschrumpfen. Der Hauptgrund ist vermutlich die unterschiedliche Dauer der Mietverhältnisse; diese darf als sog. „subjektives" Merkmal nicht zur Klassifizierung des Wohnungsbestandes herangezogen werden. Aber auch andere Merkmale wie persönliche Sympathie oder Antipathie oder die Personenzahl eines Haushalts oder das Vorhandensein von Haustieren tragen oft dazu bei, dass bei ansonsten völlig gleichen Wohnungen und selbst bei identischen Vermietern der eine Mieter mehr zahlt als der andere. In München etwa wurde in einem Rechtsstreit um den dortigen Mietspiegel selbst von der Mieterseite eingeräumt, dass in gewissen Stadtteilen, „obwohl die Wohnungen innerhalb weniger Jahre errichtet wurden und nur ganz geringe Wohnwertunterschiede aufweisen", die Mieten doch noch „sehr stark streuen".

17.7 Literatur

Die Sachkenntnis des Autors ist die Folge zahlreicher Gutachten für deutsche Amts- und Landgerichte. Den immer noch aktuellen Stand der deutschen Mietspiegeldebatte findet man gut zusammengefasst in Freund, S., Hilla, V., Missal, D., Promann, J. und Woeckener, B. (2013): „Qualifizierte Mietspiegel: Verbreitung, Standardisierungsnotwendigkeiten und Qualitätsdefizite", Wohnungswirtschaft und Mietrecht 66, S. 259-263. Siehe auch Börstinghaus, U. und Börstinghaus, C. (2003): „Qualifizierte Mietspiegel in der Praxis", Neue Zeitschrift für Miet- und Wohnungsrecht 6, S. 377-416. Und auf die Interessenskonflikte bei der Erstellung von Mietspiegeln weisen Lerbs und Sebastian (2016) hin: „Mietspiegel aus ökonomischer Sicht- Vorschläge für Neuregulierung", Perspektiven der Wirtschaftspolitik 10, S. 347-363.

Teil IV
Natur und Technik

Kapitel 18
Hochwasserstatistik: Nahe am Wasser gebaut?

Svenja Fischer, Roland Fried, Andreas Schumann

Hochwasser richten enorme Schäden an. Trotz jahrzehntelanger Forschung überraschen sie uns immer noch in ihrer Wirkung, und ein besseres Verständnis ist von
hoher humanitärer und monetärer Bedeutung. Statistik hilft mit Modellen und Verfahren zur Analyse des Risikos von Hochwasser und allgemeiner extremer Naturereignisse. Wir berichten über den Stand der Forschung, laufende Entwicklungen
und offene Probleme.

18.1 Fluten in den Griff bekommen

Im August 2002 standen weite Teile der sächsischen Landeshauptstadt Dresden unter Wasser (s. Abbildung 18.1). Dabei wurden nicht nur viele seit der Wiedervereinigung 1990 neu gebaute oder renovierte Gebäude und Verkehrswege zerstört, sondern auch wesentliche Teile des Weltkulturerbes bedroht. So wurde der berühmte
Dresdner Zwinger erstmals seit 1845 wieder überflutet. Unter beziehungsweise im
Wasser standen auch die Semperoper und die benachbarten Depots der Staatlichen
Kunstsammlungen. Alleine an der Semperoper entstanden Schäden von 27 Millionen Euro. Insgesamt beliefen sich die Hochwasserschäden in Deutschland 2002 auf
9.1 Milliarden Euro, davon nur 1.8 Milliarden versichert.

   Die Überschwemmungen kamen für Dresden unerwartet. Seit der Inbetriebnahme der Moldaukaskade Mitte des 20. Jahrhunderts, einer Reihe von Talsperren in
der damaligen tschechoslowakischen Republik, war Dresden weitgehend hochwasserfrei geblieben. Die Einwohner fühlten sich sicher, das letzte derart extreme Hochwasser datierte aus dem Jahr 1890 und die Ängste waren seither verschwunden.
Kaum waren aber die Schäden der Katastrophe 2002 behoben, trat die Elbe 2013
schon wieder weit über ihre Ufer. Dieses erneute große Hochwasser war zwar niedriger als 2002, der Wasserstand überschritt aber wie 2002 den Höchstwert von 1845.
Offenbar treten Hochwasser in einer recht ungleichmäßigen zeitlichen Abfolge auf.
Diese Erfahrung machten auch die Bürger Kölns, deren Altstadt im Dezember 1993
und im Januar 1995 zweimal kurz hintereinander unter Wasser stand. Ähnlich große
Hochwasser hatte es in Köln zuletzt im Januar 1920 und im Januar 1926 gegeben.

© Springer-Verlag GmbH Deutschland, ein Teil von Springer Nature 2019
W. Krämer und C. Weihs (Hrsg.), *Faszination Statistik*,
https://doi.org/10.1007/978-3-662-60562-2_18

Abb. 18.1: Elbe-Hochwasser im August 2002, das u. a. große Teile der Innenstadt Dresdens überflutete (hier zu sehen die Münzgasse)[1].

Das Rheinhochwasser 1993 leitete eine Serie von extremen derartigen Ereignissen ein. Nach dem neuerlichen Rheinhochwasser 1995 waren 1997 die Oder, 2002 die Elbe und die Donau, 2005 weite Teile Bayerns und im Juni 2013 wiederum die Elbe und Donau betroffen, und diesmal auch die Saale. In den Tagesthemen der ARD fragte der Chefredakteur des Bayerischen Fernsehens, Sigmund Gottlieb, am 13.6.2013 entsetzt: „Ich begreife das nicht. Die versammelte Ingenieursintelligenz dieses Planeten löst fast jedes Problem. Wir haben den Mars ins Visier genommen und schaffen es nicht, die großen Fluten in den Griff zu kriegen? Das kann ja wohl nicht wahr sein!"

Ist es wirklich so? Wie bekommen wir die Fluten in den Griff? Wie kann die Statistik den Ingenieuren dabei helfen?

18.2 Was ist ein Hochwasser?

Das Wasserhaushaltsgesetz definiert „Hochwasser" als die zeitlich begrenzte Überschwemmung von normalerweise nicht mit Wasser bedecktem Land. Da die für den Hochwasserschutz Verantwortlichen solche Überschwemmungen natürlich verhindern wollen, ist eine derartige, nur an den Folgen orientierte, Ereignisdefinition nicht ausreichend. Im Wasserbau meint Hochwasser daher die zeitlich befristete Überschreitung eines Grenzwertes des Abflusses an einem bestimmten Gewässerquerschnitt. Der Abfluss ist das Volumen Wasser, das einen Flussquerschnitt in einer Zeiteinheit, meist eine Sekunde, durchfließt. Dieser Abfluss schwankt. Er ist in

---

[1] © eigenes Foto.

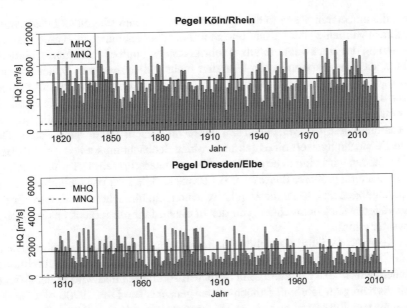

Abb. 18.2: Zeitreihen der Jahreshöchstabflüsse für die Pegel Köln/Rhein und Dresden/Elbe, sowie deren mittlerer Niedrigwasserabfluss (MNQ) und mittlerer Hochwasserabfluss (MHQ).

Deutschland im Frühjahr besonders hoch und nimmt zum Herbst meist ab. Diese Unterschiede hängen stark von der Größe des Einzugsgebietes ab, das in den jeweiligen Fluss bis zu dem betrachteten Pegel entwässert. Der mittlere Niedrigwasserabfluss (MNQ) und der mittlere Hochwasserabfluss (MHQ) (vgl. Abbildung 18.2) unterscheiden sich für den Rhein am Pegel Köln (etwa $144\,000\ km^2$ Einzugsgebiet) um den Faktor 7, für die Elbe in Dresden (Einzugsgebiet $53\,000\ km^2$) ist der Unterschied mit dem Faktor 18 bereits deutlich höher und für Bad Düben an der Mulde (Einzugsgebiet $6200\ km^2$) steigt er gar auf das 119-fache. Auch die jährlichen Hochwasserabflüsse schwanken stark. In Köln war das größte gemessene Hochwasser im Jahr 1926 um das 1.8-fache größer als besagter Mittelwert der Jahreshöchstabflüsse, in Dresden 2002 betrug er das 2.8-fache dieses Wertes und in Bad Düben (ebenfalls im Jahre 2002) das 4.7-fache.

18.3 Hochwasserrisiko und -wahrscheinlichkeiten

Auf welcher einheitlichen Grundlage kann der Hochwasserschutz dann aber geplant und das Hochwasserrisiko beurteilt werden? Zur Nutzung der fruchtbaren, aber überschwemmungsgefährdeten Talauen hat man diese Flächen im Laufe der Jahrhunderte (zum Beispiel am Niederrhein seit etwa 800 Jahren) durch Deiche geschützt. Überflutungen wurden somit seltener, man traute sich, Gebäude zu errichten, die monetären Werte in deichgeschützten Gebieten stiegen und die Schutzmaßnahmen wurden weiter verstärkt. Man musste aber erkennen, dass eine ständige Verbesserung des Hochwasserschutzes sehr kostspielig und ein absoluter Hochwasserschutz auch aus ökonomischen Gründen nicht realisierbar war. Daher hat sich die Überschreitungswahrscheinlichkeit der Hochwasserscheitelabflüsse als Grundlage der Beurteilung des Hochwasserrisikos und des Hochwasserschutzes etabliert.

Zur Bemessung des Hochwasserrisikos an einem Pegel kann man die größten Hochwasserabflüsse der verschiedenen Jahre an diesem Pegel analysieren. Der höchste Beobachtungswert eines Jahres in einer Beobachtungsreihe von zum Beispiel 100 Jahren wird einmal erreicht und 99 mal unterschritten. Der relative Anteil so großer oder gar größerer Werte ist also 1 Prozent. Geht man von gleichbleibenden Randbedingungen aus, so ist dieser relative Anteil ein einfacher Schätzwert für die Überschreitenswahrscheinlichkeit, mit der in einem Jahr ein mindestens so großes Hochwasser eintritt.

Den Kehrwert der jährlichen Überschreitungswahrscheinlichkeit (in Jahren) nennt man die „Jährlichkeit". Ein Hochwasserscheitelabfluss mit der Überschreitungswahrscheinlichkeit 1% hat eine Jährlichkeit von 100 Jahren und wird in der Öffentlichkeit deshalb gern Jahrhunderthochwasser genannt. Die DIN 19700 gibt für die Bemessung von Talsperren vor, sie an Höchstabflüssen mit einer Überschreitungswahrscheinlichkeit von 0.01% auszurichten, entsprechend einer Jährlichkeit von 10 000 Jahren.

Eine physikalische Bedeutung hat dieser Jährlichkeitsbegriff jedoch nicht. Vor 10 000 Jahren herrschten andere klimatische Verhältnisse und unsere Region befand sich noch im Übergang zwischen der Weichselkaltzeit zur heutigen Warmzeit. Genausowenig wird das Klima in Deutschland in 10 000 Jahren genau so sein wie heute. Die Jährlichkeit ist nur eine seit 100 Jahren gebräuchliche Umschreibung der Wahrscheinlichkeit. Sie sagt letztlich nichts darüber aus, in welchen Abständen große Hochwasserereignisse tatsächlich aufeinanderfolgen, wie die obigen Beispiele für Dresden und Köln belegen.

Nun kann man sehr niedrige Überschreitungswahrscheinlichkeiten, oder gleichwertig sehr hohe Jährlichkeiten von deutlich über 100 Jahren, auf dem oben beschriebenen Weg nicht aus Datenreihen mit einer Länge von 100 oder weniger Jahren schätzen. Daher bedient sich die Statistik eines Modells in Form einer Verteilungsfunktion, aus der sich für jeden möglichen Abflusswert die zugehörige Überschreitungswahrscheinlichkeit ergibt - vorausgesetzt, man hat das richtige Modell. Oft trifft man dabei theoretisch begründete Annahmen, wie die Verteilungsfunktion aussehen könnte. Dadurch reduziert sich das Problem der Anpassung einer Verteilungsfunktion an die beobachteten Jahreshöchstwerte darauf, dass einige wenige unbekannte Zahlenwerte aus den Daten geschätzt werden müssen. Diese Zahlenwerte werden Modellparameter genannt und beschreiben die Verteilung unter den getroffenen Annahmen vollständig.

Der Jahreshöchstwert ist das Maximum vieler Einzelwerte. Daher beruft man sich bei der Modellierung der Jahreshöchstwerte gerne auf das Theorem von Fisher-Tippett-Gnedenko. Demnach folgt das Maximum vieler unabhängiger identisch verteilter Einzelwerte unter gewissen mathematischen Bedingungen näherungsweise

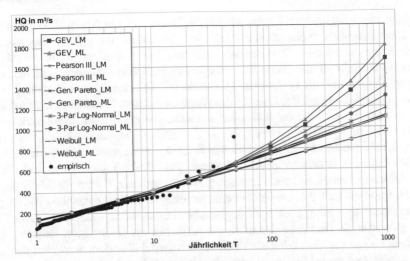

Abb. 18.3: Empirische Unterschreitungswahrscheinlichkeiten (Punkte) sowie mit verschiedenen Parameterschätzmethoden angepasste Verteilungen.

einer generalisierten Extremwertverteilung. Zur Anpassung einer solchen Generalisierten Extremwertverteilung muss man nur drei charakterisierende Parameter aus den Daten schätzen. Diese bestimmen als Lage-, Skalen- und Formparameter das mittlere Niveau, die Variabilität und die Geschwindigkeit des Abklingens der Überschreitungswahrscheinlichkeiten für steigende Werte. Da insbesondere der Formparameter aus kurzen Messreihen sehr schwer zu schätzen ist, vereinfacht man das Problem oft weiter und setzt ihn etwas willkürlich auf den Wert 0, was zur Gumbelverteilung als wichtigem Spezialfall der Generalisierten Extremwertverteilung führt. Neben der Generalisierten Extremwertverteilung sind aber auch ähnliche Modelle wie die Pearson-III-Verteilung gebräuchlich.

Zum Schätzen der Modellparameter gibt es verschiedene statistische Methoden, wobei in Deutschland zumeist sog. L-Momente, oder alternativ die Methode der Produktmomente oder Maximum-Likelihood-Schätzer verwendet werden. Für die Bemessung beispielsweise einer Talsperre verwendet man dann das 99.99% Quantil des geschätzten Verteilungsmodells, also den Wert, der bei Gültigkeit des Modells nur mit einer Wahrscheinlichkeit von 0.01% überschritten wird. Während sich die geschätzten Quantile für kleine und mittlere Werte generell sehr ähneln, treten gerade im rechten Rand (extreme Hochwasser) große Unterschiede zwischen den Verteilungsmodellen und Schätzmethoden auf. Bei einer Jährlichkeit von 100 Jahren unterscheiden sich die geschätzten Quantile unter Umständen um 30-40%, und für noch höhere Jährlichkeiten werden diese Unterschiede noch größer, siehe Abbildung 18.3. Oft versucht man, durch einen Vergleich der berechneten Werte mit den beobachteten Häufigkeiten eine angemessene Berechnungsweise auszuwählen.

Bei der Untersuchung von Jahreshöchstabflüssen beschränkt man sich auf einen einzigen Wert pro Jahr. Weitere Hochwasser im gleichen Jahr werden nicht berücksichtigt, eventuell niedrigere Jahreshöchstabflüsse in anderen Jahren hingegen schon. Es kann also vorkommen, dass die Jahreshöchstabflüsse die größten Hochwasser nicht komplett erfassen. Statt der Jahreshöchstabflüsse werden für die statistische Analyse deshalb oft alle Werte über einem vorgegebenen Schwellenwert herangezogen. Bei diesem, als Peaks-over-Threshold (POT) bezeichneten Verfahren stellt sich zunächst die Frage der Datenbasis. Werte an aufeinanderfolgenden Tagen sind stark abhängig voneinander und daher schlecht geeignet. Auch Monatshöchstabflüsse sind nicht immer unabhängig, da der nächste Monatshöchstwert am Anfang des Folgemonats noch zum gleichen Hochwasserereignis gehören kann. Diese Abhängigkeit ist in jedem Einzelfall zu überprüfen. Problematisch ist auch die Wahl des Schwellenwertes. Er kann statistisch gewählt werden, z. B. über die Methode des Mean-Residual-Life-Plots, oder über eine festgelegte mittlere Anzahl an Werten pro Jahr. Teilweise wird er auch hydrologisch bestimmt, indem man Werte größer als das Doppelte bis Dreifache des mittleren Abflusses als Hochwasser definiert. Um schließlich von der Verteilung der Hochwasserscheitel über dem Schwellenwert auf die Jährlichkeit zu schließen, werden die Überschreitungen in einem Jahr mittels eines sog. Poisson-Prozesses modelliert und beide Teilmodelle gemäß dem Prinzip der totalen Wahrscheinlichkeit miteinander kombiniert.

18.4 Robuste Schätzungen

Neue Jahreshöchstwerte oder Schwellwertüberschreitungen ändern die Schätzungen der Quantilswerte, die in die Bemessung z. B. eines Hochwasserschutzdeiches eingehen. Nach einem großen Hochwasser werden die Quantile der Verteilung angesichts der oft sehr kurzen Beobachtungsreihen von 50 oder weniger Jahren deutlich höher als zuvor geschätzt, so dass der Deich - selbst wenn nach dem Hochwasser noch vorhanden - zu niedrig erscheint und erhöht werden müsste. Wenn dann längere Zeit kein großes Hochwasser auftritt, wird die geschätzte Überschreitungswahrscheinlichkeit wieder geringer, um dann beim nächsten Großereignis wieder anzusteigen. Diese Schwankungen irritieren. Um sie zu reduzieren, haben wir neue robuste Schätzverfahren für die Parameter der Verteilungsfunktion untersucht. Robustheit im statistischen Sinne bedeutet, dass einzelne, besonders große oder kleine Werte nur beschränkten Einfluss auf die Schätzergebnisse wie die angepasste Verteilungsfunktion oder die resultierende Jährlichkeit haben. Neue Beobachtungswerte können unsere Schätzungen verbessern, ein einzelnes sehr großes Hochwasserereignis sie aber nicht komplett umstoßen.

Das bekannteste Beispiel eines robusten Schätzers ist der Median als Kennwert für die mittlere Lage. Während das arithmetische Mittel stark durch einzelne extreme Werte beeinflusst wird, entspricht der Median dem Wert, der in der nach Größe geordneten Messreihe in der Mitte steht. Der Maximalwert beeinflusst den Median nur dadurch, dass er bei aufsteigender Wertereihenfolge rechts vom Median steht, sein genauer Wert ist aber unerheblich. Wenn dies zu grob erscheint, kann man als Kompromiss zwischen Median und arithmetischem Mittel ein getrimmtes Mit-

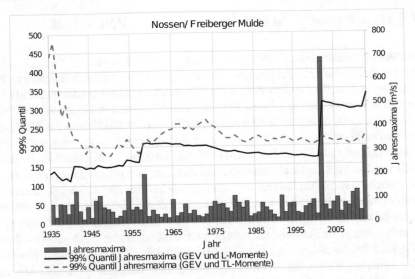

Abb. 18.4: Jahreshöchstabflüsse des Pegels Nossen/ Freiberger Mulde und geschätztes 99%-Quantil mittels L-Momenten und robusten TL-Momenten.

tel verwenden, bei dem beispielsweise das arithmetische Mittel der mittleren Hälfte oder der mittleren 90% der Daten berechnet wird. Getrimmte Mittel dienen im Sport oft zum Zusammenfassen der Bewertungen von Punktrichtern, weil die höchsten und die niedrigsten Bewertungen nicht unbedingt aussagekräftig sind.

Die Hochwasserstatistik erfordert natürlich kompliziertere Methoden. Das einfachste Beispiel sind die getrimmten L-Momente (TL-Momente), die ähnlich zum getrimmten Mittel den Einfluss extremer Einzelwerte über einen Trimmungsfaktor reduzieren. Trotz dieses Trimmens werden Extremereignisse hierdurch nicht systematisch unterschätzt, da die Existenz der getrimmten extremsten Werte sehr wohl berücksichtigt wird, nicht aber ihr stark vom Zufall abhängiger genauer Wert. Simulationen sehr langer künstlicher Hochwasserzeitreihen bestätigen, dass die kurzen Reihenlängen und somit der große Einfluss sehr seltener Hochwasser Ursache für die hohen Schwankungen der Schätzergebnisse nicht robuster Verfahren sind. Wären die Beobachtungsreihen länger, würden die Schätzungen auf Basis z. B. der L-Momente auf das Niveau der robusten Schätzungen abfallen, wie das Beispiel in Abbildung 18.4 zeigt. Während sich die Schätzung mit den nicht-robusten L-Momenten nach jedem großen Hochwasser stark erhöht, bleibt die Schätzung mittels robuster TL-Momente recht stabil über die Zeit. Nach einer Abklingphase bewegen sich die Ergebnisse der nicht-robusten Schätzer aber auf das Niveau der robusten Schätzer.

18.5 Hochwassertypen und Änderungen im Zeitverlauf

Hochwasserwahrscheinlichkeiten können sich über die Zeit ändern. Damit ist nicht die im vorigen Abschnitt besprochene Änderung von Schätzwerten durch neue Beobachtungen gemeint, sondern Folgen von Klimaschwankungen oder menschlichen Eingriffen. Unter anderem können flussbauliche Maßnahmen Hochwasserabflüsse so beschleunigen, dass sich Wellen aus Nebenflüssen ungünstig mit der Hochwasserwelle des Hauptflusses überlagern. Durch den Ausbau des Oberrheins zum Beispiel überlagern sich dessen Hochwasserscheitel ungünstig mit denen des Neckars. Damit werden extreme Hochwasserscheitel häufiger, die vorher berechneten Überschreitungswahrscheinlichkeiten sind also zu klein. Die Auswirkungen derartiger Veränderungen kann man in den Berechnungen durch Korrekturen der Beobachtungsreihe berücksichtigen, so dass diese den heutigen Verhältnissen entspricht.

Auch klimatische Faktoren beeinflussen das Auftreten von Hochwassern. Zwölf große Hochwasserereignisse, die seit 1920 zeitgleich an Donau, Rhein, Elbe und Weser auftraten, ereigneten sich stets in den Monaten Januar, Februar oder März. In jedem dieser Fälle war Ursache die Schneeschmelze, oftmals verbunden mit Eisstau. Nun schwankt die Häufigkeit der Schneebedeckung in Deutschland zwischen den Jahrzehnten stark. Außer durch Schneeschmelze entsteht Hochwasser auch durch Regen, ohne dass aus den Höchstwerten des Abflusses ersichtlich wird, welche Ereignistypen jeweils vorliegen. Ein mehrstündiger Starkregen mit hoher Regenintensität kann zu einer kurzen und steilen Hochwasserwelle führen. Ein gleich hoher Scheitelabfluss kann auch in Folge eines mehrtägigen Dauerregens auftreten, jedoch bei deutlich größerem Volumen der Hochwasserwelle (vgl. Abbildung 18.5). Schneeschmelzen wiederum führen zu sehr langanhaltenden Hochwassern mit sehr großem Volumen. In Deutschland treten Hochwasserereignisse am häufigsten wegen Dauerregen auf, während die durch Starkregen verursachten Hochwasser seltener und meist nur in den Sommermonaten vorkommen, häufig in Verbindung mit Gewittern. Diese saisonalen Unterschiede machen eine Generalisierten Extremwertverteilung für die Jahreshöchstwerte fraglich, da sie theoretisch nur für Maxima identisch verteilter Einzelwerte gerechtfertigt ist.

Um diese Unterschiede zu berücksichtigen, können wir Starkregen-, Dauerregen- und Schneeschmelzereignisse separat betrachten und für jeden dieser Hochwassertypen im Rahmen des POT-Ansatzes eine eigene Verteilungsfunktion an die Beobachtungen oberhalb des Schwellenwertes anpassen. Für eine Aussage über die Jährlichkeit haben wir diese Verteilungen über ein Mischungsmodell, d. h. eine additive Kombination der Verteilungsfunktionen mit Gewichtungen entsprechend der relativen Häufigkeit der Hochwassertypen, wieder zusammengebracht.

Die Hochwassertypen unterscheiden sich auch in ihrem saisonalen Auftreten. Das Beispiel von Schneeschmelzhochwassern macht klar, dass nicht jeder Hochwassertyp in jeder Saison gleich häufig auftritt. Und auch die Ausprägung eines Hochwassers kann saisonal aufgrund verschiedener Rahmenbedingungen variieren. Trifft Niederschlag auf einen bereits feuchten Boden, wie oft im Frühjahr, so führt dies schneller zum Abfluss, da weniger Wasser im Boden gespeichert werden kann. Das Hochwasser fällt dann eher größer aus als bei trockenem Boden mit mehr Spei-

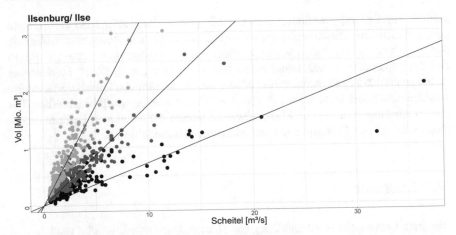

Abb. 18.5: Typisierung von Hochwassern in Starkregen-Ereignisse (schwarz), Dauerregen-Ereignisse (grau) und Schnee(schmelz)-Ereignisse (hellgrau) anhand ihres Scheitel-Volumen-Verhältnisses für den Pegel Ilsenburg/ Ilse.

cherraum. Neben der Vorfeuchte gibt es viele weitere saisonabhängige Einflussfaktoren, so dass auch eine saison-differenzierte Anpassung von Verteilungsfunktionen sinnvoll ist. Eine solche Unterscheidung verschiedener Typen und Saisons ist potentiell informativer als eine undifferenzierte gemeinsame Betrachtung von Beobachtungsreihen mit heterogenem Hintergrund.

18.6 Regionalisierung

Bei den meisten Pegeln stehen nur vergleichsweise wenige, in manchen Flussregionen sogar gar keine Messwerte für die Schätzung der Modellparameter zur Verfügung. Bei einer Regionalisierung wertet man daher die Messwerte mehrerer hydrologisch mit dem Zieleinzugsgebiet vergleichbarer Einzugsgebiete gemeinsam aus. Für vorhandene Pegel erlaubt die gemeinsame Schätzung aus Einzugsgebieten mit ähnlichen statistischen Eigenschaften präzisere Aussagen über Überschreitungswahrscheinlichkeiten. Für Regionen ohne Messwerte werden Aussagen zu Überschreitungswahrscheinlichkeiten so überhaupt erst möglich.

Nun verhalten sich Hochwasser an verschiedenen Pegeln nicht exakt gleich. Die viel verwendete „Index Flood" Annahme besagt, dass sich die Hochwasserverteilungen bei einer Gruppe gleichartiger Einzugsgebiete nur um einen Skalierungsfaktor unterscheiden. Hierfür sind zunächst homogene Gruppen ähnlicher Einzugsgebiete zu bilden und dann gemeinsame Schätzungen der innerhalb der Gruppe als gleich unterstellten Modellparameter zu bestimmen. Um die verbliebenen Unterschiede zwischen den Pegeln zu berücksichtigen, schätzen wir den Skalierungsfaktor mittels der Einzugsgebietskennwerte wie Größe, Höhe oder Landnutzung des Einzugsgebiets. Für die Gruppenbildung nutzen wir Expertenwissen erfahrener Hydrologen sowie statistische Clusterverfahren auf Basis der Lage, der Bodenbeschaffenheit, der umgebenden Vegetation sowie weiterer Charakteristika der einzelnen Pegel. Bei der gemeinsamen Schätzung ist zu beachten, dass „zeitgleiche" Hochwasser an benachbarten Pegeln voneinander abhängen. Herkömmliche korrelationsbasierte Ansätze helfen hier nicht weiter, da sie eine mittlere Abhängigkeit beschreiben. Für die gemeinsame Analyse von Maximalwerten nutzen wir daher sog. Extremwertcopulas, die gezielt Abhängigkeiten im Extrembereich modellieren.

18.7 Literatur

Die erste systematische Abhandlung zur Hochwasserstatistik ist die 1942 in den Annals of Mathematical Statistics erschienene Veröffentlichung „The return period of flood flows" von Emil Julius Gumbel, einem gebürtigen Deutschen jüdischen Glaubens, der 1940 aus seinem Pariser Asyl in die USA floh. Die Aussagen zur robusten Statistik in der Hydrologie in Abschnitt 18.3 beruhen hauptsächlich auf Fischer, S. & Schumann, A. (2016), „Robust flood statistics - comparison of peak over threshold approaches based on monthly maxima and TL-moments" , Hydrological Sciences Journal 61, S. 457-470. Die typen- und saison-differenzierte Hochwasserstatistik aus Abschnitt 18.5 ist nachzulesen in Fischer, S., Schumann, A.H. & Schulte, M. (2016), „Characterisation of seasonal flood types according to timescales in mixed probability distributions", Journal of Hydrology 539, S. 38-56, sowie in Fischer, S. (2018), „A seasonal mixed-POT model to estimate high flood quantiles from different event types and seasons", Journal of Applied Statistics 45:15, S. 2831-2847, DOI: 10.1080/02664763.2018.1441385. Mehr über Regionalisierung findet sich z. B. in Lilienthal, J., Fried, R., & Schumann A.H. (2018),„Homogeneity testing for skewed and cross-correlated data in regional flood frequency analysis" , Journal of Hydrology 556, S. 557-571.

Kapitel 19
Mit Statistik weniger Ausschuss

Claus Weihs, Nadja Bauer

Kein Unternehmen produziert gerne Ausschuss. Die Six-Sigma Methode ist ein anerkannter Prozess zur Reduktion von Ausschussraten. Sie demonstriert das passgenaue Zusammenwirken von Methoden der Statistik und des modernen Managements.

19.1 Ausschuss beim Tiefbohren

Anders als der Name vermuten lässt, bohrt man beim Tiefbohren nicht notwendig tief. Gemeint sind nämlich spanabhebende (spanende) Fertigungsverfahren, die zur Herstellung von Bohrungen mit einem größeren Verhältnis von Länge zu Durchmesser (zwischen dreifach bis über 100-fach) zum Einsatz kommen. Das BTA (Boring and Trepanning Association) Tiefbohrverfahren verwendet meistens Bohrungsdurchmesser von ca. 18 bis 2000 mm. Dabei werden die Späne mit Öl als Kühlschmiermittel durch das Innere des Rohres abtransportiert.

Wir betrachten hier ein Unternehmen, das mit dem BTA-Verfahren Werkstücke für Turbinen produziert, und mit einer hohen Rate an Fertigungsfehlern und einer sinkenden Anzahl an Aufträgen wegen Kundenunzufriedenheit zu kämpfen hat. Bei dem Bohrprozess tritt ein für die Tiefbohrung typisches Problem auf, das durch selbsterregte Torsionsschwingungen erzeugte sogenannte *Rattern*. Dabei führen radial verlaufende sogenannte Rattermarken auf dem Bohrgrund des Werkstücks zu großem Qualitätsverlust und erhöhtem Werkzeugverschleiß. Ziel des Projektes ist die Senkung der Defektrate. Im Idealfall ist der sogenannte Six-Sigma Standard (maximal 3.4 Defekte pro 1 Million Stück) zu erreichen.

19.2 Qualitätsverbesserung: Six Sigma

Der griechische Buchstabe σ (Sigma) bezeichnet hier die Standardabweichung eines normalverteilten Prozesses mit dem Mittelwert μ. Die Entfernung der Toleranz-

© Springer-Verlag GmbH Deutschland, ein Teil von Springer Nature 2019
W. Krämer und C. Weihs (Hrsg.), *Faszination Statistik*,
https://doi.org/10.1007/978-3-662-60562-2_19

grenzen vom Prozessmittelwert in Vielfachen von σ ist ein Maßstab für die Fähigkeit eines Prozesses, eine vorgegebene Produktspezifikation einzuhalten. Ziel der Six-Sigma Methode ist es, dass Abweichungen der Prozessqualität vom Mittelwert von der Größe des 6-fachen der Standardabweichung noch in den Toleranzgrenzen liegen (s. Abbildung 19.1). Das entspricht einem Ausschuss von höchstens 3.4 Einheiten pro eine Millionen Produkte. Um dieses ambitionierte Ziel zu erreichen,

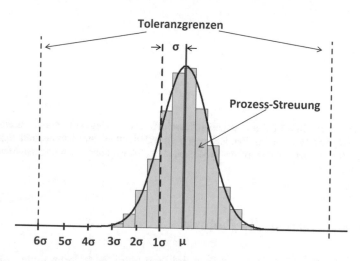

Abb. 19.1: Veranschaulichung der 6σ-Idee anhand einer Normalverteilung: Abweichungen von mehr als 6σ nach oben oder unten haben eine Wahrscheinlichkeit von 0.00034 Prozent.

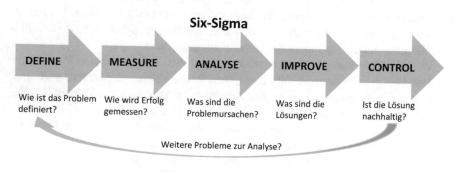

Abb. 19.2: Der DMAIC Zyklus.

verwendet die Statistik den sogenannten **DMAIC**-Ansatz (Define, Measure, Analyze, Improve, Control), einen datengetriebenen Methodenzyklus zur Analyse, Optimierung und Stabilisierung von Wirtschaftsprozessen (s. Abbildung 19.2). Diesen Zyklus wenden wir hier zur Verbesserung des Tiefbohrprozesses an.

Problemdefinition (Define)

Die Produktion durchläuft standardmäßig die folgenden Prozessschritte:

1. Eingang eines Auftrages
2. Bestellung der Bohrköpfe (falls notwendig) und unbearbeiteter Werkstücke
3. Durchführung der Bohrung mittels der BTA-Tiefbohrmaschine
4. Überprüfung der Qualität der gefertigten Werkstücke
5. Lieferung der Produktion an den Auftraggeber.

Jedes 20. gefertigte Werkstück weist trotz konstanter BTA-Maschineneinstellungen geringe oder erhebliche Mängel auf. Gefertigte Werkstücke passieren eine Qualitätskontrollmaschine, die die Werkstücke mit erheblichen Mängeln aussortiert (ca. 1% der Fertigungen). Der Auftraggeber hat seinerseits eigene Qualitätskontrollen und reklamiert gelegentlich einen Teil der Lieferung. Die hohe Reklamationsrate hat bereits einen Auftragsrückgang verursacht. Die Mitarbeiter nennen drei mögliche Verursacher der Probleme:

1. **Zulieferer**: Die Qualität der Bohrköpfe variiert zwischen den drei Zulieferern.
2. **Maschineneinstellungen**: Die Qualität der Werkstücke hängt von den Maschineneinstellungen ab.
3. **Qualitätskontrolle**: Die Qualitätskontrollmaschine identifiziert Teile als mangelhaft, die nicht mangelhaft sind, und umgekehrt.

Der erste Schritt in Richtung weniger Ausschuss ist eine Priorisierung: Auf welchen möglichen Verursacher konzentrieren wir uns? Für diese Entscheidung gibt es verschiedene Management Methoden, wie z. B. die informative Darstellung der Prozessschritte und die Projektreihung auf der Basis der Wichtigkeit für den Kunden, einer möglichen Kostensenkung, der Machbarkeit und der Hebelwirkung für andere Prozesse. Auf die Darstellung dieser Methoden verzichten wir hier. Für uns ist nur wichtig, dass sich dabei die Fehlerquelle **Maschineneinstellungen** als die wichtigste erweist. Für diese Fehlerquelle erstellen wir dann einen sog. *Projektsteckbrief*, der beschreibt, was über das gewählte Projekt schon bekannt ist, und der das Analyseziel fixiert.

Gemessener Ausschuss (Measure)

Das Produktionsdatenarchiv enthält für das Projekt relevante historische Daten zu vier Parametern der BTA-Maschine. Tabelle 19.1 zeigt die Spezifikationen dieser Merkmale, Tabelle 19.2 die 20 verfügbaren Kombinationen der Werte dieser Einflussmerkmale sowie die dazugehörigen Anteile von Bohrungswiederholungen, bei denen Rattern auftrat (Ausschussanteil).

Um die Wirkung der Veränderung der Merkmale zu verdeutlichen, unterteilen wir die Versuchsergebnisse in akzeptabel (wenn der Ausschussanteil kleiner als 0.01 ist) und nicht akzeptabel (sonst). Kleine Ausschussanteile sind also akzeptabel. Auf diese Weise werden 7 der 20 Versuchsbedingungen als akzeptabel bezeichnet. Abbildung 19.3 veranschaulicht die Verteilung der Einflussmerkmale für die beiden Gruppen mittels Boxplots und Säulendiagrammen.

Tab. 19.1: Parameter der BTA-Tiefbohrmaschine, UG = untere Grenze, OG = obere Grenze

Kürzel	Bezeichnung	UG	OG
vc	Schnittgeschwindigkeit	60 m/min	120 m/min
f	Vorschubgeschwindigkeit	0.05 mm/sec	0.25 mm/sec
oel	Öldruck	150 bar	450 bar
b	Lieferant der Bohrköpfe	Werte 1, 2, 3 für Lieferant A, B, C	

Tab. 19.2: Auszug aus dem Produktionsdaten-Archiv (akzeptable Ausschussanteile **fett**)

vc	f	oel	b	Ausschussanteil
120	0.25	450	1	0.012
120	0.05	450	3	**0.003**
60	0.005	450	2	**0.006**
90	0.15	173	1	0.089
64.5	0.15	300	2	0.016
90	0.235	300	3	**0.009**
120	0.05	150	1	0.136
90	0.065	300	1	0.032
120	0.25	150	2	0.100
120	0.25	450	2	**0.006**
60	0.25	150	2	0.090
120	0.05	150	3	0.039
60	0.25	450	3	**0.003**
60	0.25	150	3	0.045
90	0.065	300	2	0.017
64.5	0.15	300	3	**0.009**
60	0.25	450	1	0.012
120	0.05	150	2	0.084
90	0.15	300	2	0.016
90	0.15	300	3	**0.009**

Man sieht, dass es bei den verschiedenen Einstellungen der Merkmale vc und f anscheinend kaum Unterschiede in Bezug auf die Akzeptanz der Bauteile gibt. Dagegen sind alle Fertigungsergebnisse bei einem Öldruck kleiner als 300 bar nicht akzeptabel. Weiterhin scheint der dritte Lieferant der Bohrköpfe besonders gut zu sein. Diese Erkenntnisse können allerdings dadurch verzerrt sein, dass die Einflussmerkmale korreliert sind. Für eine verlässliche Bestimmung der Merkmalseffekte ist eine statistische Versuchsplanung notwendig (vgl. den letzten Absatz von Abschnitt 19.2).

Rattern spiegelt sich in einer erhöhten Oberflächenrauheit wider. Gebräuchlich als Obergrenze (obere Spezifikationsgrenze) für die mittlere Rautiefe ist der Wert 3.2 μm. Für die Messung der mittleren Rautiefe stehen zwei Messgeräte (M1, M2) zur Verfügung. Bei einer sogenannten *Messsystemanalyse* wird ein Musterwerkstück mit bekannter mittlerer Rautiefe (hier 3 μm) mehrmals (hier 50 mal) von den Messgeräten vermessen und die Ergebnisse graphisch dargestellt (vgl. Abbil-

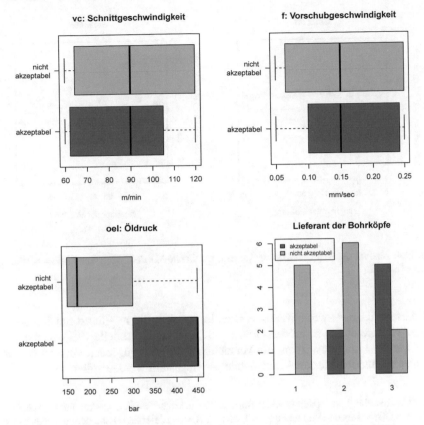

Abb. 19.3: Abhängigkeit zwischen den Einflussmerkmalen und Akzeptanz.

dung 19.4). Dabei stellt sich heraus, dass das Gerät M1 zwar präziser als M2 misst (d. h. mit weniger Streuung), aber nicht genau (d. h. im Mittel den Sollwert nicht trifft). Der wahre Wert wird systematisch um ca. 0.1 μm überschätzt. Das zweite Gerät misst dagegen genau (im Mittel 3 μm), aber die Streuung ist zu breit, um akzeptiert zu werden. Nach einem Hinweis des Herstellers zur Vermeidung der systematischen Überschätzung entscheidet sich das Unternehmen für das Gerät M1.

Datenanalyse (Analyze)

Unser Ziel ist die Prozessoptimierung durch die Modellierung der Oberflächenrauheit in Abhängigkeit von den Merkmalen f, vc, oel und b mit Hilfe von statistischer *Versuchsplanung*. Bei dem Merkmal b ist zu beachten, dass Lieferant B (b = 2) inzwischen den Produktionsort verlegt hat, so dass aus wirtschaftlichen Gründen nur noch die beiden Lieferanten A und C in Frage kommen.

Zur Überprüfung der Signifikanz des Einflusses der vier Merkmale auf die Zielgröße eignen sich sogenannte Screening-Versuchspläne besonders gut. Pro Merk-

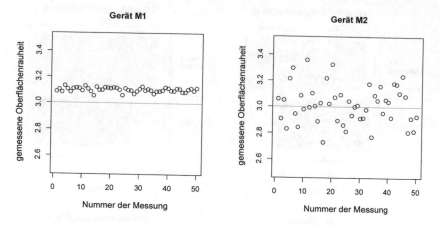

Abb. 19.4: Analyse der Rauheit-Messung (in μm) für Geräte M1 und M2; grüne Linie = bekannte mittlere Rautiefe.

mal dürfen hier nur zwei Niveaus verwendet werden, die möglichst am Rand des zulässigen Bereichs, d. h. auf den Grenzen UG und OG (s. Tabelle 19.1), liegen und mit -1 und $+1$ kodiert werden. Ein Versuchsplan schreibt für jeden Versuch vor, ob die interessierenden Merkmale auf $-$ oder $+$ eingestellt werden sollen.

Tab. 19.3: Ausschnitt aus einem Plackett-Burman Versuchsplan mit den Merkmalen vc, f, oel ($-$ = UG, $+$ = OG, s. Tabelle 19.1) und b ($-$ = Lieferant A, $+$ = Lieferant C) und dem dazugehörigen mittleren Wert der Zielgröße Rauheit (in μm)

Versuch	vc	f	oel	b	Rauheit
1	$-$	$-$	$-$	$-$	39.67
2	$+$	$-$	$+$	$-$	8.52
3	$-$	$+$	$+$	$+$	22.04
4	$+$	$+$	$+$	$+$	6.71
5	$-$	$-$	$-$	$+$	38.43
6	$-$	$+$	$+$	$-$	23.28
7	$-$	$-$	$+$	$+$	21.63
8	$+$	$-$	$-$	$+$	24.08
9	$+$	$-$	$+$	$-$	8.52
10	$+$	$+$	$-$	$+$	23.51
11	$-$	$+$	$-$	$-$	40.08
12	$+$	$+$	$-$	$-$	24.75

Die bekanntesten Screening-Pläne sind die Plackett-Burman Pläne. Tabelle 19.3 zeigt den verwendeten Ausschnitt aus einem solchen Plan mit 12 Versuchen sowie die dazugehörigen experimentell bestimmten Werte der Zielgröße Rauheit (Mittelwerte über 10 Fertigungen). Jede Zeile entspricht einer experimentellen Einstellung und jede Spalte einem Einflussmerkmal. Die Besonderheit dieses Planes ist, dass die Merkmale (Spalten) unkorreliert sind. Nur in solchen Plänen sind die Effekte der Merkmale unabhängig voneinander bestimmbar.

Aus der Auswertung der Daten des Versuchsplanes mit linearer Regression ergeben sich folgende Schlussfolgerungen:

- Merkmal vc hat einen starken negativen Einfluss (je höher die Vorschubgeschwindigkeit desto geringer ist die Rauheit),
- Merkmal oel hat einen negativen Einfluss (je höher der Öldruck desto geringer ist die Rauheit),
- Merkmal b hat einen negativen Einfluss (Lieferant C ist besser) und
- Merkmal f scheint keinen Einfluss auf die Zielgröße zu haben.

Wir sollten die Bohrköpfe also nur von dem Lieferanten C beziehen und höhere Werte der beiden Merkmale Schnittgeschwindigkeit (vc) und Öldruck (oel) erscheinen besser. Da das Merkmal Vorschubgeschwindigkeit (f) keinen Einfluss zu haben scheint, wird es auf den mittleren Wert im zulässigen Bereich (f = 0.15 mm/sec) festgesetzt. Im Gegensatz zu den Ergebnissen in Abschnitt 19.2 erweist sich der Parameter vc hier als wichtig. Allerdings ist die Zielgröße hier anders definiert. Trotzdem verdeutlicht dieses Ergebnis die Wichtigkeit der Versuchsplanung und der gleichzeitigen Analyse mit allen Merkmalen.

Prozessverbesserung (Improve)

Zur Optimierung der Einstellungen der beiden verbliebenen Merkmale Schnittgeschwindigkeit (vc) und Öldruck (oel) benutzen wir einen so genannten inscribed zentral-zusammengesetzten Versuchsplan. Dabei werden mehr als zwei Werte pro Merkmal verwendet, um quadratische Einflüsse messen zu können. Das gefundene Modell passt sehr gut zu den Daten und das quadratische Modell mit den geschätzten Koeffizienten hat die Form:

$$\text{Rauheit} = 114.732 - 0.23656 \cdot \text{oel} - 1.143967 \cdot \text{vc} + 0.000141 \cdot \text{vc} \cdot \text{oel}$$
$$+ 0.000276 \cdot \text{oel}^2 + 0.004638 \cdot \text{vc}^2.$$

Setzt man die Ableitungen nach vc und oel gleich Null, bekommt man das Minimum der Funktion ungefähr in vc = 119 m/min und oel = 407 bar, also fast am oberen Rand des zulässigen Bereichs (vgl. Tabelle 19.1). Bei diesen Einstellungen ist die Rauheit gleich 0.54 μm, also nahezu Null und damit nahezu optimal.

Prozesskontrolle (Control)

Wir verwenden die optimierten Einstellungen und überprüfen mit Hilfe einer sog. *Kontrollkarte*, wie sich der Prozess bei 500 neuen Beobachtungen über die Zeit verhält (vgl. Abbildung 19.5). Dabei begrenzen die untere und obere Kontrollgrenze den Bereich, in dem die Zielgröße mit 95% Wahrscheinlichkeit liegt, wenn sich der Prozess nicht ändert. Wir sehen nur einen einzelnen Wert außerhalb der Kontrollgrenzen, der Prozess scheint also evtl. kurzfristig außer Kontrolle zu sein. Da das aber nur ein einzelner Wert von 500 ist, ignorieren wir diesen Ausreißer.

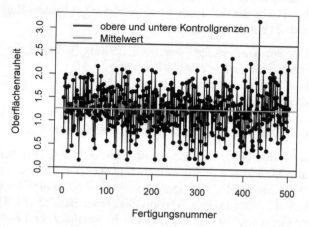

Abb. 19.5: Kontrollkarte für die Zielvariable Rauheit (in μm) bei optimalen Merkmalseinstellungen.

Eine *Prozessfähigkeitsanalyse* setzt die Schwankungsbreite der Zielgrößenmessungen ins Verhltnis zur Spezifikation. Aus dieser Analyse erhält man eine Wahrscheinlichkeit von 0.001056 Prozent, also ungefähr 11 pro 1 Millionen, dass die obere Spezifikationsgrenze von 3.2 μm überschritten wird. Damit kommen wir der Anforderung von 3.4 pro 1 Millionen sehr nahe.

19.3 Literatur

Die Problemstellung und das Vorgehen sind einem Forschungsprojekt des Erstautors mit der Fakultät Maschinenbau entlehnt. Weitere Informationen zum BTA-Tiefbohrprozess finden sich in Webber (2007), „Untersuchungen zur bohrtiefenabhängigen Prozessdynamik beim BTA-Tiefbohren", Band 39 der Schriftenreihe des ISF, TU Dortmund. Zu weiteren Informationen zu den Versuchsplänen in den Absätzen 19.2 und 19.2 und zu Kontrollkarten bzw. Prozessfähigkeit siehe Weihs und Jessenberger (1999), „Statistische Methoden zu Qualitätssicherung und Optimierung", Wiley-VCH, S. 239, 250 und ab S. 282 bzw. 351.

Kapitel 20
Statistik und die Zuverlässigkeit von technischen Produkten

Christine H. Müller

Die ICE-Katastrophe von Eschede im Juni 1998 mit mehr als 100 Toten hat gezeigt, welche Folgen auftreten können, wenn ein technisches Produkt versagt. Dabei war nur ein Rad durch Materialermüdung gebrochen. Daraufhin wurden viele Züge für längere Zeit aus dem Verkehr gezogen, woraus ein Verkehrschaos entstand. War das überhaupt nötig? Und hätte man das Unglück durch bessere Zuverlässigkeitsanalyse vermeiden können? Dazu hat die Statistik einiges zu sagen.

20.1 Zuverlässigkeit und Zufall

Lange hat man geglaubt, dass Statistik in der Technik nicht gebraucht wird, da alles durch die deterministischen Gesetzmäßigkeiten der Mechanik gegeben ist. Aber der Zufall spielt in der Technik eine größere Rolle, als man denkt. So hängen etwa die Haltbarkeit und Abnutzung vom Gebrauch ab, der zufällig erfolgt, und zufällige klimatische Einflüsse beeinflussen die Korrosion. Selbst unter konstanten Bedingungen altern technische Produkte unterschiedlich schnell. So ist etwa Materialermüdung häufig auf Mikrorisse, die zufällig entstehen und wachsen, zurückzuführen.

Dieses Risswachstum ist grundsätzlich ein zufälliger Prozess, auch wenn man immer wieder versucht, diesen deterministisch zu beschreiben. Insbesondere beeinflussen zufällige atomare Prozesse das Entstehen und Wachsen der Mikrorisse. Hinzu kommen zufällige Mikrostrukturen des Materials, in dem die Risse wachsen. Abbildung 20.1 zeigt die durch ein Mikroskop fotografierte Oberfläche einer Stahlprobe am Anfang, sowie nach 5 000 und 18 000 zyklischen Lastwechseln. Die entstandenen Mikrorisse, sichtbar durch dunklere Werte im Bild, verteilen sich dabei zufällig auf der Oberfläche und wachsen auch unterschiedlich schnell. Die am Anfang zu sehenden dunkleren Stellen sind allerdings durch Verunreinigungen und Kratzer des Materials entstanden.

Damit ist klar, dass die Zuverlässigkeit von technischen Produkten stark durch den Zufall beeinflusst wird. Nur statistische Methoden können adäquat die Haltbar-

© Springer-Verlag GmbH Deutschland, ein Teil von Springer Nature 2019
W. Krämer und C. Weihs (Hrsg.), *Faszination Statistik*,
https://doi.org/10.1007/978-3-662-60562-2_20

Abb. 20.1: Entstehung von Mikrorissen auf einer Stahlprobe. Links: Oberfläche vor der Belastung. Mitte: Oberfläche nach 5 000 Lastwechseln. Rechts: Oberfläche nach 18 000 Lastwechseln[1].

keit und Lebensdauer von technischen Produkten erfassen und Vorhersagen für die Zukunft treffen.

20.2 Einfache Lebensdauer-Analysen

Das einfachste Modell der Lebensdauer-Analyse ist die Exponential-Verteilung. Danach ist die Wahrscheinlichkeit, dass die Lebenszeit T eines Produktes größer ist als ein Wert $t > 0$, durch eine Funktion

$$R(t) = P(T > t) = e^{-\lambda t}$$

gegeben. Die Funktion R wird auch Zuverlässigkeitsfunktion (R vom englischen „reliability") bezeichnet. Dabei ist $e \approx 2.71828$ die Eulersche Zahl und $\lambda > 0$ ist ein Parameter, der die erwartete (durchschnittliche) Lebenszeit charakterisiert. Für die erwartete Lebenszeit $E(T)$ gilt nämlich

$$E(T) = \frac{1}{\lambda},$$

d. h. je größer λ, desto geringer die erwartete Lebenszeit. Man schätzt diese häufig durch das arithmetische Mittel der beobachteten Lebenszeiten. In einem Versuch an Stahlträgern, bei dem man die Zeit bis zum Auftreten eines Risses misst, könnte die mittlere Lebenszeit 2 Jahre = 730 Tage betragen. Hier wäre der geschätzte Parameter $\hat{\lambda} = \frac{1}{730}$. Damit ist die Wahrscheinlichkeit, dass ein Stahlträger mindestens ein Jahr lang rissfrei bleibt,

$$P(T > 365) = e^{-\hat{\lambda} \cdot 365} = e^{-\frac{365}{730}} \approx 61\%.$$

---

[1] eigene Grafik erstellt mit R image: https://www.rdocumentation.org/packages/graphics/versions /3.6.0/topics/image

Manchmal liegen aber nicht alle Ausfallzeiten vor, weil das Experiment nicht beliebig lange laufen kann. Dann weiß man nur, dass die Produkte bis Ende des Experiments nicht ausgefallen sind. Man könnte solche Fälle in der statistischen Analyse weglassen. Aber besser ist es, sie als sogenannte „zensierte Beobachtungen" in die statistische Analyse aufzunehmen, da auch sie ja eine Information über die Lebensdauer der Produkte enthalten. Man weiß nämlich, dass solche Produkte länger halten als die Beobachtungszeitspanne. Würden beispielsweise nur 8 von 10 Stahlträgern bis zum Ende des Experiments Risse aufweisen und hätten alle Stahlträger zusammen eine Lebensdauersumme von 7000 Tagen, so wäre eine geeignete Schätzung des Parameters $\hat{\lambda} = \frac{8}{7000}$. Die Wahrscheinlichkeit, dass ein Stahlträger mindestens ein Jahr lang rissfrei bleibt, ist somit $P(T > 365) = e^{-\hat{\lambda}\cdot 365} \approx 66\%$.

20.3 Lebensdauer-Analyse bei verschiedenen Belastungen

In der Regel verlaufen Lebensdauer-Experimente nicht unter identischen Bedingungen. Bei sogenannten „beschleunigten" Lebensdauer-Experimenten, werden die Produkte deutlich höheren Belastungen als in der Wirklichkeit ausgesetzt. Man müsste sonst zu lange auf ein Versagen warten. Dann versucht man, aufgrund des Verhaltens bei den höheren Belastungen Aussagen über das Verhalten bei niedrigeren Belastungen zu gewinnen.

Abbildung 20.2 zeigt die logarithmierten Anzahlen von Lastwechseln bis zum Bruch von 31 Spanndrähten, die zyklischen Belastungen zwischen $s = 200$ und $s = 1100$ MPa (s für 'stress' im Englischen, MPa = N/mm^2) ausgesetzt wurden. Es ist deutlich, dass bei niedrigen Belastungen deutlich mehr zensierte Beobachtungen als bei den höheren Belastungen auftreten. Um Aussagen über die Lebensdauer bei noch niedrigeren Belastungen zu gewinnen, wird ein Modell benötigt, das beschreibt, wie die Lebensdauer T von der Belastung s abhängt. Ein einfaches Modell wird durch den 1910 von Olin Hanson Basquin vorgeschlagenen Zusammenhang

$$\log(T(s)) \approx \theta_0 - \theta_1 \log(s) \quad \text{mit } \theta_1 > 0 \qquad (20.1)$$

gegeben. Mit wachsendem s wird dabei die Lebensdauer geringer. Geht s gegen unendlich, so geht die logarithmierte Lebensdauer $\log(T(s))$ gegen $-\infty$, d.h. die Lebensdauer $T(s)$ selbst strebt gegen Null. Strebt dagegen die Belastung gegen Null, wird die Lebensdauer immer größer.

Basquin hatte damals noch kein Wahrscheinlichkeitsmodell im Sinn. Aber heute kann dies gut mit Wahrscheinlichkeitsverteilungen kombiniert werden und die Parameter θ_0 und θ_1 lassen sich aus beobachteten Lebenszeiten schätzen. Dazu wird ein zufälliger Fehler zur Gleichung (20.1) addiert. Diese liefert eine Wahrscheinlichkeitsverteilung der Lebensdauer in Abhängigkeit der Belastung: entweder wieder eine Exponentialverteilung oder die allgemeinere Weibull-Verteilung, die nach dem schwedischen Ingenieur und Mathematiker Waloddi Weibull benannt ist. Abbildung 20.2 zeigt für beide Zufallsverteilungen die geschätzten Basquin-Funktionen.

Diese liegen sehr dicht beieinander. Daraus kann man schließen, dass die allgemeine Weibull-Verteilung hier nicht nötig ist.

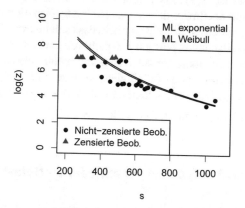

Abb. 20.2: Geschätzte Basquin-Funtionen bei Annahme der Exponentialverteilung und der Weibull-Verteilung bei Lebenszeiten von freischwingendem Stahl unter zyklischer Belastung *s*.

20.4 Lebensdaueranalyse bei Produkten mit mehreren Komponenten

Bei Produkten aus mehreren Komponenten hängt die Lebensdauer von der Lebensdauer der einzelnen Komponenten ab. Oft möchte man dann vorhersagen, wann eine bestimmte kritische Anzahl von Komponenten ausgefallen ist.

Abb. 20.3: Links: Experiment mit einem Spannbetonträger. Rechts: Gerissene Spanndrähte aus einem Experiment wie links[2].

---

[2] mit freundlicher Genehmigung von ©Prof. Dr. R. Maurer, TU Dortmund [2019].

Abbildung 20.3 rechts zeigt ein Bündel von Spanndrähten, so wie in Spannbeton-Bauteilen von Brücken. Dieses Bündel stammt aus einem Experiment an einem Spannbetonträger wie in Abbildung 20.3 links. Bei den durchgeführten Experimenten wurden solche Träger zyklischen Belastungen von oben ausgesetzt. Durch diese Belastungen reißen nacheinander die im Träger einbetonierten insgesamt 35 Spanndrähte, die dem Träger Stabilität geben. Nach einem dieser Experimente wurde das Bündel von Stahldrähten aus Abbildung 20.3 rechts aus dem Träger extrahiert. Dieses Bündel weist viele gerissene Drähte auf. Hier ist es wichtig zu wissen, wann eine kritische Anzahl von Drähten gerissen ist. Solche Voraussagen sind aber nur mit geeigneten Annahmen an den Ausfall der Komponenten möglich. Oft wird sehr vereinfachend unterstellt, dass die Komponenten des Produktes unabhängig voneinander ausfallen und dass alle Komponenten die gleiche Lebenszeitverteilung besitzen. Letzteres macht natürlich nur Sinn, wenn die Komponenten gleichartig sind, wie die Drähte in dem Spanndrahtbündel in Abbildung 20.3 rechts.

Dagegen ist die Annahme, dass die Komponenten des Produktes unabhängig voneinander ausfallen, bei den Spanndrähten aus Abbildung 20.3 offensichtlich nicht gegeben. Die Spanndrähte sind dazu da, eine äußere Belastung zu übernehmen. Fällt ein Einzeldraht aus, so müssen die verbleibenden Drähte diese Belastung übernehmen. Es liegt dann eine sogenannte Lastumverteilung vor. Am Ende, wenn in unserem Beispiel 34 Drähte schon ausgefallen sind, muss der letzte intakte Draht die ganze Belastung alleine tragen.

20.5 Prognoseintervalle

Wenn die Wartezeiten zwischen den Drahtbrüchen wieder einer Exponentialverteilung folgen, die über das Basquin-Modell von der äußeren Belastung und den sich ändernden inneren Belastungen durch die Drahtbrüche abhängen, so können aus beobachteten Überlebenszeiten auch Prognosen für die Drahtbruchzeiten bei sehr niedrigen äußeren Belastungen gewonnen werden. Solche Prognosen sind auch für äußere Belastungen möglich, die vorher noch gar nicht untersucht wurden, weil es sehr lange dauert, bis erste Drahtbrüche auftreten. Um die Unsicherheit solcher Prognosen zu quantifizieren, werden sogenannte Prognoseintervalle berechnet. Für zwei verschiedene Prognosemethoden zeigt Abbildung 20.5 solche Prognoseintervalle für die Zeitpunkte der ersten vier Drahtbrüche bei einer äußeren Belastung von 50 MPa (MPa = N/mm^2). Diese Prognoseintervalle basieren auf den Daten aus Abbildung 20.4, d. h. auf den Zeiten zwischen Drahtbrüchen bei zehn Experimenten an Betonträgern mit äußeren Belastungen zwischen 60 bis 455 MPa.

Hier wurden Prognosen für eine äußere Belastung berechnet, die niedriger war als die vorher benutzten äußeren Belastungen. Die senkrechte rote Linie in Abbildung 20.5 zeigt den Zeitpunkt des tatsächlichen ersten Drahtbruchs, und der liegt im Prognoseintervall für den ersten Drahtbruch. Bei der Spitze des roten Pfeils wurde das Experiment beendet, da es da schon fast ein halbes Jahr gelaufen war. Somit blieb offen, ob die weiteren Drahtbrüche in die berechneten Prognoseintervalle fal-

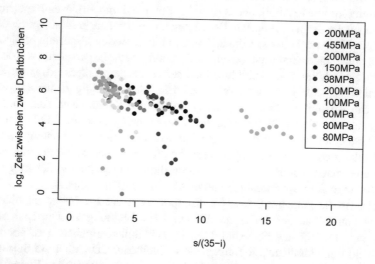

Abb. 20.4: Wartezeiten in Anzahl von Lastwechseln zwischen aufeinander folgenden Draht-brüchen in Abhängigkeit von $\frac{s}{35-i}$ bei 10 Experimenten mit Anfangsbelastungen von $s = 60, 80, 98, 100, 150, 200, 455$ MPa und $i = 0, 1, \ldots$ schon gerissenen Spanndrähten von maximal 35.

len. Aber es war schon ein Erfolg, dass der erste Drahtbruch mit den statistischen Methoden richtig bestimmt worden war.

Dabei bleib ein wichtiger Effekt noch außen vor, nämlich die Schadensakkumu-lation. In dem oben benutzten Modell hängt das Risiko für einen weiteren Ausfall nur von der äußeren Belastung und der Anzahl der vorangegangen Drahtbrüche ab, nicht aber davon, wie lange es gedauert hat, bis die vorangegangen Drahtbrüche aufgetreten sind, und wie lange der letzte Ausfall zurückliegt. Das ist unrealistisch. Denn je länger ein Draht einer bestimmten Belastung ausgesetzt ist, desto größer wird das Risiko, dass er bricht. Hier bemüht sich die aktuelle Forschung, eine der-artige Schadensakkumulation in ein geeignetes Modell zu integrieren und Progno-seintervalle für zukünftige Drahtbrüche zu entwickeln.

20.6 Ausblick

Bei Produkten aus verschiedenen Komponenten, die auch noch unterschiedlich mit-einander agieren, wird eine Prognose der verbleibenden Lebenszeit noch kompli-zierter. Unter geeigneten Modellannahmen lassen sich zuweilen aber dennoch Vor-hersagen gewinnen. Dazu ist so viel Information wie möglich auszunutzen. Wird das Versagen durch Risse hervorgerufen, so ist es sinnvoll, das Risswachstum zu

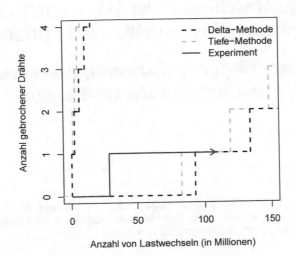

Abb. 20.5: Prognoseintervalle für die Anzahl der Lastwechsel bis zum ersten, zweiten, dritten und vierten Drahtbruch bei 50 MPa Anfangsbelastung basierend auf den Ergebnissen aus Abbildung 20.4.

modellieren. Dabei kann man schon beim Entstehen und Wachsen von Mikrorissen, wie in Abbildung 20.1 dargestellt, beginnen. Hier sind noch viele Fragen offen, und es bleibt noch einiges zu tun.

20.7 Literatur

Die Experimente zu diesem Kapitel wurden an der TU Dortmund durchgeführt. Eine der ersten Arbeiten zum Zusammenhang zwischen Lebensdauer und Belastung ist Basquin (1910), O.H.: „The exponential law of endurance tests", American Society of Testing Materials 10, S. 625-630. Neuere Arbeiten zu diesem Thema an der TU Dortmund sind etwa Heeke, G., Heinrich, J., Maurer, R., Müller, C.H. (2016), „Neue Erkenntnisse zur Ermüdungsfestigkeit und Prognose der Lebensdauer von einbetonierten Spannstählen bei sehr hohen Lastwechselzahlen", Tagungshandbuch, 2. Brückenkolloquium, Technische Akademie Esslingen, Stuttgart, S. 529-539, oder auch Szugat, S., Heinrich, J., Maurer, R., Müller, C.H. (2016), „Prediction intervals for the failure time of prestressed concrete beams", Advances in Materials Science and Engineering, Article ID 9605450, DOI:10.1155/2016/9605450.

Kapitel 21
Langlebige Maschinenteile: Wie statistische Versuchsplanung Verschleißschutz optimiert

Sonja Kuhnt, Wolfgang Tillmann, Alexander Brinkhoff, Eva-Christina Becker-Emden

Die Lebensdauer von Maschinenteilen wird durch Verschleißschutzschichten erheblich verlängert. Mit statistischer Versuchsplanung und Datenanalyse lässt sich die Qualität der Schutzschichten effizient verbessern.

21.1 Verschleißschutz durch Beschichtung

Industriell hergestellte Produkte müssen hohe Qualitätsanforderungen erfüllen. Dazu gehört auch der Verschleißschutz, hier werden Maschinenteile mit einer zusätzlichen Beschichtung versehen. Der Beschichtungsprozess muss die erforderliche Dicke und Härte der Schicht gewährleisten, bei gleichzeitig möglichst geringer Porosität. Ein hoher Auftragswirkungsgrad stellt darüber hinaus sicher, dass sich möglichst viel des aufzubringenden Materials in der Schicht wiederfindet. Das Messen von Porosität, Auftragswirkungsgrad, Schichtdicke und -härte kann nicht im laufenden Produktionsprozess, sondern nur im Labor unter Zerstörung der Schicht stattfinden. Gleichzeitig führen nicht kontrollierbare Umwelteinflüsse sowie Abnutzungsvorgänge dazu, dass sich die Schichtqualität selbst bei einem gut eingestellten Prozess ändern kann. In Kooperation von Maschinenbau und Statistik entwickeln wir Methoden, um den Produktionsprozess ohne zerstörende Bauteilprüfung tagesaktuell optimal einzustellen. Dazu nutzen wir Messungen der aufgespritzten Partikel im Flug.

Wir konzentrieren uns auf den Prozess des Thermischen Spritzens, das Aufbringen einer metallischen oder nicht-metallischen Schicht auf eine Oberfläche. Dabei wird das erwärmte Spritzmaterial auf die zu beschichtende Oberflächen geschleudert. Beim Auftreffen der Spritzpartikel bildet sich die Schicht aus (siehe Abbildung 21.1). Beschichtungsprozesse werden nach der Art der Energiequelle eingeteilt. So unterscheidet sich der Flammspritzprozess, bei dem die Energie aus einer Verbrennung herrührt, vom Lichtbogenspritzprozess, bei dem die Energie durch einen Lichtbogen bereitgestellt wird.

Für unsere Forschung arbeiten wir mit dem Hochgeschwindigkeitsflammspritzprozess (im englischen: high velocity oxygen fuel process; kurz: HVOF Prozess).

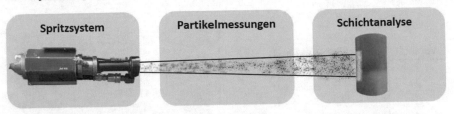

Abb. 21.1: Prozess des Thermischen Spritzens. Metallpulver wird in der Spritzpistole erhitzt, beschleunigt und im heißen Gasstrom auf das Werkstück aufgebracht.

Dabei wird Kerosin als Brennstoff eingesetzt. Dieser Prozess ist eine Weiterentwicklung des Flammspritzprozesses, bei dem der heiße Gasstrom zusätzlich beschleunigt wird und somit die Partikel eine sehr hohe Geschwindigkeit erreichen. Der HVOF Prozess hängt von einer Vielzahl an Faktoren ab, die in der richtigen Kombination eine optimale Schicht erzeugen. Neben den Fördermengen der verschiedenen Brennstoffe, Gase und der Pulverzuführung sind auch die Handhabungsparameter des Spritzbrenners wichtig für eine möglichst gleichbleibende Schichtqualität. Untersucht wurden etwa der Abstand von der Spritzpistole zum Bauteil (Spritzabstand), die verwendete Kerosinmenge, das Verhältnis von Sauerstoff zum verwendeten Brennstoff und die Pulverförderrate. Mit Kenntnissen des Maschinenbaus und in Vorversuchen wurden Bereiche festgelegt, in denen die Werte dieser Einstellgrößen sinnvoll variierbar sind. Statistische Verfahren helfen dann, Einstellungswerte dieser vier Faktoren zu finden, die zu bestmöglichen Schichten führen.

21.2 Optimierung mit statistischer Versuchsplanung

Intuitiv liegt es nahe, aus Maschinenbaukenntnissen vielversprechende Einstellungswerte nach und nach in Versuchen auszuprobieren. Allerdings erfordert jeder Versuch Aufwand und Zeit, in der Regel ist nur eine sehr begrenzte Anzahl an Versuchen durchführbar. Daher wird der Raum der möglichen Einstellungen oft sehr selektiv abgesucht und gute, aber nicht vermutete Einstellungen, werden womöglich verpasst.

Die Statistik geht anders vor. Es wird vorab ein Plan festgelegt, wie viele Versuche mit welchen Einstellungen durchgeführt werden. Diese Einstellungen sind so gewählt, dass mit möglichst wenigen Versuchen möglichst viel Information gewonnen wird. Je nach Ziel der Untersuchung sieht ein statistischer Versuchsplan also sehr unterschiedlich aus.

Wir reduzieren die Fragestellung zunächst auf einen technischen Prozess mit einem Qualitätsmerkmal (Zielgröße), welches von den Einstellungen zweier Faktoren (Einflussgrößen) A und B abhängt. Wie finden wir jetzt Einstellungen, für die das Qualitätsmerkmal möglichst hohe Werte annimmt? Im ersten Schritt werden in Absprache zwischen Maschinenbau und Statistik unterschiedliche Stufen (Einstel-

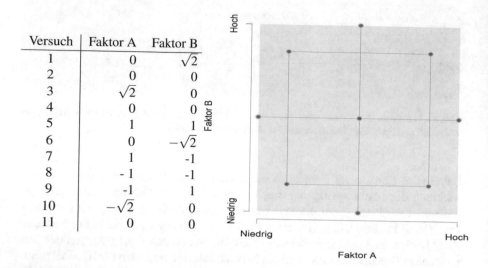

Versuch	Faktor A	Faktor B
1	0	$\sqrt{2}$
2	0	0
3	$\sqrt{2}$	0
4	0	0
5	1	1
6	0	$-\sqrt{2}$
7	1	-1
8	- 1	-1
9	-1	1
10	$-\sqrt{2}$	0
11	0	0

Abb. 21.2: Grafische Darstellung der Designpunkte (rechts) und randomisierte Versuchsanordnung mit kodierten Faktorwerten (links) für einen zentral-zusammengesetzten Plan für zwei Faktoren A, B mit außenliegenden Sternpunkten.

lungswerte) der Faktoren festgelegt. Bei einem vollfaktoriellen Versuchsplan werden dann alle Kombinationen dieser Stufen durchgeführt. Wird lediglich eine hohe und eine niedrige Einstellung für jeden Faktor festgelegt, so liefern Vergleiche der Mittelwerte der gemessenen Werte für das Qualitätsmerkmal zwischen hoher und niedriger Einstellung Informationen darüber, ob und wie groß der Effekt des Faktors auf das Qualitätsmerkmal ist. Für die Suche nach bestmöglichen Einstellungen der Einflussfaktoren müssen die Faktoren auf mehr als zwei Stufen variiert werden. Häufig genügt es, nur einen gut ausgewählten Anteil aller möglichen Kombinationen der Faktorstufen in Experimenten zu variieren. Diese fraktioniert faktoriellen Versuchspläne sind besonders bei einer hohen Anzahl an Faktoren extrem hilfreich, da sonst die Anzahl an Versuche den Zeit- und Kostenrahmen übersteigt.

In der industriellen Anwendung bewährt haben sich *zentral-zusammengesetzte Versuchspläne* (CCD, Central Composite Design). Diese enthalten neben einem vollfaktoriellen oder fraktioniert faktoriellen Versuchsplan noch Punkte im Zentrum des Versuchsraumes, sowie sogenannte Sternpunkte auf den Koordinatenachsen. Abbildung 21.2 zeigt neben einem CCD-Plan für zwei Faktoren die Verteilung der Messpunkte im Versuchsraum.

Ein Versuchsplan enthält in jeder Zeile die Einstellung für einen Versuch. Im Versuchsplan sind für die Faktoren A und B kodierte Einstellungswerte angegeben. Der hohe Einstellungswert wird zu 1 und der niedrige zu −1 transformiert, der kodierte Wert 0 entspricht der Einstellung in der Mitte zwischen hohem und niedrigem Wert auf der natürlichen Skala der Faktoren, und so fort. Im dargestellten Versuchsplan werden die Sternpunkte bis auf den Wert $\sqrt{2}$ nach außen geschoben. Allgemein können diese auch innen oder auf der Box der hohen und niedrigen Einstellungen liegen. Die Entscheidung über die Wahl der Sternpunkte hängt neben maschinenbauspezifischen Überlegungen (sind Werte außerhalb der Box überhaupt machbar bzw. sinnvoll?) von statistisch-theoretischen Überlegungen ab.

Mit *Wiederholungen* lässt sich abschätzen, wie stark Versuchsergebnisse allein aufgrund von nicht vermeidbaren äußeren Einflüssen und Messungenauigkeiten schwanken. Diese unvermeidbaren, zufälligen Streuungen sind von Unterschieden in den Messergebnissen aufgrund von tatsächlichen Effekten zu trennen. Neben *Wiederholungen* ist die *Randomisierung* ein weiteres wichtiges Werkzeug der Versuchsplanung, um mit unvermeidbaren Störeffekten umzugehen. Dabei wird die Reihenfolge der Versuche zufällig ausgewürfelt. Abbildung 21.2 enthält eine mögliche Randomisierung des Versuchsplanes. Versuchswiederholungen sind in Form von drei Zentrumspunkten enthalten, mit allen Einstellungen jeweils auf der mittleren Stufe.

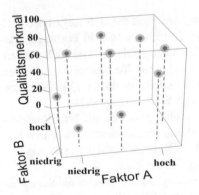 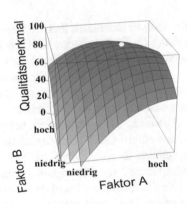

Abb. 21.3: Gemessene Werte des Qualitätsmerkmals (Zielgröße) aus den 11 Experimenten des Versuchsplans (links) und des Vorhersagemodells als durch die Messpunkte verlaufende Zielgrößenfläche (response surface)(rechts), um die die Messwerte streuen. Der größte vorhergesagte Wert für das Qualitätsmerkmals ist mit einem weißen Punkt gekennzeichnet.

Als nächstes werden alle Versuche durchgeführt und es liegen 11 Messwerte der Zielgröße vor. Im linken Teil von Abbildung 21.3 sind die Messwerte über dem Versuchsraum abgetragen. Der größte Wert mit 82.07 wurde innerhalb der durchgeführten Versuche für die Einstellungen $A = \sqrt{2}$ und $B = 0$ beobachtet.

An dieser Stelle setzt die statistische Modellbildung an, um über die reinen Messwerte hinausgehende Informationen zu gewinnen und noch bessere Einstellungen zu finden. Mittels eines mathematisch-statistischen Modells, dass nichtkontrollierbare, zufällige Schwankungen der Messwerte mit einbezieht, wird der Zusammenhang zwischen Faktoren und Qualitätsmerkmal beschrieben und erforscht. Der Oberflächenplot im rechten Teil von Abbildung 21.3 zeigt ein angepasstes Regressionsmodell, dass durch die beobachteten Punkte verläuft. Dieses Modell ermöglicht die Vorhersage von Werten des Qualitätsmerkmals für nicht beobachtete

Punkte des Versuchsraumes. So ist etwa zu erkennen, dass mit höheren Werten des Faktors A prinzipiell die Qualität steigt. Das gleiche gilt für Faktor B. Jedoch hängt diese Verhalten jeweils von dem anderen Faktor ab. Am linken Rand der Oberfläche steht zum Beispiel Faktor A auf der sehr niedrigen Einstellung und mit steigendem Wert von Faktor B steigt die Qualität. Ganz rechts bei sehr hoher Einstellung von A hingegen ist die Qualität insgesamt sehr hoch. Vom niedrigsten zum höchsten Wert von B ist eine leichte Steigung und dann ein leichter Abfall zu erkennen. Hier existieren offenbar Wechselwirkungseffekte. Nehmen wir nun eine konkrete Einstellung der Faktoren, etwa $A = 0.2$ und $B = 0.2$, so wird vorhergesagt, dass Beobachtungen an dieser Stelle im Mittel den Wert 84.96 haben. Der höchste erwartete Wert des Qualitätsmerkmals wird mit 87.89 an der Stelle $A = 0.52$, $B = 0.50$ geschätzt.

21.3 Herausforderungen im realen Spritzprozess

Die Analyse des realen thermischen Spritzprozessen gestaltet sich wegen der Vielzahl der Qualitätskriterien deutlich komplexer. Es müssen sowohl Porosität, Auftragswirkungsgrad, Schichtdicke als auch Schichthärte gewissen Ansprüchen genügen. Ist dies nicht gleichzeitig erreichbar, sind mögliche Kompromisse zu finden. Den Ausgangspunkt für eine gleichzeitige Optimierung multipler Qualitätsmerkmale bilden wieder aus Versuchsdaten gewonnene Vorhersagemodelle.

Abbildung 21.4 visualisiert beispielhaft Modelle, gebildet mit Experimentdaten aus einem CCD-Versuchsplan für die vier vorab identifizierten wichtigen Einflussgrößen Kerosin, Verhältnis von Sauerstoff zu Kerosin, Spritzabstand und Pulverförderrate, sowie Sternpunkten mit kodierten Werten 2 und −2.

Die Schichthärte wird in den oberen Oberflächenplots untersucht, die Schichtdicke unten. Die Kerosinmenge und die Pulverförderrate (FDV) variieren über die x- und y-Achse. Das Verhältnis von Sauerstoff zu Brennstoff ist in allen Plots auf dem mittleren Einstellungswert festgehalten (kodiert als 0), der Spritzabstand wechselt von links nach rechts von niedrig (−1) nach hoch (1).

Betrachten wir zunächst die Schichthärte. Diese nimmt mit höherem Kerosinlevel zu (obere Oberflächenplots in Abbildung 21.4). Mehr Kerosin erhöht den Druck in der Brennkammer und damit die übertragene kinetische Energie. Die Schicht wird härter. Der Effekt der Pulverförderrate ist nicht so eindeutig. Sie hat einen Einfluss darauf, wie gut der Prozess des Pulveraufschmelzens funktioniert. Bei einer geringen Kerosinmenge führt eine höhere Pulverförderrate zu geringeren, bei einer hohen Kerosinmenge hingegen zu größeren Härten. Hier liegt somit eine Wechselwirkung vor. Auch zwischen Pulverförderrate und Spritzabstand gibt es eine Wechselwirkung. Für einen kleineren Spritzabstand werden beim Auftreffen auf das Werkstück höhere Temperaturen erreicht, was zu einem leichteren Verarbeiten großer Pulvermengen führt. Damit entstehen vorteilhaftere Mikrostrukturen auf der Oberfläche und härtere Schichten. Die Oberflächenplots für die Schichtdicke zeigen deutlich, dass eine höhere Pulverförderrate zu dickeren Schichten führt (untere Oberflächenplots in Abbildung 21.4), da mehr Pulver innerhalb eines Versuches auf

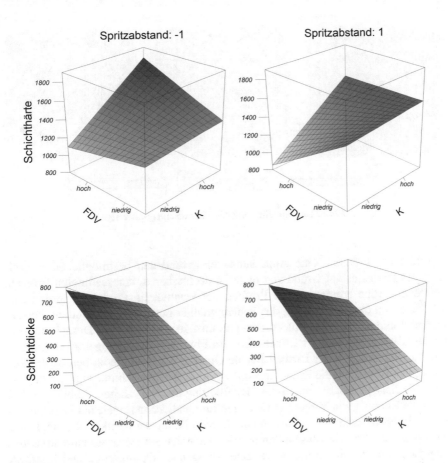

Abb. 21.4: Statistische Vorhersagemodelle für Schichthärte und Schichtdicke in Abhängigkeit von drei Einflussgrößen. Für die dargestellten Oberflächenplots liegt das Verhältnis von Kerosin und Sauerstoff auf der mittleren Einstellung fest.

das Werkstück gelangt. Ein höherer Spritzabstand hat dabei eine geringere Partikelgeschwindigkeit zur Folge. Langsamere Partikel prallen weniger häufig von der Oberfläche ab. Deswegen ist die Vorhersagefläche für die Schichtdicke beim höheren Spritzabstand leicht nach oben verschoben.

Die insgesamt höchste Schichthärte wird bei einer sehr hohen Pulverförderrate und einer sehr hohen Kerosinmenge vorhergesagt (hintere Ecke des oberen, linken Plots). Dicke Schichten entstehen aber bei deutlich anderen Einstellungen (untere Oberflächenplots). Es ist also eine Kompromisseinstellung zu finden. Eine solche zeichnet sich dadurch aus, dass es keine anderen Einstellungen gibt, bei denen ein Qualitätsmerkmal besser wird, ohne dass sich ein anderes verschlechtert.

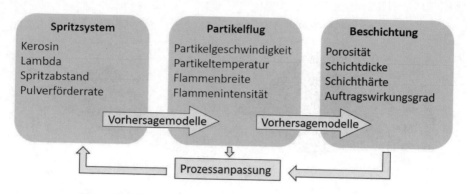

Abb. 21.5: Modellierung des Thermischen Spritzens.

Oft wird zusätzlich eine Anpassung der gefundenen bestmöglichen Einstellung des Prozesses auf Grund von nicht-kontrollierbaren, tagesbedingten Effekten notwendig. Eine kontinuierliche Prüfung der Qualität im Produktionsprozess ist schwierig, da die Bestimmung der Schichtqualität nur durch aufwändige, kostenintensive und zerstörende Untersuchungen im Labor möglich ist. Deshalb messen wir die Eigenschaften der Partikel schon im Flug. Die Bedeutung von Temperatur und Geschwindigkeit der Partikel für die Qualität der Bauteile ist bereits deutlich geworden. Aber auch die Breite und Intensität der Brennerflamme sind wichtig, so dass wir diese in unsere statistische Modellierung mit einbeziehen. Abbildung 21.5 zeigt die Nutzung von Vorhersagemodellen für Qualitätsmerkmale als Funktion der Einstellgrößen des Spritzsystems und der Eigenschaften der Partikel im Flug. Durch Messung von Partikeleigenschaften im Flug kann der Spritzprozess laufend aktuell angepasst werden. So erreichen wir eine tagesgenaue Optimierung und Kontrolle des thermischen Spritzprozesses unter Einbeziehung der Prozessunsicherheit.

21.4 Literatur

Statistische Versuchsplanung wird seit langem erfolgreich eingesetzt, zunächst für landwirtschaftliche Experimente und später in der industriellen Entwicklung. Die Monographie „Response Surface Methodology - Process and Product Optimization Using Designed Experiments" von R. Myers, D. Montgomey und Ch. Anderson-Cook ist ein Standardwerk auf dem Gebiet der Optimierung von Produkten und Prozessen mit statistischer Versuchsplanung (Wiley Verlag, 4. Auflage, 2016). Das deutschsprachige, sehr empfehlenswerte VDI-Buch „Statistische Versuchsplanung - Design of Experiments (DoE)" von K. Sieberz, D. van Bebber und Th. Hochkirchen bringt einen reichen Erfahrungsschatz im Ingenieurbereich mit fundiertem Grundlagenwissen zusammen (Springer Verlag, 2. Auflage, 2017). Ergebnisse von uns zur „Einführung eines Tageseffekt-Schätzers zur Verbesserung der Vorhersage von Partikeleigenschaften in einem HVOF-Spritzstrahl" sind nachzulesen im Thermal Spray Bulletin 2/2012, S. 132-133 (W. Tillmann, S. Kuhnt, B. Hussong, A. Rehage, N. Rudak). Die softwaretechnische Umsetzung unserer neuen Methode für die multiple Optimierung beschreiben wir 2013 in „Simultaneous optimization of multiple responses with the R-package JOP" im Journal of Statistical Software, 54(9), (S. Kuhnt, N. Rudak). Spezielle Versuchspläne haben wir 2017 in „Optimal designs for thermal spraying" im Journal of the Royal Statistical Society, Series C, 66(1), S. 53-72, entwickelt (H. Dette, L. Hoyden, S. Kuhnt, K. Schorning).

Teil V
Messen und Vergleichen

Kapitel 22
Das Unmessbare messen: Statistik, Intelligenz und Bildung

Philipp Doebler, Gesa Brunn, Fritjof Freise

Latente Variablen sind die statistische Entsprechung von Konzepten wie z. B. Bildung oder Intelligenz. Mittlere Verläufe von latenten Variablen werden modelliert, um Zuwächse oder Abnahmen für einen typischen Schüler zu beschreiben. Individuelle Abweichungen vom mittleren Verlauf werden in der Modellierung ebenfalls berücksichtigt.

22.1 Bildungstests und Bildung

Seit dem Pisa-Schock fragen sich immer mehr Menschen: Sind Schüler in Deutschland dümmer als in Finnland oder Korea? Wie kann man ganz allgemein Intelligenz, Bildung bzw. Bildungsfortschritte messen? Auch wenn Punkte aus einem Leistungstest nicht das gleiche sind wie Bildung, sind diese der Ausgangspunkt auf der Suche nach Antworten. Die Statistik analysiert und modelliert Testergebnisse und hilft, belastbare Erkenntnisse zu gewinnen.

Ganz grundsätzlich lassen sich Lernfortschritte nur umständlich messen: Anders als bei Variablen wie Größe oder Körpergewicht handelt es sich bei Bildung um eine *latente*, d. h. eine nicht direkt zu beobachtende Variable. Testaufgaben sind *Indikatoren*, aber keinesfalls mit dem zu messenden Konzept zu verwechseln. Aus dem Englischen hat man den Oberbegriff *Item* für Testaufgaben und Testfragen in psychologischen und bildungswissenschaftlichen Tests übernommen.

Den Zusammenhang zwischen Testergebnissen und Bildung beschreibt die *Item-Response-Theorie*. Im Weiteren betrachten wir dabei insbesondere längsschnittliche Erhebungen auf dem Niveau von Schülergruppen und einzelnen Schülern. Solche Erhebungen sind heute oft computerisiert und zeigen, ob Lerngruppen oder einzelne Schüler auf Bildungsmaßnahmen ansprechen.

Testkonstrukteure setzen sich an die Erstellung von Aufgaben und versuchen dabei, verschiedene Aspekte so miteinander zu kombinieren, dass der Schwierigkeitsgrad der Aufgaben möglichst ausgeglichen ist. So soll verhindert werden, dass etwa am Ende nur schwere Geometrieaufgaben ohne berufspraktische oder alltagsnahe Bezüge entstehen.

Manchmal ist die Testkonstruktion aber auch relativ einfach und die Testkonstrukteure müssen sich eher mit der computerisierten Umsetzung befassen. Beispielsweise bestehen die einzelnen Aufgaben eines einfachen Lesetests aus dem Online-Testsystem *Levumi* aus Silben, die von jedem Grundschulcurriculum zu Anfang abgedeckt werden. Unter Zeitdruck lesen dann die Kinder die vom System zufällig ausgewählten Silben.

22.2 Latente Variablen und ihre Indikatoren

Viele Modelle für latente Fähigkeiten stützen sich auf die Vorstellung, dass eine einzige Zahl pro Person ausreicht, um die Fähigkeit zu fassen. So könnte etwa der Neuntklässler Ferdinand eine -0.7 als Mathematikkompetenz erreicht haben (Ferdinand macht eben seine Hausaufgaben nicht), aber Frieda eine 1.8 (Frieda mag einen Ruf als Streberin haben). Ferdinand und Frieda liegen also $2.5 = 1.8 - (-0.7)$ Punkte auseinander. Abbildung 22.1 visualisiert die Vorstellung von einem Kompetenzkontinuum für die sehr eng gefasste Kompetenz im Bruchrechnen. Die Items sind auf der gleichen Skala verortet wie die Schülerkompetenzen, d.h. je weiter rechts ein Item, desto schwerer ist es.

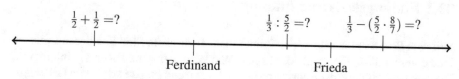

Abb. 22.1: Kompetenz im Bruchrechnen; Aufgaben und Personen auf der gleichen Skala.

Bessere Modelle sind nicht deterministisch sondern probabilistisch; sie legen nur Wahrscheinlichkeiten für jeden prinzipiell erreichbaren Punktwert fest. Abbildung 22.2 zeigt einen typischen Zusammenhang von latenter Variable und Lösungswahrscheinlichkeit, der in der Modellierung von Testdaten angenommen wird. Die S-förmige Kurve in Abbildung 22.2 für die Lösungswahrscheinlichkeit p ist eine Funktion der latenten Fähigkeit θ und durch den Ausdruck

$$p(\theta) = \frac{\exp(\theta - \beta)}{1 + \exp(\theta - \beta)}$$

gegeben, wobei β die *Schwierigkeit* des Items bezeichnet.

Diese *itemcharakteristische Kurve* reflektiert die Annahme, dass mit steigender Fähigkeit auch die Lösungswahrscheinlichkeit steigt. Frieda beispielsweise würde bei einer Aufgabe mit der Schwierigkeit von 0, die in Abbildung 22.2 zu sehen ist, im Mittel 0.86 Punkte erhalten, da ihre latente Fähigkeit 1.8 beträgt (und mit 2 in Abschnitt 22.4 leicht überschätzt wird). Anders ausgedrückt: Es gibt eine Chance von 14%, dass Frieda ein Item mit Schwierigkeit 0 nicht löst.

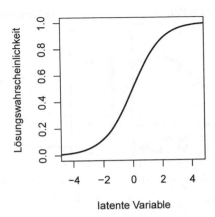

Abb. 22.2: Itemcharakteristische Kurve einer Aufgabe mit Schwierigkeit 0 mit der Lösungswahrscheinlichkeit als Funktion der latenten Variable.

Itemcharakteristische Kurven erlauben indirekte Vergleiche zwischen Personen, denen unterschiedliches Aufgabenmaterial präsentiert wurde. Das ist wichtig, denn gerade in längsschnittlichen Erhebungen ist es ungünstig, das gleiche Item mehrfach in kurzem Abstand zu verwenden. Frieda und Ferdinand haben also unter Umständen ganz andere und sogar unterschiedlich schwere Aufgaben bearbeitet, aber die Schätzungen der latenten Variablen sind dank Statistik auf der gleichen Skala und können verglichen werden.

22.3 Ein statistisches Modell für Lernverlaufsdiagnostik

Abbildung 22.3 veranschaulicht das Verlaufsmodell, das wir für die Online-Plattform Levumi entwickelt haben. Dabei wird ein stetiger, aber ansonsten vom zeitlichen Verlauf her beliebiger, *globaler mittlerer Verlauf* angenommen, der für ein durchschnittliches Kind vorhergesagt wird. Der verwendete globale Verlauf ist bewusst sehr flexibel und bildet mittlere Leistungssteigerungen ab, die vielleicht besonders stark ausfallen, wenn relevanter Stoff behandelt wird. Aber auch Abnahmen, beispielsweise nach den Winterferien, sind erlaubt.

Mathematisch können wir einen solchen Verlauf mit sogenannten Splines – einer Verallgemeinerung von Polynomen – beschreiben. Wegen der großen Anzahl von Schulklassen, die das Levumi-System bereits verwendet hatten, lagen genug Daten vor, um die mathematisch vergleichsweise komplexen Splines schätzen zu können.

Zudem macht das Modell für jedes Kind eine Vorhersage für die latente Fähigkeit zu jedem Zeitpunkt t. Diese individuellen Verläufe sind die Summe des globalen Verlaufs und der *individuellen Abweichung* davon. Zusammen mit der itemcharakteristischen Funktion aus Abbildung 22.2, in die die itemspezifische Schwierigkeit

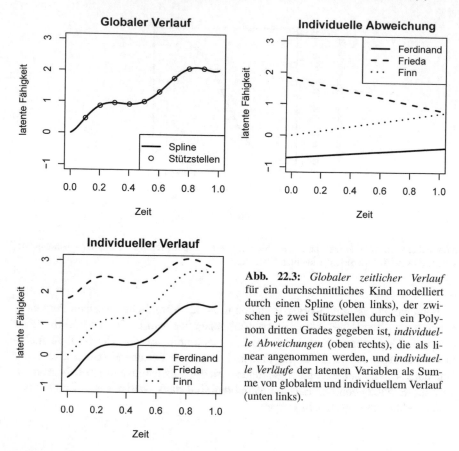

Abb. 22.3: *Globaler zeitlicher Verlauf* für ein durchschnittliches Kind modelliert durch einen Spline (oben links), der zwischen je zwei Stützstellen durch ein Polynom dritten Grades gegeben ist, *individuelle Abweichungen* (oben rechts), die als linear angenommen werden, und *individuelle Verläufe* der latenten Variablen als Summe von globalem und individuellem Verlauf (unten links).

jedes Items eingeht, sagt unser Modell dann Lösungswahrscheinlichkeiten für jedes Item und jedes Kind zu allen Zeitpunkten voraus.

22.4 Von den Daten zu den latenten Variablen

Abbildung 22.4 zeigt, in welchen Abständen Levumi Testergebnisse zum Silbenlesen eintrafen. Es war sehr aufwändig, viele Schüler am gleichen Messzeitpunkt zu testen. Ein Spline wie im linken Teil von Abbildung 22.3 beschreibt den zugehörigen globalen Lernverlauf. Schülerspezifisch wird es nach mehreren Messzeitpunkten möglich, einen individuellen Verlauf zu schätzen. Tabelle 22.1 zeigt Daten, wie sie nach einer Messung zu einem Zeitpunkt vorliegen, hier stark vereinfacht für nur drei Kinder und acht Items.

Beispielsweise entsprechen in den Levumi-Daten die Items einzelnen Silben (etwa *Fa*, *La* oder *Te*). Eine 1 bedeutet, dass die Silbe korrekt gelesen wurde. Erreicht

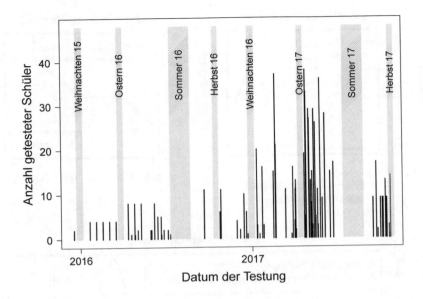

Abb. 22.4: Daten der Testung bei Levumi. Schulferien (hier von Nordrhein-Westfalen) unterbrechen die Datenerhebung.

Tab. 22.1: Ein Beispiel für Testdaten

Kind	Itemindex							
	1	2	3	4	5	6	7	8
Ferdinand	1	0	0	1	0	0	0	0
Frieda	1	1	1	1	0	1	1	1
Finn	1	1	1	0	0	0	0	1

ein Schüler die Silbe in der vorgegeben Zeit nicht oder macht einen Fehler, ergibt sich eine 0.

Sind nun die Itemschwierigkeiten hinreichend genau aus vorangegangenen Untersuchungen bekannt, kann man Friedas aktuelle Fähigkeit schätzen, wobei mit der Likelihood (Plausibilität) gearbeitet wird (Abbildung 22.5 oben links), d. h. mit der modellimplizierten Wahrscheinlichkeit für das beobachtete Antwortverhalten. Wegen der vielen richtigen Antworten sollte Friedas latente Fähigkeit größer als die von Ferdinand ausfallen. Als Schätzer wird das Maximum (hier etwa bei 2) verwendet.

Ebenso wichtig wie die Beschreibung des individuellen Verlaufs ist die Entscheidung, ob dieser hinter einem Referenzverlauf zurückbleibt. In Abbildung 22.5 ist oben rechts Ferdinands Verlauf zu sehen. Dabei ist der Referenzverlauf nicht unbedingt mit dem globalen Verlauf gleichzusetzen, denn bei einem Schüler mit schwachem Ausgangsniveau könnte ja ein Lernziel bereits sein, sich parallel zum globalen

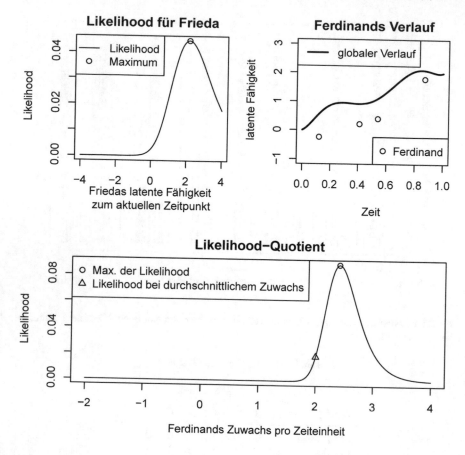

Abb. 22.5: Likelihood als Funktion von Friedas aktueller latenter Fähigkeit (oben links), mehrere fiktive Messungen von Ferdinand im Vergleich zum globalen Verlauf (oben rechts) sowie Ferdinands Likelihood mit Maximum und Likelihood bei durchschnittlichem Zuwachs (unten).

Verlauf zu entwickeln. Mit der Technik des Likelihood-Quotienten, kann man dann die Plausibilität eines parallelen Vergleichs prüfen. Soll z. B. geklärt werden, ob sich Ferdinands Lernverlauf parallel zum globalen Verlauf entwickelt, kann man seinen Likelihood-Quotienten berechnen, d. h. das Verhältnis des Maximums seiner Likelihood zur Likelihood bei durchschnittlichem Zuwachs (Abbildung 22.5 unten). Ist das Verhältnis sehr groß, ist ein paralleler Verlauf unplausibel.

Jeder Schluss von den Indikatoren auf die zugehörigen latenten Fähigkeiten ist fehlerbehaftet, was an der indirekten Art zu schließen bzw. an der probabilistischen Natur der Modellierung liegt. Mit etwas mehr Arbeit resultiert neben der Schätzung einer aktuellen Fähigkeit auch eine Schätzung der zugehörigen Unsicherheit dieser Schätzung, der sogenannten *Standardfehler*. Bei eher kurzen Tests, wie beispielsweise denen aus Levumi, sind die Standardfehler groß und somit ist eine einzelne Messung unzuverlässig.

22.5 Literatur

Für eine detaillierte Ausarbeitung siehe die Sonderausgabe der Fachzeitschrift *Journals of Educational Research online* zum Thema „Design, Construction and Analysis of Progress Monitoring Assessments in Schools". Die Autoren danken an dieser Stelle Markus Gebhardt für die Bereitstellung der Levumi-Daten zum Silbenlesen und die motivierende Fragestellung.

Kapitel 23
Peinliche Wahrheiten zutage fördern mit Statistik

Andreas Quatember

Erhebungen zu sensitiven Themen leiden oft unter Antwortverweigerungen und unwahren Angaben. Zum Glück hält die Statistik Methoden bereit, den Befragten auch peinliche Wahrheiten zu entlocken.

23.1 Die Methode der indirekten Befragung

Im Jahr 1965 hatte der amerikanische Statistiker Stanley L. Warner eine brillante Idee: Wenn man herausbekommen will, wie groß der Anteil an Studierenden ist, die bei Prüfungen schummeln (oder an notorischen Schwarzfahrern oder an Zeitgenossen, die sich nie die Zähne putzen), dann darf man nicht mit der Tür ins Haus fallen, sozusagen. Denn bei solchen Themen antworten selbst bei anonymen Umfragen viele gar nicht oder absichtlich falsch. Eine direkte Befragung zur Prüfungsehrlichkeit durch den Dozenten in der Vorlesung? - Unmöglich. Aber Warner zeigte in einem bahnbrechenden Aufsatz, wie es funktionieren könnte: Man legt den Studierenden nicht eine Frage vor, sondern zwei:

1. *Gehören Sie zur Gruppe derer, die wissentlich gegen die Prüfungsregeln verstoßen haben?*
   und
2. *Gehören Sie zur Gruppe derer, die nicht wissentlich gegen die Prüfungsregeln verstoßen haben?*

Dann dürfen die Studierenden unbemerkt vom Interviewer einen Kreisel (wie bei einem Glücksrad) drehen, in dem der Zeiger mit vorgegebenen bekannten Wahrscheinlichkeiten in einem von zwei möglichen Ausgängen zu stehen kommt. Je nach Ausgang ist dann nur die Frage 1 oder die Frage 2 zu beantworten. Da schließlich niemand anderer als der oder die Befragte selber weiß, auf welche Frage er oder sie tatsächlich geantwortet hat, entfällt jeder Anreiz zu lügen oder auch gar nicht zu antworten, die Privatsphäre der Befragten gegenüber dem Interviewer bleibt geschützt.

© Springer-Verlag GmbH Deutschland, ein Teil von Springer Nature 2019
W. Krämer und C. Weihs (Hrsg.), *Faszination Statistik*,
https://doi.org/10.1007/978-3-662-60562-2_23

Was aber bringt das nun in Hinblick auf die Berechnung des interessierenden Anteils an Schummlern? Dafür liegen zwei Informationen vor: Der Anteil der „ja"-Antworten in der Befragung und die gegebenen Wahrscheinlichkeiten dafür, die 1. beziehungsweise die 2. Frage durch Bedienung des Kreisels beantworten zu müssen. Nehmen wir nun mal eine Gruppe von 100 Studierenden und einen Kreisel an, der so eingestellt wurde, dass mit Wahrscheinlichkeit 0.8 die Frage 1 und mit 0.2 die komplementäre Frage 2 zu beantworten ist. Wenn nun tatsächlich alle 100 Studierenden geschummelt hätten, würde man erwarten, dass nur 80 davon, diejenigen, welche die Frage 1 erhalten haben, mit „ja" antworten. Wenn niemand geschummelt hätte, wäre damit zu rechnen, dass nur 20 (diejenigen mit Frage 2) „ja" antworten würden. Und wenn tatsächlich die Hälfte aller Studierenden gegen die Regeln verstoßen hätte? Dann wäre damit zu rechnen, dass die Hälfte der erwarteten 80 Personen mit Frage 1 „ja" antworten und auch die Hälfte der 20 mit Frage 2. Das ergäbe dann eine erwartete Anzahl von 50 „ja"-Antworten. Einen Schätzer für den gewünschten Schummleranteil erhält man also durch das Verhältnis von zwei Differenzen, nämlich der Differenz der Anzahl der tatsächlichen „ja"-Antworten zu den minimal erwarteten 20 „ja"-Antworten und der Differenz der maximalen Anzahl „ja"-Antworten zu den mindestens 20. Bei 35 gegebenen „ja"-Antworten unter 100 Studierenden ergäbe das einen geschätzten Schummleranteil von

$$(35 - 20) : (80 - 20) = 0.25 = 25 \text{ Prozent.}$$

23.2 Eine Erweiterung

Im Rahmen eines Fortgeschrittenenkurses Statistik an der Johannes Kepler Universität JKU Linz hat der Autor dieser Zeilen ein ähnliches Befragungsexperiment durchgeführt. Das Thema war wieder „Verstoß der Studierenden gegen Prüfungsregeln", hier: die Prüfungsregeln im Basiskurs. Auch hier war mit einer vorab festgelegten und bekannten Wahrscheinlichkeit p_3 die heikle Frage „Haben Sie im Basiskurs geschummelt?" zu beantworten. Mit einer Wahrscheinlichkeit p_1 und anders als bei Warner soll der oder die Befragte einfach mit „ja" antworten, mit der verbleibenden Wahrscheinlichkeit $p_2 = 1 - p_1 - p_3$ einfach mit „nein". So lassen sich anders als bei Warner die „ja"- und „nein"-Antworten durch unterschiedliche Wahl der Wahrscheinlichkeiten p_1 und p_2 verschieden stark schützen. Ein möglicher Zufallsmechanismus zur Auswahl der zu befolgenden Anweisung, der bei allen Befragungsmethoden, sei es persönlich, postalisch, telefonisch oder auch online, angewendet werden kann, beruht beispielsweise auf Geburtsdaten:

Denken Sie an eine Person (Sie selbst, Mutter, Freund, ...), von der Sie wissen, wann Sie Geburtstag hat. Merken Sie sich dieses ausgewählte Geburtsdatum und bleiben Sie ab nun dabei. Lesen Sie sich jetzt die folgenden Anweisungen durch.

Anweisung 1: Wenn der ausgewählte Geburtstag im Januar oder Februar liegt, dann antworten Sie am Ende einfach mit „ja".

Anweisung 2: Wenn der ausgewählte Geburtstag im März oder April liegt, dann antworten Sie am Ende einfach mit „nein".

Anweisung 3: Wenn der ausgewählte Geburtstag von Mai bis Dezember liegt, dann beantworten Sie am Ende die folgende Frage wahrheitsgetreu mit „ja" oder „nein":

Gehören Sie zur Gruppe derer, die gegen die Prüfungsregeln verstoßen haben?

Geben Sie diesen Anweisungen folgend jetzt ihre Antwort!

Zur Vereinfachung sei einmal angenommen, die Geburtstagswahrscheinlichkeiten wären für alle Tage des Jahres gleich. Dann betragen die Wahrscheinlichkeiten p_1, p_2 und p_3 für diese drei Anweisungen ohne Berücksichtigung eines möglichen Schalttages und auf zwei Dezimalstellen gerundet:

$$p_1 \approx 59 : 365 \approx 0.16$$
$$p_2 \approx 61 : 395 \approx 0.17$$
$$p_3 \approx 245 : 395 \approx 0.67$$

Auf diese Weise kann eine „ja"- oder „nein"-Antwort heißen, dass der oder die Befragte an einen Geburtstag von Mai bis Dezember gedacht und die Antwort tatsächlich auf die heikle Frage gegeben hat, aber auch, dass an ein Geburtsdatum gedacht wurde, das in den ersten beiden Monaten des Jahres (beziehungsweise im März oder April) liegt und die Befragungsperson so nur durch Zuteilung der Anweisung 1 (beziehungsweise 2) mit „ja" (oder „nein") antworten musste. Dadurch sind beide möglichen Antworten auf die heikle Frage zu einem gewissen, von den gewählten Wahrscheinlichkeiten abhängigen Grad geschützt.

Von Interesse war natürlich der Anteil an Studierenden, die wissentlich gegen Prüfungsregeln verstoßen haben. Die indirekte Befragung ergab Folgendes:

- 20 der 64 Personen im Kurs kreuzten auf ihrem Fragebogen die Antwort „ja" an,
- 44 die Antwort „nein".

Was lässt sich nun daraus über das Verhalten der 64 Studierenden schließen?

Auf Basis der gegebenen Wahrscheinlichkeiten war zu erwarten, dass von allen 64 Personen (Abbildung 23.1)

- 16 Prozent, also $N \cdot p_1 \approx 64 \cdot 0.16 \approx 10$ Personen, der Anweisung 1 (=„ja") folgen mussten;
- 17 Prozent, das sind $64 \cdot 0.17 \approx 11$ Personen, Anweisung 2 (=„nein") folgen mussten und
- 67 Prozent, somit $64 \cdot 0.67 \approx 43$ Personen, Anweisung 3 befolgen und demnach die heikle Frage beantworten mussten.

Betrachten wir in Abbildung 23.1 die auf diese Weise aus allen 64 Personen erwarteten zufällig ausgewählten 43 Personen näher, welche auf die heikle Frage antworten mussten: Wie viele davon haben mit „ja" geantwortet? Bei insgesamt 20 „ja", 10 davon gemäß der Erwartung ein Resultat des Befolgens von Anweisung,

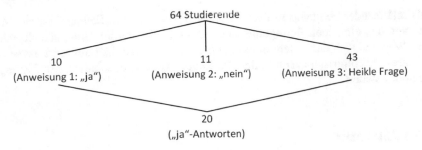

Abb. 23.1: Hochrechnung im Rahmen eines indirekten Befragungsdesigns.

muss der Rest der 20 „ja"-Antworten von den 43 Personen auf die heikle Frage gegeben worden sein. Somit schätzen wir den Anteil an Personen, die in dieser Zufallsstichprobe aus 43 Personen gegen die Prüfungsregeln verstoßen haben, mit

$$10 : 43 \approx 0.23 = 23 \text{ Prozent.}$$

23.3 Aufgaben für die Forschung

Der praktische Nutzen dieser theoretischen Überlegungen steht und fällt mit einer akzeptablen Interviewer- und Befragtenbelastung (ohne Kreisel und andere Geräte beispielsweise) und mit der Zugänglichkeit der theoretischen Grundlagen verschiedener indirekter Befragungsdesigns. Dabei können Standardisierungen helfen, die solche Techniken unter einem einheitlichen theoretischen Dach zusammenfassen. So lassen sich etwa die verschiedenen Anweisungen von Warner und unserer Technik in einer gemeinsamen Liste zusammenfassen. Wird dann nur ein Teil aller Anweisungen verwendet (zum Beispiel die drei aus unserem Experiment) dann sind die Wahrscheinlichkeiten der nicht verwendeten Anweisungen (in diesem Fall wäre es die komplementäre Frage von Warners Design) einfach auf null zu setzen. Möchte man Warners Technik beispielsweise durch die Anweisung 1 aus unserem Experiment ergänzen, um die „ja"-Antwort stärker als die „nein"-Antwort zu schützen, dann ist in einer solchen einheitlichen Theorie die Anweisung, einfach „nein" zu sagen, mit einer Wahrscheinlichkeit von null zu versehen. So ist nicht für jede einzelne Befragungstechnik, die zu einer solchen Familie gehört, eine eigene Theorie zu beschreiben und zu lernen. Zusätzlich erlaubt diese einheitliche Theorie auch alle Zufallsstichprobenverfahren mit beliebigen Aufnahmewahrscheinlichkeiten, so dass man von einfachen bis größenproportionalen Zufallsauswahlen alle einschlägigen Methoden in der Theorie abgebildet findet.

Eine weitere interessante Forschungsfrage betrifft den Grad des objektiven Schutzes der Privatsphäre in Abhängigkeit von den festgelegten Wahrscheinlichkeiten. Denn nur bei gleichem Schutzgrad lassen sich die verschiedenen möglichen indirekten Befragungstechniken hinsichtlich der Genauigkeit ihrer Erhebungsresultate fair miteinander vergleichen. Diesem objektiv vorhandenen Schutz lässt sich nun der von den einzelnen Befragungspersonen subjektiv empfundene gegenüberstellen. Während sich der erstere direkt auf die Schätzgenauigkeit auswirkt, ist es der letztere, der empirisch nachweislich die Kooperationsbereitschaft der Befragungspersonen steuert.

23.4 Literatur

Die Basisarbeit ist Stanley L. Warner (1965), „Randomized response: A survey technique for eliminating evasive answer bias", Journal of the American Statistical Association 60, S. 63-69. Vereinheitlichungen der oben beschriebenen Methoden für sämtliche Merkmalstypen wie kategoriale (zum Beispiel Parteipräferenz) oder metrische Merkmale (zum Beispiel Ausmaß des Steuerbetrugs) sind nachzulesen in Quatember, A. (2016), „A Mixture of True and Randomized Responses in the Estimation of the Number of People Having a Certain Attribute", in: Chaudhuri, A., T.C. Christofides (Hrsg.), „Handbook of Statistics (Volume 34) - Data Gathering, Analysis and Protection of Privacy through Randomized Response Techniques: Qualitative and Quantitative Human Traits", Amsterdam: Elsevier, S. 91-103. Zum Schutz der Privatsphäre siehe Quatember, A. (2019), „A discussion of the two different aspects of privacy protection in indirect questioning designs", Quality & Quantity 53(1), S. 269-282, DOI: 10.1007/s11135-018-0751-4. Für eine praktische Anwendung indirekter Befragung siehe etwa Krumpal, I. (2012), „Estimating the Prevalence of Xenophobia and Anti-Semitism in Germany: A Comparison of Randomized Response and Direct Questioning", Social Science Research 41(6), S. 1387-1403. Zur Wirkung indirekter Befragung auf die Qualität der Erhebungsergebnisse siehe Wolter, F., P. Preisendörfer (2013), „Asking Sensitive Questions: An Evaluation of the Randomized Response Technique Versus Direct Questioning Using Individual Validation Data", Sociological Methods & Research 42(3), S. 321-353.

Kapitel 24
Stichproben und fehlende Daten

Andreas Quatember

Die Lehrbuchstatistik geht von perfekt erfassbaren Merkmalen und auskunftswilligen Merkmalsträgern aus. Ist das nicht der Fall, sind gewisse Reparaturverfahren notwendig. Die moderne Statistik zeigt, wie das funktioniert.

24.1 Stichproben in Theorie und Praxis

Nur jeder Dritte mit Arbeit der Bundesregierung zufrieden, Armut auf höchstem Wert der letzten zehn Jahre, 60 Prozent der Bevölkerung zuversichtlich für das kommende Jahr – Schlagzeilen wie diese basieren in aller Regel auf Stichproben. Damit solche Rückschlüsse von Stichproben auf Populationen überhaupt gelingen können, überlässt man es in der Regel dem Zufall, welche Personen in die Stichprobe gelangen. Die klassische Stichprobentheorie bildet dabei den theoretischen Unterbau für diese Schlüsse auf Basis der Wahrscheinlichkeitstheorie. Sie gilt aber nur unter *Ideal*bedingungen. Insbesondere muss die Population für die Ziehung einer Stichprobe verfügbar und jede daraus ausgewählte Befragungsperson erreichbar und teilnahmewillig oder -fähig sein.

Das ist in der Praxis aber selten der Fall. Insbesondere Befragungen zu sensitiven Themen wie Schwarzarbeit, Fremdenfeindlichkeit, Antisemitismus, Armut, Drogenkonsum oder Steuerbetrug leiden unter hohen Raten an Antwortausfällen („nonresponse") und fehlenden Daten. Deshalb mussten Methoden entwickelt werden, die eine solche von den Idealbedingungen abweichende Befragungsrealität mitberücksichtigen. Sollen etwa Merkmalssummen (zum Beispiel die monatlichen Konsumausgaben aller Haushalte oder die Zahl an Arbeitslosen eines Landes) durch eine Stichprobe geschätzt werden, ist zu beachten, dass die eigentlich gezogene Stichprobe S in Hinblick auf dieses Erhebungsmerkmal bei Nonresponse in drei verschiedene Teile zerfällt (siehe Abbildung 24.1):

© Springer-Verlag GmbH Deutschland, ein Teil von Springer Nature 2019   187
W. Krämer und C. Weihs (Hrsg.), *Faszination Statistik*,
https://doi.org/10.1007/978-3-662-60562-2_24

- den Teil *R* all jener, die geantwortet haben (die „Responsemenge"),
- den Teil *I* derer, die an der Umfrage zwar teilgenommen, aber bei dem bestimmten Merkmal keine Antwort gegeben haben (die „Item-Nonreponsemenge"), und
- den Teil *U* mit jenen eigentlich für die Stichprobe ausgewählten Befragungspersonen, die gar nicht erreichbar waren oder die die Teilnahme an der Erhebung verweigert hatten (die „Unit-Nonreponsemenge").

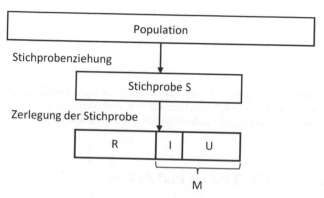

Abb. 24.1: Zerlegung der Stichprobe *S* unter Realbedingungen in eine Response- (*R*) und eine Missingmenge (*M*) bestehend aus der Item-Nonresponse- (*I*) und der Unit-Nonresponsemenge (*U*).

24.2 Statistische Reparaturmethoden

Soll nun eine Populations-Merkmalssumme in einer Zufallsauswahl – wie üblich – dadurch geschätzt werden, dass die Stichprobenwerte des betreffenden Merkmals gewichtet (= mit einem Gewicht größer als 1, in der Regel der Kehrwert der Auswahlwahrscheinlichkeit, multipliziert) werden, steht man unter den beschriebenen *Real*bedingungen vor dem Dilemma, dass diese Summe der gewichteten Daten nicht über die gesamte Stichprobe berechnet werden kann, weil ein Teil der Stichprobenwerte und zwar jener in der „Missingmenge" *M* gar nicht beobachtet wurde. Die eigentlich über die gesamte Stichprobe zu eruierende Summe der gewichteten Daten liegt de facto nur für die Responsemenge vor. Diese Problematik tritt im Übrigen auch bei Vollerhebungen auf. Schon im Vorfeld einer Erhebung sollte deshalb alles dafür getan werden, dass sowohl die Item- als auch die Unit-Nonresponserate so klein wie möglich werden. Denn keine statistische Reparaturmethode kann in Hinblick auf die Validität der gezogenen Schlussfolgerungen mit einer Erhebung ohne Nonresponse mithalten.

Eine erste Reparaturmethode besteht darin, aus der ursprünglich gezogenen Stichprobe eine weitere zufällige Teilstichprobe zu ziehen und sich darin um möglichst hohe Antwortraten zu bemühen. Die Ergebnisse dieser Teilstichprobe lassen sich dann auf die Missingmenge und von dort auf die Gesamtpopulation hochrechnen. Liegt aber nicht weiter reduzierbarer und wegen seines Ausmaßes auch nicht vernachlässigbarer Nonresponse vor, dann gibt es noch zwei weitere mögliche Ansätze. Als Basis dafür dienen Hilfsinformationen, die sonst ungenutzt bleiben würden. Die erste dieser beiden statistischen Reparaturtechniken wurde bereits in den 1940er Jahren von der offiziellen Statistik eingesetzt. Sie verwendet die in der Responsemenge beobachteten Werte des interessierenden Merkmals und versucht alleine darauf und nicht auf der – nicht vorhandenen – Gesamtstichprobe basierend die interessierende Populationsmerkmalssumme zu schätzen. Zu diesem Zweck gilt es, die ursprünglich für die Gesamtstichprobe vorgesehenen Gewichte auf vernünftige Weise zu erhöhen. Diese „Gewichtungsanpassung" wird dann erfolgreich sein, wenn sie auf einer plausiblen Annahme über jenen Mechanismus beruht, der den Nonresponse erzeugt hat.

In der Praxis unterscheidet man hier drei Vorgehensweisen. Die erste erklärt den Nonresponse als völlig zufällig, die Responsemenge ist dann eine Zufallsauswahl aus der eigentlich gezogenen Stichprobe. Die Daten der Responsemenge sind dann nur wegen derer im Vergleich zur Gesamtstichprobe geringeren Größe gleichmäßig höher zu gewichten. Im zweiten Modell hängt der Nonresponse von in der Stichprobe für alle ausgewählten Personen beobachtbaren Merkmalen ab. Zum Beispiel könnten Männer andere Nonresponseraten aufweisen als Frauen; sie erhielten dementsprechend andere Gewichte. Der dritte Fall ist der für die Kompensierung von Nonresponse bei weitem unangenehmste: Der Nonresponse hängt nicht alleine von beobachteten Merkmalen, sondern auch von den fehlenden Werten des interessierenden Merkmals ab. Das ist etwa der Fall, wenn bei einer Haushaltsbefragung zu den Konsumausgaben Antwortausfälle nicht nur durch die Anzahl an Haushaltsmitglieder (umso mehr, desto wahrscheinlicher ist jemand anzutreffen), sondern auch durch die Konsumausgaben selbst erklärt werden können (vor allem Haushalte mit hohen Ausgaben verweigern die Auskunft). Dann kann man durch eine unterschiedliche Gewichtung nach den Haushaltsgrößen die Verzerrung der beobachteten Stichprobe zwar verringern, aber nicht ganz kompensieren.

Die zweite Methode zur Kompensierung von nicht vernachlässigbarem Nonresponse schätzt die fehlenden Antworten der Personen in der Missingmenge durch deren Ähnlichkeit bei auch über diese Personen vorliegenden Hilfsmerkmalen (wie Alter und Geschlecht) zu antwortenden Personen in der Responsemenge. Auf Basis dieser Informationen werden in der Folge die fehlenden Daten durch die Schätzungen ersetzt und diese für die Hochrechnung der Gesamtstichprobe auf die Population verwendet. Die Qualität der „Datenimputation" hängt nun natürlich ebenfalls davon ab, wie zutreffend der Mechanismus, der die Antwortausfälle tatsächlich verursacht hat, sich in dem bei der Imputation zugrundegelegten Modell wiederfindet. Mögliche Imputationsmethoden sind die zufällige Zuordnung von erhobenen Werten einer ähnlichen Gruppe von Personen (zum Beispiel desselben Geschlechts, derselben Region und derselben Alterskategorie) aus der Responsemenge. Dieses

Verfahren wird „Hot-Deck-Imputation" genannt, da es erstmalig zu einer Zeit angewendet wurde, als Daten noch auf Lochkarten aus Karton gespeichert wurden. Die Ersatzdaten wurden somit aus einem Stapel Lochkarten derselben Erhebung verwendet, der noch warm war. Eine „Cold-Deck-Imputation" verwendet dementsprechend Informationen zu fehlenden Werten aus anderen Quellen wie früheren Erhebungen (Konsumausgaben desselben Haushalts im Vorjahresmonat zum Beispiel). Eine andere, naheliegende Möglichkeit besteht darin, auf Basis von für alle Stichprobenpersonen vorliegenden Informationen (zum Beispiel zu Alter, Bildungsschicht etc.) mit den Daten der Responsemenge eine Regressionsgleichung mit dem Erhebungsmerkmal als Regressanden zu schätzen und darauf basierend die fehlenden Werte der Personen der Missingmenge zu imputieren. Bei korrektem statistischen Modell sind mit den imputierten Werten Schätzungen zum Beispiel von Merkmalssummen erzielbar, die wegen der Verwendung von Hilfsinformationen im Vergleich zu Schätzungen rein auf Basis der in der Responsemenge vorhandenen Daten weniger verzerrt sind.

Gewichtungsanpassung und Datenimputation stehen dabei nicht in Konkurrenz. Denn letztere eignet sich wegen der möglichen Verwendung von in der Item-Nonresponsemenge beobachteten Hilfsinformationen eben mehr zur Kompensierung von Item-Nonresponse, der dann auftritt, wenn eine an der Erhebung grundsätzlich teilnehmende Person bei einem oder mehreren, aber nicht bei allen Erhebungsmerkmalen die Auskunft verweigert. Erstere aber eignet sich vor allem zur Kompensierung von Unit-Nonresponse, wenn von der betreffenden Stichprobenperson durch deren Nichtantreffen keinerlei zusätzliche Informationen als schon von vornherein vorhandene (zum Beispiel über Geschlecht und Wohnort) einzuholen sind. Da in den meisten Erhebungen beide Arten von Nonresponse auftreten, werden die beiden Methoden üblicherweise hintereinander ausgeführt, so dass zuerst durch Datenimputation für Item- und dann auf Basis der Responsemenge und der durch die Imputationen aufgefüllten Item-Nonresponsemenge ($R \cup I$) durch Gewichtungsanpassung noch für Unit-Nonresponse kompensiert wird. So gehen etwa die großen Stichprobenerhebungen der offiziellen Statistik wie der Mikrozensus und die EU-Arbeitskräfteerhebung vor.

24.3 Literatur

Die „Stichprobe aus Stichprobe"-Methode geht zurück auf M. H. Hansen und W. N. Hurwitz (1946), „The Problem of Nonresponse in Sample Surveys", Journal of the American Statistical Association 1946, S. 517-529. Das Standardwerk zu Nonresponse ist: R. J. A. Little und D. B. Rubin (2011), „Statistical Analysis with Missing Data ", 2. Auflage, New York, Wiley.

Kapitel 25
Wer soll das alles lesen? Automatische Analyse von Textdaten

Jörg Rahnenführer, Carsten Jentsch

Statistik befasst sich mit Daten, und Daten bestehen aus Zahlen. So denken die meisten Menschen aus dem Bauch heraus. Aber als Folge der IT-Revolution gerieten auch ganz andere Dinge in den Fokus der Wissenschaft Statistik, darunter auch Texte. Die werden zwar schon seit vielen Jahrhunderten in großen Mengen von verschiedensten Quellen erzeugt. Aber erst seit Kurzem ermöglicht die zunehmende Digitalisierung von Texten und die damit einhergehende Verfügbarkeit von Texten in großen Textsammlungen, die in den Textdaten enthaltene Information strukturiert und automatisiert zu analysieren. Die Statistik liefert hierfür viele hilfreiche Methoden, sowohl zur Verarbeitung der Daten als auch für die Interpretation bei inhaltlichen Fragen.

25.1 Große Textsammlungen

Große Textsammlungen sind in den letzten Jahren in vielfältiger Weise in digitaler Form verfügbar geworden. Beispiele sind Zeitungsartikel einer bestimmten Tages- oder Wochenzeitung oder Online-Textsammlungen, bis hin zu Online-Enzyklopädien. Aber auch nahezu beliebige andere Quellen von Textdaten können von Interesse sein, wie etwa Wahlprogramme von Parteien oder verschriftlichte Reden im Parlament.

Wir alle nutzen heutzutage solche Textsammlungen regelmäßig in unserem Alltag, indem wir zum Beispiel einen Online-Artikel oder Nachrichten in sozialen Netzwerken lesen. Will man aus diesen sehr großen Textmengen Erkenntnisse gewinnen, die über den einzelnen Text hinausgehen, dann ist es in der Regel nicht möglich, alle Texte einzeln zu lesen und auf subjektive Art unverfälschte Schlüsse daraus zu ziehen. Solche Erkenntnisse sind allerdings wünschenswert, um zum Beispiel die Gesamtberichterstattung zu einem bestimmten Thema analysieren zu können: Wer beteiligt sich wann mit welchen Themen an einem öffentlichen Diskurs?

Mit Blick auf über Jahrzehnte vorliegende Wahlprogramme von Parteien interessiert etwa die Frage, wie Parteien im politischen Spektrum über die Zeit eingeordnet werden können oder welche Themen wann die politischen Debatten bestimmt ha-

© Springer-Verlag GmbH Deutschland, ein Teil von Springer Nature 2019
W. Krämer und C. Weihs (Hrsg.), *Faszination Statistik*,
https://doi.org/10.1007/978-3-662-60562-2_25

ben. In den letzten Jahrzehnten sind die Möglichkeiten der Algorithmen-gestützten Analyse von Textdaten enorm gestiegen und automatische Auswertungen sind heute in allen Bereichen üblich. Diese Analysen sind allerdings mit allen möglichen Formen von Unsicherheit behaftet, weshalb statistische Methoden helfen können solche Daten sinnvoll auszuwerten.

25.2 Textanalysen in den Sozialwissenschaften

Die Sozialwissenschaften beschäftigen sich inhaltlich mit Fragen des gesellschaftlichen Zusammenlebens von Menschen. Dabei spielen Texte in vielen Medien eine große Rolle, zum Beispiel in Büchern, in Zeitschriftenartikeln, in Onlineartikeln, in den sozialen Medien, oder in Interviews, die als Texte vorliegen. Eine Methode der Sozialwissenschaften zum Verständnis von Texten ist die Inhaltsanalyse. Mit dieser werden Texte quantitativ ausgewertet. Dies geschieht üblicherweise dadurch, dass die Texte oder zumindest eine zufällige Auswahl aus diesen nach vorher festgelegten Regeln gelesen und ausgewertet werden. So entstehen strukturierte Daten, die die Texte zum Beispiel in Kategorien einordnen, oder die Häufigkeiten von etwas zählen, z. B. die Anzahlen bestimmter Wörter oder die Anzahlen bestimmter grammatikalischer Konstruktionen.

Es ist wichtig sicherzustellen, dass die Personen, die die Texte lesen und den Kategorien zuordnen, dies objektiv nach den gleichen Kriterien tun. Dazu können statistische Maßzahlen verwendet werden, mit denen überprüft wird, ob die beteiligten Personen zu den gleichen Ergebnissen kommen. Der resultierende Datensatz kann dann verwendet werden um sozialwissenschaftliche Fragestellungen zu untersuchen. Zum Beispiel kann mit Statistik untersucht werden, ob sich der Anteil bestimmter grammatikalischer Konstruktionen in verschiedenen Fachgebieten (Politik, Wirtschaft, Sport, usw.) unterscheidet.

Früher wurden die Bedingungen für die Auswahl der Datensätze für solche Analysen oft so weit eingeschränkt, dass die ausgewählten Texte durch die beteiligten Wissenschaftlerinnen und Wissenschaftler alle gelesen und kategorisiert werden konnten. Dazu wurde zum Beispiel nur eine einzige Woche der Berichterstattung in einer bestimmten Zeitung betrachtet. Mit computergestütztem Textmining ist es jetzt möglich, auch sehr große Mengen an Texten auszuwerten.

Neben der klassischen Inhaltsanalyse gibt es in den Sozialwissenschaften viele weitere Arten von Textanalysen, die von einer zumindest teilweise automatisierten Auswertung profitieren. Zwei Beispiele stehen im Zusammenhang mit politischen Wahlen. Online-Kommentare oder Twitter-Nachrichten (Tweets) zu den Spitzenkandidaten bei einer Wahl sollen verglichen werden in Bezug auf Zustimmung oder Ablehnung der jeweiligen Autoren. Und Positionen von Parteien im politischen Spektrum sowie deren Veränderungen über die Zeit sollen anhand von Parteiprogrammen bestimmt und wichtige Themen der politischen Debatte identifiziert werden, siehe Abschnitt 25.6 für eine genauere Darstellung. Sowohl die Auswertung aller Kommentare als auch die Auszählung von Anzahlen von Wörtern sind per Hand ohne Automatisicrung kaum oder gar nicht zu leisten. Es liegt aber jeweils eine klare Fragestellung vor bezüglich Unterschieden zwischen jeweils großen Textsammlungen.

25.3 Vorverarbeitung von Textdaten

Abbildung 25.1 zeigt einen Haufen von Zeitungen, die von einem Menschen nicht einmal ansatzweise vollständig gelesen werden können, eine quantitative Analyse ist schon gar nicht möglich. Die Artikel müssen also für den Computer lesbar gemacht werden.

Abb. 25.1: Zeitungshaufen: Wer soll das alles lesen und die wesentlichen Aussagen herausfiltern?[1].

Artikel aus Zeitungen liegen in großen Archiven als Textdaten in einem strukturierten Format vor, das neben dem Artikeltext noch Informationen wie das Publikationsdatum, den Titel oder den Autor enthält. Nachdem sie eingelesen sind, kann der Computer aber noch nicht gut mit den Texten umgehen. Während ein Mensch die wichtigen Informationen aus einem Text leicht entnehmen kann, müssen Texte für einen Computer erst einmal aufgeräumt und strukturiert werden. Zuerst muss geprüft werden, ob Fehler vorliegen, zum Beispiel ob einige Texte unplausibel kurz oder lang sind oder mehrfach im Datensatz vorkommen. Dies geschieht mit statistischen Methoden, zum Beispiel durch Histogramme, mit denen die Längenverteilung über alle Texte hinweg dargestellt wird, oder durch statistische Tests, mit denen Texte mit extremen Längen als sogenannte Ausreißer identifiziert werden.

Oft wird zur weiteren automatisierten Verarbeitung der Bag-of-Words Ansatz betrachtet, bei dem für jeden Text nur festgehalten wird, welche Wörter wie oft vorkommen. Die Reihenfolge der Wörter wird vernachlässigt um die Texte besser weiterverarbeiten und vergleichen zu können. Darüber hinaus gibt es auch Ansätze wie

---

[1] s. https://pixabay.com/de/photos/bundle-jute-seil-zeitung-1853667/ [Pixabay Lizenz]

das Part-of-Speech-Tagging oder die Entity-Recognition, die versuchen die Satzstruktur (Subjekt, Verb, Objekt) bzw. die im Text beschriebenen Objekte (Eigennamen, Firmennamen, Städte, usw.) zu erkennen. Auch hier wird mit statistischen Modellen gearbeitet.

Ein typischer Schritt der Vorverarbeitung beim Bag-of-Words Ansatz ist die Entfernung von Stoppwörtern, die für sich keine inhaltliche Bedeutung haben, aber für den Lesefluss wichtig sind, z. B. Artikel (der, die, das) oder häufig verwendete Konjunktionen (und, oder, als). Weiterhin werden dann oft Satzzeichen und Zahlen entfernt und alle Großbuchstaben in Kleinbuchstaben umgewandelt. Schließlich werden alle Leerzeichen als Trennungen zwischen Wörtern betrachtet, um eine Wortliste zu erhalten. Diesen Schritt nennt man Tokenisierung. Nach diesen Vereinfachungen können die inhaltlichen Fragen angegangen werden.

25.4 Thematische Einteilung von großen Textsammlungen

Wie bereits bei der Inhaltsanalyse erwähnt, ist bei der Verarbeitung von großen Textsammlungen die thematische Einteilung einzelner Texte in inhaltlich zusammenhängende Untergruppen ein wichtiges Ziel. Zum Beispiel interessiert man sich für alle Texte einer Tageszeitung, die sich mit dem Thema „Bank" beschäftigen. Hierbei ist die Bank als Kreditinstitut gemeint, welches typischerweise Giro-Konten verwaltet oder Kredite vergibt. Eine einfache und beliebte Lösung ist es, einfach alle Texte auszuwählen, in denen das Wort „Bank" mindestens einmal vorkommt. Dieses führt aber oft nicht zum gewünschten Ziel, da sowohl nicht gewollte Artikel gefunden werden (falsch positiv ausgewählte Texte) als auch Artikel übersehen werden (falsch negativ ausgewählte Texte). Der erste Fall tritt auf, wenn mit der „Bank" zum Beispiel die „Trainerbank" gemeint ist oder das Wort Bank in einem anderen Wort versteckt ist, wie etwa in dem Wort „TaliBANKämpfer". Das zweite Problem kann auftreten, wenn statt dem Wort „Bank" etwa nur das Wort „Kreditinstitut" in dem Artikel vorkommt.

Es gibt ein statistisches Verfahren, das beide Probleme berücksichtigen und teilweise lösen kann, das sogenannte LDA-Verfahren (Latent Dirichlet Allocation). Hierzu wird ein vereinfachtes Modell angenommen, das mit Wahrscheinlichkeiten arbeitet und das Texte als Mischungen von verschiedenen inhaltlichen Themen modelliert. Behandelt ein Artikel zum Beispiel eine Bank als Kreditinstitut, dann kommen Wörter wie Kredit, Geld oder Börse häufiger vor als in einem zufällig ausgewählten Artikel. Geht es um Sport, dann kommen Wörter wie Fußball, Trainer und Bundesliga häufiger vor.

Die genauen Wahrscheinlichkeiten werden dabei aus der großen Textsammlung mit dem LDA-Verfahren geschätzt, und die Texte können dann den Themen zugeordnet werden. Dass dabei tatsächlich ohne Vorwissen die Themen automatisch mitgeschätzt werden, erscheint auf den ersten Blick sehr erstaunlich. Es liegt daran, dass Texte in der Regel aus wenigen Themen bestehen, die mit Hilfe von großen

Textsammlungen identifiziert werden können, da Texte zu gleichen Themen viele gleiche Wörter verwenden.

Es gibt jedoch noch weitere statistische Herausforderungen bei dem Auffinden solcher thematischer Einteilungen. Das LDA-Verfahren benötigt am Anfang einen Wert für die Anzahl der Themen, in die die Texte eingeteilt werden sollen. Für eine vorgegebene Anzahl wird dann eine gute Lösung gefunden. Die optimale Anzahl hängt aber einerseits von statistischen Faktoren ab, etwa wie ähnlich sich zwei Texte zu einem Thema mindestens sein müssen, und andererseits von der inhaltlichen Fragestellung, etwa ob Artikel zu einem bestimmten eher speziellen Ereignis in einer eigenen separaten Untergruppe enthalten sein sollen.

Hat man einmal die Themen und die Zuordnung der Texte zu diesen aus den Daten extrahiert, kann man damit viele spannende Fragen angehen. Beispielhafte Fragen für Textsammlungen von Zeitungsartikeln oder Onlineartikeln über einen längeren Zeitraum sind: Welche Themen sind generell besonders beliebt in der Textsammlung, über was wird überhaupt berichtet oder geschrieben? Wie wichtig ist ein bestimmtes Thema im Verlauf der Zeit? Wann ist ein Thema zum ersten Mal aufgeflammt oder wieder neu aufgeflammt? Zur letzten Frage kann man dann überprüfen, welche Ereignisse diese verstärkte Berichterstattung ausgelöst haben könnten. Das LDA-Verfahren liefert also Themenzuordnungen, die wieder im Rahmen einer Inhaltsanalyse untersucht werden können.

Da es sehr viele Möglichkeiten gibt, die Texte in Themen einzuordnen und für ein LDA-Modell sehr viele Wahrscheinlichkeiten gleichzeitig geschätzt werden müssen, wird die Statistik noch an einer anderen Stelle benötigt, nämlich zur Überprüfung der Stabilität des Modells. Neben der Anzahl der Themen gibt es weitere Werte, die für die Schätzung der Themeneinteilung festgelegt werden müssen, darunter wie viele Themen in einem einzelnen Text durchschnittlich vorkommen oder wie groß die durchschnittliche Anzahl der wichtigen Wörter für ein Thema ist. Mit statistischen Methoden kann man jetzt prüfen, wie stark das Ergebnis von der Wahl dieser Werte abhängt, d. h. wie stark sich die gefundenen Themen ändern, wenn man andere Werte wählt. Die Überprüfung der Abhängigkeit von der Wahl solcher Werte (in der Statistik Parameter genannt) ist eine Kernkompetenz in der Statistik und zeigt, wie sehr man dem doch sehr komplexen geschätzten Modell vertrauen kann.

25.5 Unterschiede finden

Viele statistische Analysen haben das Ziel, Unterschiede zwischen zwei Gruppen zu finden. Wird die Senkung des Blutdrucks bei zwei Patientengruppen mit unterschiedlichen Medikamenten gemessen oder die Anzahl der ausgefallenen Kredite bei zwei verschiedenen Banken, so liegen jeweils zwei Zahlenreihen vor. Für diese müssen dann im einfachsten Fall nur Mittelwerte (der Senkung des Blutdrucks) oder Anzahlen (der Kreditausfälle) sowie geschätzte Schwankungen dieser Werte berechnet werden. Dann kann bestimmt werden, ob die Unterschiede stärker sind, als bei rein zufälligen Schwankungen zu erwarten ist.

Bei den hier beschriebenen Textdaten sieht das deutlich komplizierter aus. Das Ergebnis einer LDA-Analyse sind Themen, die durch Wahrscheinlichkeiten für wichtige Wörter der Themen beschrieben werden. Will man nun Themen in einer Zeitung mit Themen in einer anderen Zeitung vergleichen, so muss man zuerst die gefundenen Themen der beiden Zeitungen einander zuordnen und dann die Unterschiede der Häufigkeiten der Texte zu den Themen in den beiden Zeitungen analysieren. Hierbei gibt es eine Menge statistischer Herausforderungen und Fallstricke.

1. Wie berechnet man den Abstand von zwei Themen?
   Die Themen werden durch sogenannte Wahrscheinlichkeitsverteilungen beschrieben, d. h. Wörtern werden Wahrscheinlichkeiten zugeordnet. Die Wahrscheinlichkeiten muss man jetzt über alle Wörter hinweg vergleichen, wofür es maßgeschneiderte statistische Abstandsmaße gibt.

2. Wie berechnet man die statistische Relevanz des berechneten Unterschieds?
   Der Algorithmus zur Berechnung ist sehr komplex, und es gibt keine einfache direkte Möglichkeit (wie bei den Beispielen am Beginn von Abschnitt 25.5) zu berechnen, ob der beobachtete Unterschied auch zufällig auftreten könnte. Eine Technik aus der Statistik, die hier helfen kann, ist die sogenannte Bootstrap-Analyse. Bootstrapping bedeutet, dass man „sich an den eigenen Haaren aus dem Sumpf zieht". In diesem Fall heißt das, dass man aus den ursprünglichen Texten neue ähnliche Texte erzeugt. Dazu zieht man für jeden einzelnen Text zufällig immer wieder Wörter oder ganze Sätze aus diesem Text. So entstehen ähnliche Texte, die aber zufällige Schwankungen gut aufzeigen. Dann wird die ursprüngliche LDA-Analyse mit den neuen Texten wiederholt und man kann die statistische Unsicherheit des Ergebnisses schätzen und für die Bewertung der statistischen Relevanz des Unterschieds zwischen den Textsammlungen verwenden.

25.6 Textanalyse von Wahlprogrammen

Politische Institutionen erzeugen regelmäßig und in großen Mengen Textdaten. Dieses können etwa die verschriftlichten Reden einzelner Politiker im Parlament sein, zur Abstimmung in das Parlament eingebrachte Gesetzesvorschläge, oder Wahlprogramme, wie sie von allen größeren Parteien zu Bundes- oder Landtagswahlen veröffentlicht werden. Wahlprogramme sind dabei besonders von Interesse, weil sie in regelmäßigen Abständen geschrieben werden und die Standpunkte der Parteien zu allen politisch relevanten Themen aufgreifen. Somit stellen Textsammlungen, die Wahlprogramme mehrerer Parteien über viele Wahlperioden hinweg beinhalten, eine geeignete und vielversprechende Datenquelle für eine automatisierte Textanalyse dar.

Wie in Tabelle 25.1 ersichtlich, wurden die Wahlprogramme vieler deutscher Parteien über die Jahre immer umfangreicher. Während die Wahlprogramme der FDP hinsichtlich ihrer Länge vergleichsweise nur leicht über die Zeit schwanken, steigt der Umfang der Wahlprogramme aller anderen Parteien erheblich an. Das Wahlprogramm der Grünen zur Bundestagswahl 2013 ist beispielsweise etwa 20 mal so lang wie das zur Bundestagswahl 1990. Deutsche Print- und TV-Medien griffen diese Entwicklung im Vorfeld der Bundestagswahl 2017 auf:

- „Dicke Wälzer Wahlprogramme: Wer soll das lesen?" (ZDF, heute)
- „Alle Wahlprogramme lesen? Dauert nur 17 Stunden" (Die Zeit)
- „Wahlprogramme dick wie Telefonbücher. Wer soll das bloß alles lesen?" (Bild Zeitung)

Tab. 25.1: Gesamtzahl verwendeter Wörter in den Wahlprogrammen der fünf wichtigsten deutschen Parteien zu den Bundestagswahlen von 1990 - 2013

	1990	1994	1998	2002	2005	2009	2013
CDU/CSU	3061	6083	4455	10559	5813	14243	22518
SPD	3991	7634	7274	10919	6718	14369	22459
Die Grünen	2235	16169	2215	11883	15053	18646	44192
FDP	14476	21567	12895	16788	11496	15684	20195
PDS/Die Linke	4935	3629	8113	7387	4035	10701	20029

Aufgrund der großen Textmengen ist es erstrebenswert, diese politischen Textdaten automatisch zu analysieren. Das Ziel einer solchen Analyse ist es dann, die in den Wahlprogrammen enthaltenen Informationen zu extrahieren und daraus Rückschlüsse auf die Parteien selbst, aber auch auf das politische System zu ziehen. In diesem Kontext betreffen mögliche Fragestellungen etwa inhaltliche Verschiebungen im politischen System: Hat sich die relative Position von Parteien im politischen Spektrum über die Zeit verändert? Kann man etwa einen Rechts- oder Linksruck einer Partei feststellen? Andere relevante Fragestellungen betreffen den politischen Diskurs: Welche politischen Themen waren zu welcher Wahl wichtig? Die Verwendung welcher Wörter bzw. das Ansprechen welcher Themen unterscheidet am besten zwischen progressiven und konservativen Parteien?

Statistische Verfahren wie etwa die LDA können prinzipiell auf Textdaten beliebiger Herkunft verwendet werden, um in den Daten enthaltene Informationen zu extrahieren. Darüber hinaus wurden und werden aber auch speziell Verfahren entwickelt, die besonders geeignet sind, politische Textdaten zu analysieren und hierfür relevante Fragen zu beantworten. Der sogenannte Wordfish-Algorithmus verwendet einen Bag-of-Words-Ansatz und schlägt ein statistisches Modell vor, um die Parteien im politischen Spektrum einzuordnen und deren Verschiebungen über die Zeit zu analysieren. Dabei funktioniert dieser Ansatz völlig automatisch und basiert ausschließlich auf den Wortanzahlen, ohne im Vorfeld bereits potentiell wichtige Wörter zu identifizieren. Tatsächlich kann der Algorithmus eigenständig informative Wörter erkennen, die etwa zwischen progressiven und konservativen Parteipositionen unterscheiden, und damit die Parteien im politischen Spektrum platzieren.

Aktuelle Forschung auf dem Gebiet der politischen Textdatenanalyse befasst sich u. a. mit Weiterentwicklungen des Wordfish-Ansatzes, die nicht nur zeitlich veränderliche Parteipositionen abbilden können, sondern auch erlauben, dass sich der diskriminierende Effekt von bestimmten Wörtern über die Zeit verändert. Beispielsweise gibt es bestimmte Themen, die für eine gewisse Zeit sehr kontrovers zwischen den Parteien im politischen Spektrum diskutiert werden, deren Relevanz in der Folge dann aber wieder abebbt. So waren beispielsweise Themen, die direkt mit der Wiedervereinigung Deutschlands und dem damit verbundenen Umbruch im politischen System zu tun hatten, Anfang der 1990er Jahre sehr wichtig. Ihre Bedeutung nahm aber in den folgenden Jahren deutlich ab. Dieses äußerte sich etwa in einer selteneren und auch weniger politisch aufgeladenen Verwendung des Wortes „Bundesland" und der Abkürzungen „BRD" und „DDR". Ebenso entstehen immer wieder neue Themen, die vorher nicht auf der politischen Agenda waren, wie etwa die Eurokrise ab 2010.

Andere Erweiterungen erlauben etwa mehrdimensionale Parteipositionen. In Abbildung 25.2 sind die Positionen der fünf großen Parteien CDU/CSU, SPD, Die Grünen, FDP und PDS/Die Linke in den Programmen zu den Bundestagswahlen von 1990 bis 2013 in einer zweidimensionalen Grafik dargestellt. Je näher sich zwei Punkte sind, desto ähnlicher sind die jeweiligen Parteiprogramme. Man sieht, dass sich beispielsweise die Programme der Parteien Die Grünen und PDS/Die Linke mit Beginn der Regierungsbeteiligung der Grünen ab Ende der 1990er Jahre deutlicher unterscheiden als vorher.

Der Umgang mit Unsicherheiten bei der Anwendung solcher statistischer Verfahren ist nicht einfach, und die Frage nach statistischer Relevanz etwa von Verschiebungen von Parteipositionen im politischen Spektrum ist generell schwierig zu beantworten. Hierfür werden in der Regel Bootstrap-Verfahren benutzt (zur Beschreibung dieser siehe Abschnitt 25.5), um die Unsicherheit, die mit der Schätzung geeigneter Modelle verbunden ist, zu quantifizieren. In Abbildung 25.2 sieht man dies an den Ellipsen um die Punkte herum, welche die Unsicherheit bei der Bestimmung der Parteipositionen in der zweidimensionalen Darstellung ausdrücken.

25.7 Zusammenfassung und Ausblick

Die automatische Analyse von Textdaten bietet viele neue Möglichkeiten für einen objektiven Erkenntnisgewinn. Viele große Textsammlungen werden immer öfter von verschiedenen Medien erzeugt und stehen für Analysen zur Verfügung. Dies gilt besonders für den nach wie vor aufstrebenden Online-Bereich. Es sind zwar schon viele Methoden entwickelt worden, auch in der Statistik, trotzdem steckt das Gebiet noch in den Kinderschuhen. Wie man die Parameter der Algorithmen und der statistischen Verfahren bestmöglich wählt, ist ein Gegenstand aktueller Forschung. Eine weitere vielversprechende Idee ist es, zusätzliche Informationen in die Analysen mit einzubeziehen. Beim Auffinden von Themen können zum Beispiel einige Texte bereits per Hand zu Themen zugeordnet worden sein, was einen guten Startpunkt für

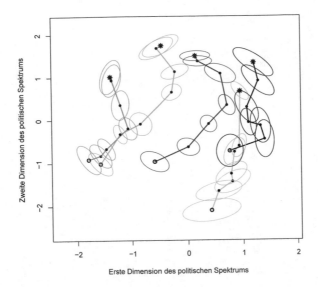

Abb. 25.2: Parteipositionen deutscher Parteien in einem zweidimensionalen politischen Spektrum, CDU/CSU (schwarz), SPD (rot), Die Grünen (grün), FDP (grau) und PDS/Die Linke (violett), in Jahren von Bundestagswahlen von 1990 (○) bis 2013 (∗). Punkte repräsentieren die mittleren Parteipositionen und Ellipsen die statistische Unsicherheit.

die automatische Analyse darstellt. Auch kann man vorherige Themeneinteilungen von anderen Textsammlungen als Grundlage nutzen. Wie genau man dabei jeweils am besten vorgeht, ist eine spannende Herausforderung für die Zukunft.

25.8 Literatur

Im Bereich des Textmining gibt es eine Vielzahl an Publikationen und Methoden. Eine gute Übersicht bietet das Buch von Miner et al. (2012), „Practical Text Mining and Statistical Analysis for Non-Structured Text Data Applications", Elsevier Science & Technology. In den Sozialwissenschaften gibt das Buch „Text Mining in den Sozialwissenschaften" von Lemke und Wiedemann (2016) einen Überblick (VS Verlag für Sozialwissenschaften). Die in Abschnitt 25.4 beschriebene LDA-Methode stammt aus dem Jahr 2003 und wurde in dem Paper „Latent Dirichlet Allocation" im Journal of Machine Learning Research 3, S. 993-1022, von Blei et al. vorgestellt. Der Wordfish Algorithmus zur Textanalyse von Wahlprogrammen geht zurück auf eine Arbeit von Slapin und Proksch (2008) im American Journal of Political Science 52, S. 705-722.

Teil VI
Wo die Reise hingeht

Kapitel 26
Ist Data Science mehr als Statistik? Ein Blick über den Tellerrand

Claus Weihs, Katja Ickstadt

Außer in der Statistik werden auch im Data Mining, im Maschinellen Lernen und mittels Künstlicher Intelligenz Daten analysiert. Und dann wird aktuell noch Data Science als „neue Disziplin" propagiert. Was ist dann die Rolle der Statistik? Wir glauben: Statistik ist die wichtigste Disziplin zur Bereitstellung von Werkzeugen und Methoden in Data Science, um Daten adäquat zu erheben und Strukturen in Daten zu finden, um daraus tiefere Einsichten zu gewinnen, und insbesondere um Unsicherheit zu analysieren und zu quantifizieren.

26.1 Data Science: Was ist das überhaupt?

Das Buch zeigt viele aktuelle Anwendungen der Statistik zur Erhebung und Analyse von Daten. Dieses Schlusskapitel fasst die verwendeten Methoden zusammen und ordnet sie in einen größeren Zusammenhang ein, in das neue und gleichzeitig alte Forschungsgebiet „Data Science".

Außer in der Statistik werden z. B. auch in der Informatik Daten analyisiert. Teildisziplinen, die sich damit beschäftigen, sind Data Mining, Maschinelles Lernen und Künstliche Intelligenz. Wäre es nicht eigentlich vernünftig, alle diese Disziplinen gemeinsam zu denken, und so zu entwickeln, dass sie sich gegenseitig befruchten? Tatsächlich wird in letzter Zeit eine neue Disziplin propagiert, die sich solch ein Denken auf die Fahnen geschrieben hat: Data Science.

Aber der Reihe nach: Was müssen wir uns heutzutage nicht alles für Weisheiten über Daten anhören: Daten sind das Öl des 21. Jahrhunderts! Oder: Wir leben im Zeitalter von Big Data, mit denen wir geschäftliche und gesellschaftliche Probleme verstehen können, die wir bislang nicht angehen konnten! Alles das scheint nahezulegen, dass wir eine neue Wissenschaft brauchen, die Wissenschaft der Daten, die Datenwissenschaft: Data Science.

Für den Begriff Data Science gibt es unterschiedliche Definitionen. Eine der vollständigsten sieht so aus (Cao, 2017):

© Springer-Verlag GmbH Deutschland, ein Teil von Springer Nature 2019
W. Krämer und C. Weihs (Hrsg.), *Faszination Statistik*,
https://doi.org/10.1007/978-3-662-60562-2_26

Data Science besteht aus Statistik, Informatik und Datenverarbeitung zusammen mit Kommunikation, sozialer Einordnung und Management auf der Grundlage von Daten, Domänenwissen und datenorientiertem Denken.

Der Begriff Data Science erschien zum ersten Mal 1996 im Titel der Konferenz der International Federation of Classification Societies (IFCS) ("Data Science, classification, and related methods"). Es waren also Statistiker, die diesen Begriff geprägt haben. Tatsächlich hat die Datenwissenschaft in Form von Datenerhebung und -analyse gerade in der Statistik schon eine lange Tradition. Das gilt insbesondere für Daten zur Staatenbeschreibung (daher der Name Statistik). Zwischenzeitig verlagerte sich die Statistik-Forschung zwar stark auf die mathematischen Aspekte der Analysemethoden, in den 1970ern veränderten aber insbesondere die Ideen von John Tukey die Sichtweise der Statistik wieder in Richtung Herleitung von Hypothesen aus Daten (*exploratorischer Ansatz*), d. h. dem Verstehen von Daten vor dem Aufstellen von Hypothesen. Die moderne Statistik ist damit wieder eine Datenwissenschaft.

Zum Zusammenhang von Data Science und Statistik gab es schon 1997 den radikalen Vorschlag, Statistik in Data Science umzubenennen. Und im Jahre 2015 veröffentlichten eine Reihe von Führungspersönlichkeiten der Amerikanischen Statistischen Gesellschaft (ASA) eine Erklärung zu der Rolle der Statistik in Data Science mit der Aussage, dass "Statistik und maschinelles Lernen eine zentrale Rolle in Data Science spielen". Unserer Meinung nach gilt:

Statistik ist die wichtigste Disziplin zur Bereitstellung von Werkzeugen und Methoden in Data Science, um Daten adäquat zu erheben und Strukturen in Daten zu finden, um daraus tiefere Einsichten zu gewinnen, und insbesondere um Unsicherheit zu analysieren und zu quantifizieren.

Dieses Kapitel zeigt die Bedeutung von Statistik in den wichtigsten Schritten von Data Science.

26.2 Data Science: Schritte

Data Science Anwendungen durchlaufen typischerweise eine Folge von Schritten. Die sechs Hauptschritte

Problemverständnis, Datenverständnis, Datenvorbereitung, Modellierung, Evaluierung und Nachbereitung

sind inspiriert durch den berühmten CRISP-DM (Cross Industry Standard Process for Data Mining). Ideen wie CRISP-DM sind inzwischen grundlegend in der angewandten Statistik (vgl. auch Kapitel 2: „Wo wirken Medikamente im Körper"). Unsere Sicht auf Data Science beinhaltet die Schritte in Abbildung 26.1. In CRISP-DM fehlt aus unserer Sicht der Schritt *Datenerhebung und -anreicherung*, weil jenes Schema ausschließlich mit sogenannten Beobachtungsdaten arbeitet, die oh-

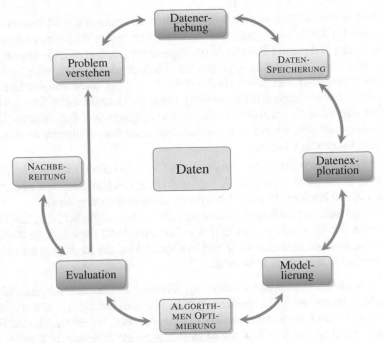

Abb. 26.1: Data Science Ablauf mit farblicher Kennzeichnung der bearbeitenden Disziplin: rot = Statistik, grün = Informatik, braun = Substanzwissenschaft.

ne vorgegebenen Erhebungsplan gesammelt wurden. Außerdem haben wir in unserem Vorschlag noch (durch kleine Großbuchstaben gekennzeichnete) Schritte hinzugefügt, an denen die Statistik weniger beteiligt ist. Die Schritte DATEN-SPEICHERUNG UND -ZUGRIFF und OPTIMIERUNG VON ALGORITHMEN werden hauptsächlich von der *Informatik* behandelt (grüne Kästen) und die Schritte *Problem verstehen* und NACH-BEREITUNG (braune Kästen) (zumindest) auch von Substanzwissenschaftlern, z. B. der geschäftliche Einsatz von Ergebnissen von der *Betriebswirtschaft*. Die Pfeile in Abbildung 26.1 deuten an, dass die Schritte in solchen Abfolgen im Allg. nicht nur einmal durchgeführt, sondern in Schleifen iteriert werden. Insbesondere wechseln sich benachbarte Schritte häufig mehrmals miteinander ab.

Im Folgenden werden wir die Rolle der Statistik in allen denjenigen Schritten diskutieren, wo sie entscheidend ist (rote Kästen in Abbildung 26.1). Dabei werden wir insbesondere Beispiele aus den vorherigen Kapiteln angeben.

Datenerhebung und -anreicherung

Statistiker betonen häufig, dass man die Daten auf systematische Weise erzeugen sollte. Aber warum?

Tatsächlich erhält man nur dann verlässliche Schätzungen der Wirkungen der interessierenden Einflussmerkmale auf die Zielgröße, wenn man deren Niveaus auf systematische Weise mit Hilfe von *Versuchsplanung* (Design of Experiments, DoE) wählt. Wenn man das, wie in sogenannten Beobachtungsstudien, unterlässt, kann man die Effekte der verschiedenen Merkmale im Allg. nicht voneinander unterscheiden, d. h. ihre Größe nicht zuverlässig angeben. Deshalb sollte man, wo immer möglich, den zusätzlichen Aufwand der Versuchsplanung auf sich nehmen. Bei der Anwendung von DoE spricht man von kontrollierten oder geplanten Studien. DoE kann z. B. eingesetzt werden,

1. um systematisch neue Daten zu erzeugen (*Datenerhebung*) wie in Kapitel 3 bei der optimalen Bestimung von Anzahl und Höhe von Medikamentendosierungen und in den Kapiteln 19 und 21 bei der Prozessoptimierung, sowie
2. zur Auswahl von wichtigen Merkmalen aus vielen möglichen, d. h. zur Verbesserung der verwendeten Modelle. *Merkmalsselektion* wird z. B. in Kapitel 10 bei der Instrumentenerkennung und in Kapitel 5 bei der Identifikation wichtiger genetischer Merkmale verwendet.

Bei der Merkmalsselektion kommen typischerweise *Simulationen* zum Einsatz, um zufällig generierte Teildatensätze (Resampling) zu erzeugen. Resampling-Methoden werden auch zur künstlichen Reduzierung großer Datensätze oder zur Erzeugung neuer Datensätze zum Test von Modellen verwendet; siehe z. B. Kapitel 10 bei der Genrebestimmung, Kapitel 14 zur Simulation unterschiedlicher Realisierungen einer Zeitreihe und Kapitel 25 zur Simulation ähnlicher Texte.

Außerdem wird die Datenerhebung häufig so strukturiert, dass ein *Vergleich* in unterschiedlichen Situationen möglich ist. Die wichtigsten Vertreter dieser Art Studien sind *Kohortenstudien*, wo ein Vergleich über die Zeit möglich ist, und *Fall-Kontroll-Studien*, wo zwei unterschiedlich behandelte Gruppen verglichen werden. Beide Studien werden in Kapitel 6 diskutiert. Schließlich folgt sogar die zufällige Datenauswahl Gesetzmäßigkeiten, etwa wenn sie *repräsentativ für eine bestimmte Verteilung* sein soll. Das gilt z. B. bei der zufälligen gleichverteilten Auswahl von Trainings- und Teststichprobe beim Resampling (s. vorheriger Absatz), aber auch bei ganz realen Auswahlen wie z. B. der Tippzahlen im Lotto in Kapitel 12.

Datenlücken können mit sogenannten *Imputationsmethoden* geschlossen werden, die Eigenschaften der beobachteten Daten zur Erzeugung fehlender Daten verwenden (*Daten-Anreicherung*). Solche Methoden werden z. B. in den Kapiteln 23 und 24 diskutiert.

Statistische Methoden zur Datenerhebung und -anreicherung bilden aus unserer Sicht das Rückgrat von Data Science. Die ausschließliche Verwendung ungeplanter Beobachtungsdaten verringert die Qualität der Ergebnisse im Allg. deutlich und führt evtl. sogar zu falschen Ergebnisinterpretationen. Die Hoffnung auf „The End of Theory: The Data Deluge Makes the Scientific Method Obsolete" erscheint definitiv falsch bei nicht geplanten Studien, insbesondere wegen der (unbekannten) Zusammenhänge und Abhängigkeiten zwischen den Merkmalen (vgl. z. B. Kapitel 13 zur Auswirkung von Abhängigkeiten an der Börse). Deshalb ist Versuchsplanung unverzichtbar für Zuverlässigkeit, Richtigkeit und Reproduzierbarkeit von Ergebnissen.

Datenexploration

Explorative Statistik ist wesentlich für die Datenvorverarbeitung zum Verstehen der Dateninhalte. Exploration und Visualisierung beobachteter Daten sind der aufwändigste Teil der Datenanalyse. Beispiele finden sich insbesondere in Kapitel 2 bei der Datenaufbereitung, aber auch in Kapitel 1 bei der visuellen Analyse, Kapitel 4 bei der Datenglättung und der Analyse partieller Korrelationen, Kapitel 5 bei der Analyse der Zusammenhänge zwischen genetischen Merkmalen, Kapitel 11 bei Mittelwert-Varianz Profilen und Kapitel 17 bei der Datengruppierung.

Datenexploration ist fundamental für den richtigen Gebrauch von Analysemethoden in Data Science. Der wichtigste Beitrag der Statistik ist der Begriff der *Verteilung*. Er erlaubt uns nicht nur, die Variabilität in den Daten darzustellen, sondern auch Vorinformation (a-priori information) über gewisse Parameter zu modellieren. Letzeres ist das grundlegende Konzept der *Bayes-Statistik*; vgl. z. B. Kapitel 9. Verteilungen ermöglichen uns auch die angemessene Wahl von analytischen Modellen und Methoden. Explizite Beispiele für die Diskussion geeigneter Verteilungen finden sich z. B. in den Kapiteln 7, 9, 14, 15, 18, 19 und 20.

Die Vernachlässigung von Verteilungen in der Datenexploration und Modellierung macht das Erfassen der Unsicherheit gefundener Werte unmöglich. Nur der Begriff der Verteilung ermöglicht die Angabe von Fehlerbändern. Die Angabe nur eines Wertes ohne Unsicherheitsbereich würde eine scheinbare Sicherheit der Ergebnisse vorspiegeln. Beispiele für die Verwendung von Unsicherheitsbereichen finden sich z. B. im Kapitel 20 für die Prognose und in Kapitel 25 bei der Einschätzung des Unterschieds von Textsammlungen.

Modellierung: Statistische Datenanalyse

Beim Finden von Struktur in Daten und der Vorhersage unbekannter Werte bei unvollständiger Kenntnis der exakten Zusammenhänge sind statistische Methoden besonders wichtig; denn nur die Statistik kann analytische Aufgaben unter Berücksichtigung von Unsicherheit lösen. Im Folgenden geben wir einen Überblick über die vier wichtigsten methodischen Bausteine der statistischen Datenanalyse und ihre Verwendung in den anderen Kapiteln des Buches. Diese Bausteine sind: Hypothesentests, Regression, Klassifikation und Zeitreihenanalyse.

a) Das *Testen von Hypothesen* ist einer der Grundpfeiler statistischer Analysen. Fragen, die bei Problemen entstehen, zu denen Daten vorliegen, können im Allg. in Hypothesen überführt werden. Auch sind Hypothesen die natürlichen Verknüpfungen zwischen zugrundeliegendem Domänenwissen und statistischer

Theorie. Mit statistischen Tests können Hypothesen auf der Basis der verfügbaren Daten überprüft werden. Beispiele für statistische Hypothesen und ihre Tests finden sich in Kapitel 14 bei der Identifikation von Fehlern von Risikomodellen und in Kapitel 16 bei der Überprüfung stochastischer Trends.

b) *Regressionsmethoden* sind das Hauptwerkzeug, um globale und lokale Zusammenhänge zwischen Ziel- und Einflussmerkmalen zu finden, wenn das Zielmerkmal gemessen wurde. Abhängig von Verteilungsannahmen für die betrachteten Daten werden verschiedene Ansätze verfolgt. Unter der Normalverteilungsannahme ist die lineare Regression die meistverwendete Methode. Beispiele für Regressionen finden sich in Kapitel 9 bei der Modellierung des Ausgangs eines Elfmeters, den Kapiteln 19 und 21 bei der Auswertung von Versuchsplänen und in Kapitel 24 bei der Imputation fehlender Daten.

c) *Klassifikationsmethoden* sind grundlegend für das Finden und die Vorhersage von Untergruppen in Daten und für die Datenreduktion. Im sogenannten unüberwachten (unsupervised) Fall werden solche Untergruppen (sogenannte Cluster) ohne Vorinformation über typische Fälle nur auf der Basis von Distanzen zwischen den Beobachtungen identifiziert. Ein Beispiel für die Wichtigkeit von Clustern findet sich in Kapitel 14 bei der Analyse von Volatilitätsclustern. In dem sogenannten überwachten (supervised) Fall werden Klassifikationsregeln mit Hilfe eines Datensatzes bestimmt, der mit Kennzeichnungen der Untergruppen (sogenannten Klassen) versehen ist. Solche Klassifikationsregeln werden zur Vorhersage von unbekannten Klassen verwendet, wenn ausschließlich die Werte der Einflussmerkmale bekannt sind. Ein Beispiel für überwachte Klassifikation ist das Finden einer automatisch arbeitenden Regel zur Einteilung von Musikstücken in Genres auf der Basis einiger Genre-Zuordnungen bei einem Musikdienst und Audiodaten (vgl. Kapitel 10). Ein anderes Beispiel für ein Klassifikationsproblem findet sich in Kapitel 15 bei der Schätzung von Wahrscheinlichkeiten von Kreditausfällen.

d) *Zeitreihenanalyse* beschäftigt sich mit dem Verstehen und der Vorhersage zeitlicher Verläufe und Eigenschaften, etwa einer gesamten Zeitreihe oder ihrer Teile (vgl. die Tonhöhenvorhersage aus zeitlichen Audio-Daten in Kapitel 10). Andere Beispiele für Zeitreihenanalyse finden sich bei der Überwachung der Vitalfunktionen am Intensivbett (Kapitel 4), bei der zeitlichen Entwicklung von Laufleistungen (Kapitel 8), bei der Schätzung von Risikomaßen (Kapitel 14), bei der Prozesskontrolle in 6-Sigma-Analysen (Kapitel 19) und bei der Bestimmung mittlerer Lernkurven mit Splines (Kapitel 22).

Im Zeitalter von *Big Data* erscheint ein neuer Blick auf klassische Methoden notwendig, weil sehr oft der Berechnungsaufwand komplexerer Analysemethoden überproportional mit der Anzahl Beobachtungen n oder der Anzahl beteiligter Merkmale p wächst. Wenn dann bei großen Datenmengen n oder p groß ist, ergeben sich unakzeptable Rechenzeiten und Probleme mit der Rechengenauigkeit. Eine typische Anwendung sind sogenannte *Datenströme*, in denen immer neue Daten an nahe beieinander liegenden Zeitpunkten eintreffen. Big Data macht adäquate Datenreduktionsmethoden unerlässlich und führt aktuell zu einem Comeback einfacherer Methoden mit kleinerer Rechenzeit. *Big Data* Analysen finden sich z. B. in

Kapitel 4 bei der engmaschigen Überwachung vieler Vitalfunktionen, in Kapitel 5 bei der Analyse von Zehntausenden bis Millionen von genetischen Werten und in Kapitel 25 bei der Textdatenanalyse.

Evaluation: Modellvalidierung und Modellauswahl

Modellwahl ist in den letzten Jahren immer wichtiger geworden, weil die Anzahl von vorgeschlagenen Klassifikations- und Regressionmodellen in der Literatur immer stärker wächst. Wird mehr als ein Modell zur Analyse oder Vorhersage vorgeschlagen, können statistische Tests verwendet werden, um die Modelle bzgl. ihrer Modellgüte bzw. ihrer Vorhersagefähigkeit zu vergleichen. Dabei werden z. B. sogenannte *Resampling-Methoden* angewendet, die die Verteilung von Fehlercharakteristika in künstlich variierten Teilen der Beobachtungen untersuchen. Ein Beispiel für die künstliche Aufteilung der Daten in Trainings- und Testdaten findet sich bei der Musikdatenanalyse in Kapitel 10. In Kapitel 5 wird die Prognosefähigkeit einzelner Merkmale untersucht.

Nachbereitung: Darstellung und Bericht

Das *Abspeichern von Modellen* in einer Form, die sich leicht aktualisieren lässt, ist wesentlich, um die Nachbereitung der Datenanalyse abzusichern. Nachbereitung ist der letzte Schritt in CRISP-DM (vgl. Kapitel 2). Die *Visualisierung* der gefundenen Ergebnisse ist oft wesentlich für ihre Interpretation. Neben Visualisierung und Modellspeicherung ist die wichtigste Nachbereitungsaufgabe der Statistik ein Bericht über Unsicherheiten in Daten und Modellen. Solche Unsicherheiten lassen sich z. B. durch Quantile ausdrücken (vgl. Kapitel 9) oder durch statistische Tests (vgl. Kapitel 16).

26.3 Schlussfolgerung

Die Wichtigkeit der Statistik in Data Science kann gar nicht genug betont werden. Das gilt insbesondere für Gebiete wie *Datenerhebung und -anreicherung* und *fortgeschrittene Modellierung zur adäquaten Vorhersage*. Die statistischen Modelle und Methoden in diesem Buch sind grundlegend für das Finden von Strukturen in Daten und das Erreichen tieferer Einsichten aus Daten, also für eine erfolgreiche Datenanalyse. Das Vernachlässigen statistischer Denkweisen oder die Verwendung zu sehr vereinfachter Analysemethoden kann zu vermeidbaren Trugschlüssen führen, wenn die Ergebnisunsicherheit ignoriert wird. Das gilt insbesondere für die Analyse von großen und/oder komplexen Daten (Big Data).

26.4 Literatur

In Kapitel 26.1 diskutieren wir z. B. die Grundlage der statistischen Datenanalyse von John W. Tukey (1977), „Exploratory data analysis" (Pearson Verlag) und die Data Science Definitionen von Longbing Cao (2017), „Data science: A comprehensive overview", ACM Computing Surveys 50(3), und von Jeff Wu (1997), „Statistics = data science?", http://www2.isye.gatech.edu/~jeffwu/presentations/datascience.pdf. In Kapitel 26.2 werden die CRISP-DM Schritte vorgestellt; vgl. z. B. Meta S. Brown (2014), „Data mining for dummies" (John Wiley & Sons). Die Hoffnung auf Datenanalysen ohne Theorie stammt von Chris Anderson (2008), „The end of theory: The data deluge makes the scientific method obsolete" (Wired Magazine).

Eine verwandte englische Fassung dieses Kapitels mit vielen zusätzlichen Literaturangaben, aber ohne den Bezug auf die Beispiele dieses Buchs findet sich in Claus Weihs und Katja Ickstadt (2018), „Data science: the impact of statistics", International Journal of Data Science and Analytics 6(3), S. 189-194.

Sachverzeichnis

6 Sigma Analyse
  DMAIC, 149

Big Data, 25, 36, 191, 208

Cluster, 110, 208
CRISP-DM Analyse
  Standardvorgehen, 12

Data Science, 203
Daten
  messen, 151
  verstehen, 13
  vorverarbeiten, 15, 27, 193, 207
Datenanalyse Methodik
  6 Sigma, 149
  CRISP-DM, 12
  Data Science, 204
Datenerhebung
  Datenanreicherung, 205
  demographische Daten, 54
  Fall-Kontrollstudie, 43
  fehlende Daten, 187
  gewichtet, 189
  Imputation, 189
  indirekte Befragung, 182
  Kohortenstudie, 43
  Messartefakte, 27
  Reparatur von fehlenden Daten, 188

Resampling, 206
Testergebnisse, 178
Teststichprobe, 84
Textdaten, 191
Trainingsstichprobe, 79
unvollständig beobachtete Daten, 55
Versuchsplanung, 205
verzerrt, 129
Zeitfenster, 78
zensierte Beobachtungen, 159
Ziehungswahrscheinlichkeiten, 129
zufällige Auswahl, 94
zufällige Prozesse, 157
Deskription / Exploration, 207
  Bag-of-Words, 193
  Glättung, 27
  grafische Darstellungen, 3, 14
  Gruppenbildung, 131
  Korrelation, 30
  Mittelwert-Varianz Profile, 89
  Odds Ratio, 43
  zeitlicher Verlauf, 62
  Zusammenhangsanalyse, 37

Hauptkomponenten, 30
Hypothesentests, 207
  Chi-Quadrat, 43
  stochastischer Trend, 125

© Springer-Verlag GmbH Deutschland, ein Teil von Springer Nature 2019
W. Krämer und C. Weihs (Hrsg.), *Faszination Statistik*,
https://doi.org/10.1007/978-3-662-60562-2

Klassifikation
  Klassifikationsregel, 17, 79, 208
  Logistische Regression, 69, 115
  Qualität, 114, 118
  Vorhersage, 17, 79
Kontrollkarte, 155

Merkmalsselektion, 30, 37, 81, 206
Messsystemanalyse, 152
Modell
  Auswahl, 28, 209
  Bayesianisch, 71
  für Krankheitsfortschritt, 39
  gemischtes, 71
  grafisches, 30
  Item-Response-Theorie Modell, 176
  Kointegration, 103, 125
  Konsistenz, 123
  latente Variable, 176
  Lebensdauer, 54, 159
  lineares, 123
  Risikomaße, 105
  stochastischer Trend, 124
  Umweltkuznetskurve, 122
  Validierung, 18, 32, 84, 108, 209

Problem
  Definition, 151
  verstehen, 13, 105
Prognose
  Fähigkeit, 37, 61
  Halbordnungen, 117
  Intervalle, 161
Prozessfähigkeitsanalyse, 156

Quoten, 93

Regression
  bei Imputation, 190
  lineare, 28, 123, 155, 167
  logistische, 69, 115
  Methoden, 208
  Mietspiegel, 132

Schätzung
  Abstand von Texten, 195

  bei schweren Rändern, 108
  Bootstrap, 107, 196
  getrimmt, 145
  Höchstalter, 56
  Kleinste Quadrate, 124
  Latent Dirichlet Allocation, 194
  Median, 144
  Mietpreisspanne, 132
  Mittelwert, 132, 158
  nichtparametrisch, 107
  Quantil, 70, 143
  robust, 144
  Standardfehler, 180
  Streuung, 70, 133

Themen
  Ausschussreduktion, 149
  Börse, 97
  Bankenrisiko, 105
  Data Science, 203
  Elfmeterstatistik, 67
  Epidemiologie, 41
  Fehlende Daten, 187
  Genetik, 34, 41
  Hochwasser, 139
  Intelligenz und Bildung, 175
  Intensivmedizin, 25
  Lebensdauer technischer Produkte, 157
  Lebensdauer und Geburtsmonat, 3
  Lebensdauer, maximale, 50
  Lotto, 91
  Medikamentendosis, 19
  Mietpreisspiegel, 128
  Musikdatenanalyse, 75
  Peinliche Wahrheiten, 182
  Personalisierte Medizin, 34
  Pferdewetten, 85
  Pharmakokinetik und Vorklinik, 11
  Ratings, 112
  Spannbetonträger, 161
  Textanalyse, 191
  Thermisches Spritzen, 168
  Tiefbohren, 149
  Tore im Fußball, 59
  Treibhausgase, 120

Verschleißschutz, 164
Verteilung von Medikamenten im
    Körper, 11
Zuverlässigkeit technischer Produkte,
    157

Versuchsplanung
  Beschichtung, 168
  Dosis: Anzahl und Stufen, 22
  Extremwertproblem, 23
  Oberflächenrauheit, 153
  Optimierung, 155, 165
  Plackett-Burman Pläne, 154
  Screening, 153
  zentral-zusammengesetzter Plan, 155,
    166
Verteilungen
  Exponentialverteilung, 158
  Extremwertverteilung, 53, 143
  Gumbelverteilung, 52
  Normalverteilung, 52, 100, 149
  Poisson-Verteilung, 60
  Summe von Normalverteilungen, 70
  Weibullverteilung, 159

Zeitreihenanalyse
  Glättung, 27
  integriert, 103
  Kointegration, 103, 125
  Kontrollkarte, 155
  Schwellenwert, 25, 82, 144
  Simulation, 107
  Spektrum, 78
  Splines, 177
  Vorhersage, 208

Printed in the United States
By Bookmasters